水利水电工程建设
技术标准汇编
质量验收卷

（下册）

本书编委会　编

中国水利水电出版社
www.waterpub.com.cn
·北京·

图书在版编目（CIP）数据

水利水电工程建设技术标准汇编. 质量验收卷：上、中、下册 /《水利水电工程建设技术标准汇编》编委会编. -- 北京：中国水利水电出版社，2019.10
ISBN 978-7-5170-8096-1

Ⅰ. ①水… Ⅱ. ①水… Ⅲ. ①水利水电工程－工程施工－质量检验－技术标准－汇编－中国 Ⅳ. ①TV5-65

中国版本图书馆CIP数据核字(2019)第231327号

书　　名	**水利水电工程建设技术标准汇编　质量验收卷（下册）** SHUILI SHUIDIAN GONGCHENG JIANSHE JISHU BIAOZHUN HUIBIAN　ZHILIANG YANSHOU JUAN （XIACE）	
作　　者	本书编委会　编	
出版发行	中国水利水电出版社 （北京市海淀区玉渊潭南路1号D座　100038） 网址：www.waterpub.com.cn E-mail：sales@waterpub.com.cn 电话：(010) 68367658（营销中心）	
经　　售	北京科水图书销售中心（零售） 电话：(010) 88383994、63202643、68545874 全国各地新华书店和相关出版物销售网点	
排　　版	中国水利水电出版社微机排版中心	
印　　刷	清淞永业（天津）印刷有限公司	
规　　格	140mm×203mm　32开本　62.25印张（总）　1670千字（总）	
版　　次	2019年10月第1版　2019年10月第1次印刷	
印　　数	0001—2000册	
总 定 价	**360.00元（上、中、下册）**	

凡购买我社图书，如有缺页、倒页、脱页的，本社营销中心负责调换

前　言

　　为了深入贯彻落实中央关于加快水利改革发展的决定和国务院《质量发展纲要（2011—2020年）》，进一步加强水利工程质量管理，保障大规模水利建设的顺利实施，本书编委会对2019年底现行有效水利工程建设技术标准进行整理，编辑成本标准汇编。

　　近几年，在中央对水利重视下，在水利部领导对水利标准化工作的重视下，一大批水利行业标准得以制定和修订并颁布实施，这些标准的颁布实施为水利工作提供了有效支撑。水利水电工程质量和验收有关标准的发布，为工程建设质量提供了有效的技术支撑，保证了水利水电工程建设的验收，提高了水利水电工程的质量，促进了国民经济稳定发展。

　　本汇编主要汇集了水利水电工程建设有关质量验收的标准，由于篇幅有限对部分不常用标准没有全文汇编，只列名录。由于编者经验不足和水平有限，欢迎广大读者批评指正。

本书编委会

2019年9月

目　　录

小型水电站建设工程验收规程

SL 168—2012 替代 SL 168—96

2012-11-23 发布 2013-02-23 实施

前　　言

根据水利部水利行业标准制修订计划，按照《水利技术标准编写规定》（SL 1—2002）的要求，对《小型水电站建设工程验收规程》（SL 168—96）进行修订。

本标准共 9 章 12 节 113 条和 19 个附录，主要技术内容有：

——验收工作的分类；

——验收工作的监督管理；

——各类验收工作的组织和程序；

——各类验收应具备的条件；

——各类验收主要工作内容和验收成果性文件；

——验收所需报告和资料的制备；

——验收后工程的移交和验收遗留问题处理。

本次修订的主要内容有：

——对标准适用范围进行调整；

——对验收工作的名称重新进行划分和归类；

——对验收工作的组织管理的规定进行调整；

——对规程结构进行调整；

——增加了"工程验收监督管理"章节；

——增加了"分部工程验收"章节；

——增加了"单位工程验收"章节；

——增加了"合同工程完工验收"章节；

——增加了"专项验收"章节；

——调整阶段验收内容，将原"机组启动验收"内容并入阶段验收；

——调整竣工验收内容，取消初步验收，增加竣工验收自查和竣工技术预验收；

——增加了"工程移交及遗留问题处理"章节。

本标准的强制性条文有：1.0.6条。以黑体字标示，必须严格执行。

本标准所替代标准的历次版本为：

——SL 168—96

本标准批准部门：中华人民共和国水利部

本标准主持机构：水利部农村水电及电气化发展局

本标准解释单位：水利部农村水电及电气化发展局

本标准主编单位：水利部农村电气化研究所

本标准参编单位：四川省地电局

                浙江省水电管理中心

本标准出版、发行单位：中国水利水电出版社

本标准主要起草人：刘仲民　樊新中　林旭新　裘江海

                俞振凯　宋　超　吴建璋　吕　燕

                卢小萍　舒　静

本标准审查会议技术负责人：唐　涛

本标准体例格式审查人：曹　阳

目　次

1 总 则

1.0.1 为加强小型水电站建设工程的建设管理，保证工程验收质量，使小型水电站建设工程的验收制度化、规范化，制定本标准。

1.0.2 本标准适用于新建的总装机容量 50MW 及以下、1.0MW 及以上的小型水电站建设工程（以下简称小水电工程）的验收。改扩建的小水电工程和新建的总装机容量 1.0MW 以下的小水电站工程验收可参照执行。

1.0.3 小水电工程验收工作按工程项目划分及验收流程可分为分部工程验收、单位工程验收、合同工程完工验收、阶段验收（含机组启动验收）、专项验收和竣工验收，各项验收工作应互相衔接，避免重复。

小水电工程验收工作按验收主持单位可分为法人验收和政府验收，法人验收应包括分部工程验收、单位工程验收、合同工程完工验收及中间机组启动验收等；政府验收应包括阶段验收（含首末台机组启动验收）、专项验收、竣工验收等，验收主持单位可根据工程建设需要增设验收的类别和具体要求。

1.0.4 小水电工程验收应以如下为主要依据：

——国家现行有关法律、法规、规章和技术标准；

——有关主管部门的规定；

——经批准（核准）的工程立项文件、设计文件及相应的设计变更文件；

——施工图纸、主要设备合同文件及技术说明书；

——法人验收还应以施工合同为依据。

1.0.5 小水电工程验收应包括以下主要内容：

1 检查待验项目已完成的工程是否符合批准的设计文件要求。

2 检查已完成的工程在设计、施工、设备制造安装等方面的质量及相关资料的收集、整理和归档情况。

3 检查工程是否具备运行或进行下一阶段建设的条件。

4 检查工程投资控制和资金使用情况。

5 对验收遗留问题提出处理意见。

6 对工程建设作出评价和结论。

1.0.6 **当工程具备验收条件时，应及时组织验收。未经验收或验收不合格的工程不应交付使用或进行后续工程施工。**

1.0.7 政府验收应由验收主持单位组织成立的验收委员会负责；法人验收应由项目法人组织成立的验收工作组负责。验收委员会（工作组）由有关单位代表和有关专家组成。

验收的成果性文件是验收鉴定书，验收委员会（工作组）成员应在验收鉴定书上签字。对验收结论持有异议的，应将保留意见在验收鉴定书上明确记载并签字。

1.0.8 工程验收结论应经 2/3 以上验收委员会（工作组）成员同意。

验收过程中发现的问题，其处理原则应由验收委员会（工作组）协商确定。主任委员（组长）对争议问题有裁决权。若 1/2以上的委员（组员）不同意裁决意见时，法人验收应报请验收监督管理机关决定；政府验收应报请竣工验收主持单位决定。

1.0.9 工程验收应在施工质量检验与评定的基础上，对工程质量提出明确结论意见。

1.0.10 验收资料制备由项目法人统一组织，有关单位应按要求及时完成并提交。项目法人应对提交的验收资料进行完整性、规范性检查。

1.0.11 验收资料分为应提供的资料和需备查的资料。有关单位应保证其提交资料的真实性并承担相应责任。验收应提供的资料清单和应准备的备查档案资料清单分别见附录 A 和附录 B。

1.0.12 工程验收的图纸、资料和成果性文件应按竣工验收资料要求制备。除图纸外，验收资料的规格宜为国际标准 A4（210mm

×297mm)。文件正本应加盖单位印章且不应采用复印件。

1.0.13 工程验收所需费用应进入工程造价，由项目法人列支或按合同约定列支。

1.0.14 小型水电站建设工程的验收除应遵守本标准外，尚应符合国家现行的有关标准的规定。

2 工程验收监督管理

2.0.1 水利部负责指导全国小水电工程验收监督管理工作。县级以上地方人民政府水行政主管部门按照规定权限负责本行政区域内小水电工程验收监督管理工作。

2.0.2 地方各级人民政府水行政主管部门按照地方小水电工程分级管理规定，主持或参与本行政区域内小水电工程政府验收工作，并作为法人验收监督管理机关对本行政区域内小水电工程的法人验收工作实施监督管理。

2.0.3 工程验收监督管理的方式应包括现场检查、主持或参加验收活动、对验收工作计划与验收成果性文件进行备案等。

水行政主管部门及法人验收监督管理机关可根据工作需要到工程现场检查工程建设情况、验收工作开展情况以及对接到的举报进行调查处理等。

2.0.4 工程验收监督管理应包括以下主要内容：

    1 验收工作是否及时。

    2 验收条件是否具备。

    3 验收人员组成是否符合规定。

    4 验收程序是否规范。

    5 验收资料是否齐全。

    6 验收结论是否明确。

2.0.5 当发现工程验收不符合有关规定时，验收监督管理机关应及时要求验收主持单位予以纠正，必要时可要求暂停验收或重新验收并同时报告验收主持单位。

2.0.6 法人验收监督管理机关应对收到的验收备案文件进行检查，不符合有关规定的备案文件应要求有关单位进行修改、补充和完善。

2.0.7 项目法人应在第一个单位工程验收前 60 个工作日以前，

制定法人验收工作计划，报法人验收监督管理机关备案。当工程建设计划调整时，法人验收工作计划也应相应调整并重新备案。法人验收工作计划内容包括工程概况、工程项目划分、工程建设总进度计划和法人验收工作计划等。

2.0.8 法人验收过程中发现的技术问题原则上应按合同约定进行处理。合同约定不明确的，应按国家或行业技术标准规定处理。当国家或行业技术标准暂无规定时，应由法人验收监督管理机关负责协调解决。

3 分 部 工 程 验 收

3.0.1 分部工程验收应由项目法人（或委托监理单位）主持。验收工作组应由项目法人、勘测、设计、监理、施工、主要设备制造（供应）商等单位的代表组成。

3.0.2 验收工作组成员应具备相应的专业知识或相应执业资格，且每个单位代表人数不宜超过 2 名。

3.0.3 分部工程具备验收条件时，施工单位应向项目法人提交法人验收申请报告，其内容包括验收范围、工程验收条件的检查结果和建议的验收时间。项目法人应在收到法人验收申请报告之日起 5 个工作日内决定是否同意进行验收。

3.0.4 分部工程验收应具备以下条件：

1 所有单元工程已完成。

2 已完单元工程施工质量经评定全部合格，有关质量缺陷已处理完毕或有监理机构批准的处理意见。

3 合同约定的其他条件。

3.0.5 分部工程验收应包括以下主要内容：

1 检查工程是否达到设计标准或合同约定标准的要求。

2 评定工程施工质量等级。

3 对验收中发现的问题提出处理意见。

3.0.6 分部工程验收应按以下程序进行：

1 听取施工单位关于工程建设和单元工程施工质量评定情况的汇报。

2 现场检查工程完成情况和工程质量。

3 检查单元工程质量评定及相关档案资料。

4 讨论并通过分部工程验收鉴定书。

3.0.7 分部工程验收遗留问题处理情况应有书面记录及相关责任单位代表签字，书面记录应随分部工程验收鉴定书一并归档。

3.0.8　分部工程验收鉴定书格式见附录 C。分部工程验收鉴定书应自通过之日起 20 个工作日内，由项目法人发送有关单位。

4 单位工程验收

4.0.1 单位工程验收应由项目法人（或委托监理单位）主持。验收工作组应由项目法人、勘测、设计、监理、施工、主要设备制造（供应）商、运行管理等单位的代表组成。必要时，可邀请上述单位以外的专家参加。

4.0.2 验收工作组成员应具备相应的专业知识或相应执业资格，其中具有中级及以上技术职称的成员应占 1/2 以上，且每个单位代表人数不宜超过 2 名。

4.0.3 单位工程完工并具备验收条件时，施工单位应向项目法人提交验收申请报告，其内容按 3.0.3 条执行。项目法人应在收到验收申请报告之日起 10 个工作日内决定是否同意进行验收。

4.0.4 项目法人组织单位工程验收时，应提前通知质量和安全监督机构。主要建筑物单位工程验收应通知法人验收监督管理机关。法人验收监督管理机关可视情况决定是否列席验收会议，质量和安全监督机构应派员列席主要单位工程验收会议。

4.0.5 单位工程验收应具备以下条件：

    1 所有分部工程已完建并验收合格。

    2 分部工程验收遗留问题已处理完毕并通过验收，未处理的遗留问题不影响单位工程施工质量评定并有监理机构批准的处理意见。

    3 合同约定的其他条件。

4.0.6 单位工程验收应包括以下主要内容：

    1 检查工程是否按批准的设计内容完成。

    2 评定工程施工质量等级。

    3 检查分部工程验收遗留问题处理情况及相关记录。

    4 对验收中发现的问题提出处理意见。

4.0.7 单位工程验收应按以下程序进行：

1 听取工程参建单位关于工程建设有关情况的汇报。

2 现场检查工程完成情况和工程质量。

3 检查分部工程验收有关文件及相关档案资料。

4 讨论并通过单位工程验收鉴定书。

4.0.8 单位工程验收鉴定书格式见附录 D；单位工程验收鉴定书应自通过之日起 20 个工作日内，由项目法人发送有关单位并报法人验收监督管理机关、质量和安全监督机构备案。

5 合同工程完工验收

5.0.1 施工合同约定的建设内容完成后，应进行合同工程完工验收。当合同工程仅包含一个单位工程（分部工程）时，宜将单位工程（分部工程）验收与合同工程完工验收一并进行，但应同时满足相应的验收条件。

5.0.2 合同工程完工验收应由项目法人主持。验收工作组应由项目法人以及与合同工程有关的勘测、设计、监理、施工、主要设备制造（供应）商、运行管理等单位的代表组成。必要时，可邀请上述单位以外的专家参加。

5.0.3 验收工作组成员应具备相应的专业知识或相应执业资格，其中具有中级及以上技术职称的成员应占 1/2 以上，且每个单位代表人数不宜超过 2 名。

5.0.4 合同工程完工并具备验收条件时，施工单位应向项目法人提交验收申请报告，其内容要求按 3.0.3 条执行。项目法人应在收到验收申请报告之日起 15 个工作日内决定是否同意进行验收。

5.0.5 合同工程完工验收应具备以下条件：

  1 合同范围内的项目和工作已按合同约定完成。

  2 工程已按规定进行了验收并合格。

  3 观测仪器和设备已测得初始值及施工期各项观测值。

  4 工程质量缺陷已按要求处理并通过验收。

  5 工程完工结算已完成。

  6 施工现场已清理。

  7 需移交项目法人的档案资料已按要求整理完毕。

  8 满足合同约定的其他条件。

5.0.6 合同工程完工验收应包括以下主要内容：

  1 检查合同范围内工程项目和工作完成情况。

2 检查施工现场清理情况。

3 检查已投入使用工程运行情况。

4 检查验收资料整理情况。

5 评定工程施工质量等级。

6 检查工程完工结算情况。

7 检查历次验收遗留问题处理情况。

8 对验收中发现的问题提出处理意见。

9 确定合同工程完工日期。

10 讨论并通过合同工程完工验收鉴定书。

5.0.7 合同工程完工验收鉴定书格式见附录 E；合同工程完工验收鉴定书应自通过之日起 20 个工作日内，由项目法人发送有关单位并报法人验收监督管理机关、质量和安全监督机构备案。

6 阶 段 验 收

6.1 一 般 规 定

6.1.1 阶段验收应包括工程导（截）流前的验收、水库（拦河闸）蓄水前的验收、机组启动验收以及竣工验收主持单位根据工程建设需要增加的其他验收。

6.1.2 阶段验收应由竣工验收主持单位或其委托的单位主持。阶段验收委员会应由验收主持单位、质量和安全监督机构、运行管理单位的代表以及有关专家组成；必要时，可邀请地方人民政府以及有关部门参加。

　　工程参建单位应派代表参加阶段验收，并作为被验收单位在验收鉴定书上签字。

6.1.3 工程建设具备阶段验收条件时，项目法人应提出阶段验收申请报告，内容要求见附录F。阶段验收申请报告应由法人验收监督管理机关审查后报竣工验收主持单位，竣工验收主持单位应在收到验收申请报告之日起15个工作日内决定是否同意进行阶段验收。

6.1.4 阶段验收应包括以下主要内容：

　　1 检查已完工程的形象面貌和工程质量。

　　2 检查在建工程的建设情况。

　　3 检查未完工程的计划安排和主要技术措施落实情况，以及是否具备施工条件。

　　4 检查拟投入使用工程是否具备运行条件。

　　5 检查历次验收遗留问题的处理情况。

　　6 鉴定已完工程施工质量。

　　7 对验收中发现的问题提出处理意见。

　　8 讨论并通过阶段验收鉴定书。

6.1.5 阶段验收应包括以下主要工作程序：

1 现场检查相关工程建设情况及查阅有关资料。

2 召开大会：

    1）宣布阶段验收委员会组成人员名单。

    2）听取工程参建单位的工作报告。

    3）讨论并通过阶段验收鉴定书。

    4）验收委员会委员和被验收单位代表在阶段验收鉴定书上签字。

6.1.6 阶段验收鉴定书格式见附录 G。阶段验收鉴定书应自通过之日起 20 个工作日内，由验收主持单位发送有关单位。

6.2 工程导（截）流验收

6.2.1 工程导（截）流前，应进行导（截）流验收。可根据工程的规模及重要性，由竣工验收主持单位或委托项目法人主持导（截）流验收。

6.2.2 工程导（截）流验收应具备以下条件：

1 导流工程已基本完成并具备过流条件，投入使用（包括采取措施）后不影响其他后续工程施工。

2 满足截流要求的水下隐蔽工程已完成并验收合格。

3 截流方案已编制完成，各项准备工作已就绪。

4 工程度汛方案已经有管辖权的防汛指挥部门批准，相关措施已落实。

5 截流后壅高水位以下的移民搬迁安置和库底清理已完成并通过验收。

6 有航运功能的河道，碍航问题已得到解决。

6.2.3 导（截）流验收应包括以下主要内容：

1 检查已完水下工程、隐蔽工程、导（截）流工程是否满足导（截）流要求。

2 检查建设征地、移民搬迁安置和库底清理完成情况。

3 审查截流方案，检查导（截）流措施和准备工作落实情况。

4 检查为解决碍航等问题而采取的工程措施落实情况。

5 鉴定与截流有关已完工程施工质量。

6 对验收中发现的问题提出处理意见。

7 讨论并通过阶段验收鉴定书。

6.2.4 工程分期导（截）流时，宜分期进行导（截）流验收。

6.3 水库（拦河闸）下闸蓄水验收

6.3.1 水库（拦河闸）下闸蓄水前，应进行下闸蓄水验收。可根据工程的规模及重要性，由竣工验收主持单位或委托项目法人主持下闸蓄水验收。

6.3.2 下闸蓄水验收应具备以下条件：

1 挡水建筑物的形象外貌满足蓄水位的要求。

2 蓄水淹没范围内的移民搬迁安置和库底清理已完成并通过验收。

3 蓄水后需要投入使用的泄水建筑物已基本完成，并具备过流条件。

4 有关观测仪器、设备已按设计要求安装和调试，并已测得初始值和施工期观测值。

5 蓄水后未完工程的建设计划和施工措施已落实。

6 按规定需要的蓄水安全鉴定报告已提交，并有可以下闸蓄水的明确结论。

7 蓄水后可能影响工程安全运行的问题已处理，有关重大技术问题已有结论。

8 蓄水计划、导流孔（洞）封堵方案等已编制完成并通过批准，各项准备工作就绪。

9 年度度汛方案（包括调度运用方案）已经有管辖权的防汛指挥部门批准，相关措施已落实。

6.3.3 下闸蓄水验收应包括以下主要内容：

1 检查已完工程是否满足蓄水要求。

2 检查建设征地、移民搬迁安置和库区清理完成情况。

3 检查近坝库岸处理情况。

4 检查蓄水准备工作落实情况。

5 鉴定与蓄水有关的已完工程施工质量。

6 对验收中发现的问题提出处理意见。

7 讨论并通过阶段验收鉴定书。

6.3.4 工程分期蓄水时，宜分期进行下闸蓄水验收。

6.4 机组启动验收

6.4.1 小水电工程每台机组投入运行前，应进行机组启动验收。

6.4.2 机组启动验收应具备以下条件：

1 与机组启动运行有关的建筑物基本完成，过水建筑物具备过水条件，满足机组启动运行要求。

2 水库（渠首）水位已超过最低发电水位，引水量可满足机组启动运行最低要求。

3 与机组启动运行有关的金属结构及启闭设备安装完成，并经过调试合格，可满足机组启动运行要求。

4 水轮发电机组、附属设备以及油、气、水等辅助设备安装完成，经调试合格并经分部试运转，满足机组启动运行要求。

5 有关的电气设备（或装置）安装完成，并按有关规程规定进行试验合格，可满足机组启动运行要求。

6 输、变电设备和设施的建设、安装、调试完毕，并通过相关部门的安全性评价或验收，送电准备工作已就绪，满足机组启动运行要求。

7 机组启动运行的测量、监测、控制和保护等电气设备已安装完成并调试合格。

8 运行管理单位已组建，运行管理人员的配备可满足机组启动运行要求。

9 有关机组启动运行的安全、消防等防护措施已落实。

10 现场安全工作规程、运行操作规程等规章制度已经制定。

6.4.3 首（末）台机组启动验收应由竣工验收主持单位或其委托单位组织的机组启动验收委员会负责；中间机组启动验收可由项目法人组织的机组启动验收小组负责。验收委员会（小组）应有所在地电网企业的代表参加。

6.4.4 机组启动验收委员会下设试运行指挥组和验收交接组，负责进行具体工作。

试运行指挥组由安装机组的施工单位的项目技术负责人担任组长，运行管理单位的技术负责人担任副组长，负责编制机组设备启动试运行试验文件，组织进行机组设备的启动试运行和检修等工作。机组试运行操作值班人员由机组安装单位、运行管理单位、主要设备制造（供应）商的人员共同组成。

验收交接组由项目法人担任组长，运行管理单位、施工单位和监理单位担任副组长，运行管理单位、施工单位、机组安装单位、主要设备制造（供应）商和监理单位的人员共同组成，负责土建、金属结构、机电设备安装等工程项目完成情况和质量检查，以及技术文件和图纸资料的整理及随机机电设备备品、备件、专用工具的清点等交接工作。

6.4.5 机组启动验收委员会应负责以下主要工作：

1 听取有关建设、设计、监理、施工和运行管理单位的报告，以及试运行指挥组和验收交接组的汇报；审查提供的文件资料；检查机组、附属设备、电气设备和水工建筑物的工程形象和质量是否符合设计要求和合同文件规定的标准，是否满足机组启动要求。

2 检查机组启动前的各项准备工作，确认 6.4.2 条要求具备的条件以及验收委员会认为必须具备的其他条件是否具备，对尚未达到要求的项目和存在的问题提出处理意见。

3 审查、批准机组启动试验程序、运行操作规程和试运行计划，决定机组第一次启动时间。

4 提出启动验收鉴定书，确定进行交接的工程项目清单。

6.4.6 机组启动试运行应进行机组启动试验、机组带额定负荷连续运行 72h 试验。

  1 进行机组启动试验。启动试验程序应由试运行指挥组编制，经启动验收委员会批准后执行，机组启动试验程序包括：

    1）对引水系统，水轮机和调速系统，发电机和励磁系统，油、水、气系统及发电机通风冷却系统，机电设备，控制保护装置，测量、监测表计等进行检查、试验。

    2）对引水设施、设备进行充水时和充水后的检查、试验。

    3）机组第一次启动和空载运行时的检查、试验。

    4）机组投入系统和带负荷检查、试验。

    5）机组甩负荷试验。

  2 进行机组带额定负荷连续运行 72h 试验。机组启动验收委员会应在试验前，听取试运行指挥组和监理单位对机组启动试验工作的简要汇报，作出机组能否进入 72h 带额定负荷连续运行的决定。如因负荷不足，或因特殊原因使机组不能达到额定出力时，启动验收委员会可根据具体条件确定机组应带的最大试验负荷。

  3 经 72h 带负荷连续运行一切正常，机组启动试运行即告完成。试运行指挥组应向启动验收委员会报告试运行完成情况，并提出机组启动试运行工作报告。

6.4.7 机组启动试运行过程中，应做好机组的检查、试验记录和试运行记录，所有这些记录资料均应作为移交运行管理单位技术资料的一部分。

6.4.8 试运行过程中发现的设备缺陷和故障等问题，应由责任单位及时处理。处理不合格的不应移交试生产。

6.4.9 机组启动试运行后确认可以安全试运行，由启动验收委员会提出机组启动验收鉴定书。机组启动验收鉴定书格式见附录 H。

6.4.10 提出机组启动验收鉴定书后，应办理机组交接手续进行试生产运行，试生产期限为 6 个月（经过一个汛期）至 12 个月。

6.4.11 中间机组启动验收可参照首（末）台机组启动验收的要求，由项目法人组织试运行指挥组和验收交接组进行。对验收过程中的问题和情况，应随时向竣工验收主持单位报告。

7 专 项 验 收

7.0.1 工程竣工验收前，应按国家和工程所在地有关规定进行专项验收。专项验收主持单位应按国家和相关行业的有关规定确定。

7.0.2 项目法人应按国家和相关行业主管部门的规定，向有关部门提出专项验收申请报告，并做好有关准备和配合工作。

7.0.3 专项验收应具备的条件、验收主要内容、验收程序以及验收成果性文件的具体要求等应执行国家及相关行业主管部门有关规定。

8 竣 工 验 收

8.1 一 般 规 定

8.1.1 工程建设具备竣工验收条件时，项目法人应向法人验收监督管理机关和竣工验收主持单位提出竣工验收申请报告，其内容要求见附录 I。

8.1.2 竣工验收应具备以下条件：

1 工程已按批准的设计全部完成。

2 工程重大设计变更已经有审批权的单位批准。

3 各单位工程能正常运行，机组已全部投运（不属于本期建设机组除外）。

4 机组试生产期已届满，水工建筑物已经过一个洪水期和冰冻期的考验。

5 历次验收所发现的问题已基本处理完毕。

6 各专项验收已通过。

7 质量和安全监督工作报告已提交，工程质量达到合格标准。

8 国有资金投资项目的竣工财务决算已通过竣工审计，审计意见中提出的问题已整改并提交了整改报告。

9 竣工验收资料已准备就绪。竣工验收主要工作报告格式及主要内容见附录 K、附录 L。

8.1.3 工程未能按期进行竣工验收的，项目法人应向竣工验收主持单位提出延期竣工验收专题申请报告。申请报告应包括延期竣工验收的主要原因及计划延长的时间等内容。

8.1.4 工程有少量尾工，但不影响工程正常运行，且能符合财务有关规定，项目法人已对尾工作出安排的，经竣工验收主持单位同意，可进行竣工验收。

8.1.5 竣工验收应分为竣工技术预验收和竣工验收两个阶段。

8.1.6 竣工验收应按以下程序进行：

1 项目法人组织进行竣工验收自查。

2 项目法人提交竣工验收申请报告。

3 竣工验收主持单位批复竣工验收申请报告。

4 进行竣工技术预验收。

5 召开竣工验收会议。

6 印发竣工验收鉴定书。

8.2 竣工验收自查

8.2.1 申请竣工验收前，项目法人应组织竣工验收自查。自查工作应由项目法人主持，勘测、设计、监理、施工（安装）、主要设备制造（供应）商以及运行管理等单位的代表参加。

8.2.2 竣工验收自查应包括以下主要内容：

1 检查有关单位的工作报告。

2 检查工程建设情况，评定工程项目施工质量等级。

3 检查历次验收、专项验收的遗留问题和工程初期运行所发现问题的处理情况。

4 确定工程尾工内容及其完成期限和责任单位。

5 对竣工验收前应完成的工作作出安排。

6 讨论并通过竣工验收自查工作报告。

8.2.3 项目法人组织工程竣工验收自查前，应提前 10 个工作日通知质量和安全监督机构，同时向法人验收监督管理机关报告。质量和安全监督机构应派员列席自查工作会议。

8.2.4 项目法人应在完成竣工验收自查工作之日起 10 个工作日内，将自查的工程项目质量结论和相关资料报质量监督机构。

8.2.5 竣工验收自查工作报告格式见附录 J。参加竣工验收自查的人员应在自查工作报告上签字。项目法人应自竣工验收自查工作报告通过之日起 20 个工作日内，将自查工作报告报法人验收监督管理机关。

8.3 工程质量抽样检测

8.3.1 根据竣工验收的需要，竣工验收主持单位可以委托具有相应资质的工程质量检测单位对工程质量进行抽样检测。项目法人应与工程质量检测单位签订工程质量检测合同。检测所需费用由项目法人列支，质量不合格工程所发生的检测费用由责任单位承担。

8.3.2 工程质量检测单位不应与参与工程建设的项目法人、设计、监理、施工、设备制造（供应）商等单位隶属同一经营实体。

8.3.3 根据竣工验收主持单位的要求和项目的具体情况，项目法人应负责提出工程质量抽样检测的项目、内容和数量，经质量监督机构审核后报竣工验收主持单位核定。

8.3.4 工程质量检测单位应按照有关技术标准对工程进行质量检测，按合同要求及时提出质量检测报告并对检测结论负责。项目法人应自收到检测报告 10 个工作日内将检测报告报竣工验收主持单位。

8.3.5 对抽样检测中发现的质量问题，项目法人应及时组织有关单位研究处理。在影响工程安全运行以及使用功能的质量问题未处理完毕并合格前，不应进行竣工验收。

8.4 竣工技术预验收

8.4.1 竣工技术预验收应由竣工验收主持单位组织的专家组负责。竣工技术预验收专家组成员的 2/3 以上应具有中级及以上技术职称或相应执业资格，1/3 以上应具有高级技术职称或相应执业资格，成员的 2/3 以上应来自非参建单位。工程参建单位的代表应参加技术预验收，负责回答专家组提出的问题。

8.4.2 竣工技术预验收专家组可下设专业工作组，并在各专业工作组检查意见的基础上形成竣工技术预验收工作报告。

8.4.3 竣工技术预验收应包括以下主要内容：

1 检查工程是否按批准的设计完成。

2 检查工程是否存在质量隐患和影响工程安全运行的问题。

3 检查历次验收、专项验收的遗留问题和工程初期运行中所发现问题的处理情况。

4 对工程重大技术问题作出评价。

5 检查工程尾工安排情况。

6 鉴定工程施工质量。

7 检查工程投资、财务情况。

8 对验收中发现的问题提出处理意见。

8.4.4 竣工技术预验收应按以下程序进行：

1 现场检查工程建设情况并查阅有关工程建设资料。

2 听取项目法人、设计、监理、施工、质量和安全监督机构、运行管理等单位工作报告。

3 听取工程质量抽样检测报告。

4 专业工作组讨论并形成各专业工作组意见。

5 讨论并通过竣工技术预验收工作报告。

6 讨论并形成竣工验收鉴定书初稿。

8.4.5 竣工技术预验收工作报告应是竣工验收鉴定书的附件，其格式见附录 M。

8.5 竣 工 验 收

8.5.1 竣工验收委员会应由竣工验收主持单位、地方人民政府有关部门、有关水行政主管部门、质量和安全监督机构、工程投资方、运行管理单位的代表以及有关专家组成。竣工验收委员会可设主任委员 1 名，副主任委员以及委员若干名，主任委员应由验收主持单位代表担任。

8.5.2 项目法人、勘测、设计、监理、施工、主要设备制造（供应）商等单位应派代表参加竣工验收，负责解答验收委员会提出的问题，并应作为被验收单位代表在验收鉴定书上签字。

8.5.3 竣工验收会议应包括以下工作程序：

——现场检查工程建设情况及查阅有关资料；

——召开大会：

A）宣布验收委员会组成人员名单；

B）听取工程建设管理工作报告；

C）听取竣工技术预验收工作报告；

D）听取验收委员会确定的其他报告；

E）讨论并通过竣工验收鉴定书；

F）验收委员会委员和被验收单位代表在竣工验收鉴定书上签字。

8.5.4 工程项目质量达到合格以上等级的，竣工验收的质量结论意见应为合格。

8.5.5 竣工验收鉴定书格式见附录 N。竣工验收鉴定书应自通过之日起 20 个工作日内，应由竣工验收主持单位发送给有关单位。

9 工程移交及遗留问题处理

9.1 工程交接与移交

9.1.1 通过合同工程完工验收后，项目法人与施工单位应在20个工作日内组织专人负责工程的交接工作，交接过程应有完整的文字记录且有双方交接负责人签字。

9.1.2 项目法人与施工单位应在施工合同或验收鉴定书约定的时间内完成工程及其档案资料的交接工作。

9.1.3 办理具体工程交接手续的同时，施工单位应向项目法人递交工程质量保修书，格式见附录O。保修书的内容应符合合同约定的条件。

9.1.4 工程质量保修期应从工程通过合同工程完工验收后开始计算，但合同另有约定的除外。

9.1.5 在施工单位递交了工程质量保修书，提交有关竣工资料，完成施工场地清理后，项目法人应在20个工作日内向施工单位颁发合同工程完工证书，格式见附录P。

9.1.6 完成工程交接后，项目法人应及时组织将工程移交运行管理。工程移交应包括工程实体、其他固定资产和工程档案资料等，应按照初步设计等有关批准文件进行逐项清点，并办理移交手续，工程移交过程应有完整的文字记录。

9.2 验收遗留问题及尾工处理

9.2.1 有关验收成果性文件应明确记载验收遗留等问题。影响工程正常运行的，不应作为验收遗留问题处理。

9.2.2 验收遗留问题和尾工处理应由项目法人负责。项目法人应按照竣工验收鉴定书、合同约定等要求，督促有关责任单位完成处理工作。

9.2.3 验收遗留问题和尾工处理完成后，项目法人应组织验收，形成验收成果性文件并报送竣工验收主持单位。

9.2.4 工程竣工验收后，应由项目法人负责处理的验收遗留问题，项目法人已撤销的，应由投资方或组建项目法人的单位或其指定的单位处理完成。

9.3 工程竣工证书颁发

9.3.1 在工程质量保修期内，施工单位已完成了保修责任范围内的质量缺陷的处理，在工程质量保修期满后 20 个工作日内，项目法人应向施工单位颁发工程质量保修责任终止证书，其格式见附录 Q。

9.3.2 工程质量保修期满以及验收遗留问题和尾工处理完成后，项目法人应向工程竣工验收主持单位申请领取竣工证书。申请报告应包括以下内容：

1 工程移交情况。

2 工程运行管理情况。

3 验收遗留问题和尾工处理情况。

4 工程质量保修期有关情况。

9.3.3 竣工验收主持单位应自收到项目法人申请报告后 20 个工作日内决定是否颁发工程竣工证书，工程竣工证书格式见附录 R（正本）和附录 S（副本）。颁发竣工证书应符合以下条件：

1 竣工验收鉴定书已印发。

2 工程遗留问题和尾工处理已完成并通过验收。

3 工程已全面移交运行管理单位管理。

9.3.4 工程竣工证书数量应按正本 3 份和副本若干份颁发，正本应由项目法人、运行管理单位和档案部门保存，副本应由工程主要参建单位保存。

附录 A 验收应提供的资料清单

表 A 验收应提供的资料清单

序号	资料名称	分部工程验收	单位工程验收	合同工程完工验收	机组启动验收	阶段验收	技术预验收	竣工验收	提供单位
1	工程建设管理工作报告			√	√	*	√	√	项目法人
2	工程建设大事记			*	√	*	√	√	项目法人
3	拟验工程清单	√	√	√	√	√	√	√	项目法人
4	未完工程清单、建设安排及计划完成时间				√	√	√	√	项目法人
5	度汛方案				*	√	√	√	项目法人
6	工程调度运行方案					√	√		项目法人
7	重大技术问题专题报告					*	*	*	项目法人
8	验收鉴定书（初稿）				√	√	√		验收主持单位
9	工程建设监理工作报告			√	√	√		√	监理机构
10	工程设计工作报告			*	√	*		√	设计单位
11	工程施工管理工作报告			√	√	√	√		施工单位
12	机组启动试运行计划				√				施工单位
13	机组试运行工作报告				√				施工单位
14	工程质量和安全监督报告				√	*	√	√	质安监督机构
15	运行管理工作报告						√	√	运行管理单位
16	技术预验收工作报告						√	√	专家组
17	竣工验收技术鉴定报告						*	*	技术鉴定单位

注："√"表示"应提供"；"＊"表示"宜提供"或"根据需要提供"。

附录 B 验收应准备的备查档案资料清单

表 B 验收应准备的备查档案资料清单

序号	资料名称	分部工程验收	单位工程验收	合同工程完工验收	机组启动验收	阶段验收	技术预验收	竣工验收	提供单位
1	前期工作文件及批复文件		√	√	√	√	√	√	项目法人
2	主管部门批文		√	√	√	√	√	√	项目法人
3	招标投标文件		√	√	√	√	√	√	项目法人
4	合同文件		√	√	√	√	√	√	项目法人
5	工程项目划分资料	√	√	√	√	√	√	√	项目法人
6	分部工程质量评定资料		√	*		√	√	√	项目法人
7	单位工程质量评定资料		√	*			√	√	项目法人
8	工程外观质量评定资料		√				√	√	项目法人
9	重要会议记录、纪要	√	√	√	√	√	√	√	项目法人
10	安全、质量事故资料	√	√	√	√	√	√	√	项目法人
11	阶段验收鉴定书						√	√	项目法人
12	竣工决算及审计资料							√	项目法人
13	专项验收有关文件							√	项目法人
14	安全、技术鉴定报告					√			项目法人
15	施工图设计文件		√	√	√	√	√	√	设计单位
16	工程设计变更资料	√	√	√	√	√	√	√	设计单位
17	工程监理资料	√	√	√	√	√	√	√	监理机构
18	质量缺陷备案表	√	√	√	√	√	√	√	监理机构
19	单元工程质量评定资料	√	√	√	√	√	√	√	施工单位
20	工程施工质量检验文件	√	√	√	√	√	√	√	施工单位

表 B（续）

序号	资料名称	分部工程验收	单位工程验收	合同工程完工验收	机组启动验收	阶段验收	技术预验收	竣工验收	提供单位
21	竣工图纸		√	√		√	√	√	施工单位
22	征地移民有关文件		√			√	√	√	承担单位
23	工程质量管理有关文件	√	√	√	√	√	√	√	参建单位
24	工程安全管理有关文件	√	√	√	√	√	√	√	参建单位
25	工程建设中使用的技术标准	√	√	√	√	√	√	√	参建单位
26	工程建设标准强制性条文	√	√	√	√	√	√	√	参建单位
27	其他档案资料	根据需要由有关单位提供							

注："√"表示"应提供"；"＊"表示"宜提供"或"根据需要提供"。

附录 C 分部工程验收鉴定书格式

编号：

×××水电站工程

×××分部工程验收

鉴 定 书

单位工程名称：

×××分部工程验收工作组

年 月 日

前言（包括验收依据、组织机构、验收过程等）

一、分部工程开工完工日期

二、分部工程建设内容

三、施工过程及完成的主要工程量

四、质量事故及质量缺陷处理情况

五、拟验工程质量评定（包括单元工程、主要单元工程个数、合格率和优良率；施工单位自评结果；监理单位复核意见；分部工程质量等级评定意见）

六、验收遗留问题及处理意见

七、结论

八、保留意见（保留意见人签字）

九、分部工程验收工作组成员签字表

十、附件：验收遗留问题处理记录

附录 D 单位工程验收鉴定书格式

×××水电站工程

×××单位工程验收

鉴 定 书

×××单位工程验收工作组

年 月 日

验收主持单位：

法人验收监督管理机关：

项目法人：

代建机构（如有时）：

设计单位：

监理单位：

施工单位：

主要设备制造（供应）商单位：

质量和安全监督机构：

运行管理单位：

验收时间（年．月．日）：

验收地点：

前言（包括验收依据、组织机构、验收过程等）

一、单位工程概况

（一）单位工程名称及位置

（二）单位工程主要建设内容

（三）单位工程建设过程（包括工程开工、完工时间，施工中采取的主要措施等）

二、验收范围

三、单位工程完成情况和完成的主要工程量

四、单位工程质量评定

（一）分部工程质量评定

（二）工程外观质量评定

（三）工程质量检测情况

（四）单位工程质量等级评定意见

五、分部工程验收遗留问题处理情况

六、运行准备情况（投入使用验收需要此部分）

七、存在的主要问题及处理意见

八、意见和建议

九、结论

十、保留意见（应有本人签字）

十一、单位工程验收工作组成员签字表

附录 E 合同工程完工验收鉴定书格式

×××水电站工程

×××合同工程完工验收

（合同名称及编号）

鉴 定 书

×××合同工程完工验收工作组

年　月　日

项目法人：

代建机构（如有时）：

设计单位：

监理单位：

施工单位：

主要设备制造（供应）商单位：

质量和安全监督机构：

运行管理单位：

验收时间（年．月．日）：

验收地点：

前言（包括验收依据、组织机构、验收过程等）

一、合同工程概况

（一）合同工程名称及位置

（二）合同工程主要建设内容

（三）合同工程建设过程（包括工程开工、完工时间，施工中采取的主要措施等）

二、验收范围

三、合同执行情况（包括合同管理、工程完成情况和完成的主要工程量、结算情况等）

四、历次验收遗留问题处理情况

五、合同工程质量评定

六、存在的主要问题及处理意见

七、意见和建议

八、结论

九、保留意见（应有本人签字）

十、合同工程验收工作组成员签字表

十一、附件：施工单位向项目法人移交资料目录

附录 F 阶段验收申请报告内容要求

一、工程基本情况

二、工程验收条件的检查结果

三、工程验收准备工作情况

四、建议验收时间、地点和参加单位

附录 G 阶段验收鉴定书格式

×××水电站工程

×××阶段验收

鉴 定 书

×××水电站工程×××阶段验收委员会（工作组）

年 月 日

验收主持单位：

法人验收监督管理机关：

项目法人：

代建机构（如有时）：

设计单位：

监理单位：

主要施工单位：

主要设备制造（供应）商单位：

质量和安全监督机构：

运行管理单位：

验收时间（年．月．日）：

验收地点：

前言（包括验收依据、组织机构、验收过程等）

一、工程概况

（一）工程位置及主要开发任务

（二）工程主要技术指标

（三）项目设计概况（包括设计审批情况，工程主要设计工程量和投资等）

（四）项目建设概况（包括工程施工和完成工程量情况等）

二、验收范围和内容

三、工程形象面貌（对应验收范围和内容的工程完成情况）

四、工程质量评定

五、验收前已完成的工作（包括安全鉴定、移民搬迁安置和库底清理验收、技术预验收等）

六、截流（蓄水）总体安排

七、度汛和调度运行方案

八、未完工程建设安排

九、存在的主要问题及处理意见

十、建议

十一、结论

十二、验收委员会（工作组）成员签字表

十三、附件：技术预验收工作报告（如有时）

附录 H 机组启动验收鉴定书格式

×××水电站工程

机 组 启 动 验 收

鉴 定 书

×××水电站工程机组启动验收委员会（工作组）

年 月 日

验收主持单位：

法人验收监督管理机关：

项目法人：

代建机构（如有时）：

设计单位：

监理单位：

主要施工单位：

主要设备制造（供应）商单位：

质量和安全监督机构：

运行管理单位：

验收时间（年．月．日）：

验收地点：

前言（包括验收依据、组织机构、验收过程等）

一、工程概况

（一）工程主要建设内容

（二）机组主要技术指标

（三）机组及辅助设备设计、制造和安装情况

（四）与机组启动有关工程形象面貌

二、验收范围和内容

三、工程质量评定意见

四、机组启动试运行情况

五、工程缺陷和遗留问题及处理意见

六、移交生产应注意事项及建议

七、结论

八、验收委员会（工作组）成员签字表

九、附件：机组启动试运行工作报告

附录 I 竣工验收申请报告内容要求

一、工程基本情况

二、工程验收条件的检查结果

三、尾工情况及安排意见

四、验收准备工作情况

五、建议验收时间、地点和参加单位

六、附件：竣工验收自查工作报告

附录 J 竣工验收自查工作报告格式

×××水电站工程竣工验收

自 查 工 作 报 告

×××水电站工程项目竣工验收自查工作组

年 月 日

项目法人：

代建机构（如有时）：

设计单位：

监理单位：

主要施工单位：

主要设备制造（供应）商单位：

质量和安全监督机构：

运行管理单位：

前言（包括组织机构、自查工作过程等）

一、工程概况

（一）工程名称及位置

（二）工程主要建设内容

（三）工程建设过程

二、工程项目完成情况

（一）工程项目完成情况

（二）完成工程量与初设批复工程量比较

（三）工程验收情况

（四）工程投资完成情况及审计情况

（五）工程项目移交和运行情况

三、工程项目质量评定

四、验收遗留问题处理情况

五、尾工情况及安排意见

六、存在的主要问题及处理意见

七、结论

八、竣工验收自查工作组成员签字表

附录K 竣工验收主要工作报告格式

×××水电站工程竣工验收

×××工作报告

编制单位：

年 月 日

批准：

审定：

审核：

主要编写人员：

附录 L 竣工验收主要工作报告内容格式

L.1 工程建设管理工作报告

L.1.1 工程概况

1 工程位置

2 立项、初设文件批复

3 工程建设任务及设计标准

4 主要技术特征指标

5 工程主要建设内容

6 工程布置

7 工程投资

8 主要工程量和总工期

L.1.2 工程建设简况

1 施工准备

2 工程施工分标情况及参建单位

3 工程开工报告及批复

4 主要工程开完工日期

5 主要工程施工过程

6 主要设计变更

7 重大技术问题处理

8 施工期防汛度汛

L.1.3 专项工程和工作

1 征地补偿和移民安置

2 环境保护工程

3 水土保持设施

4 工程建设档案

L.1.4 项目管理

1 机构设置及工作情况

L.1.12 竣工财务决算编制与竣工审计情况

L.1.13 存在问题及处理意见

L.1.14 工程尾工安排

L.1.15 经验与建议

L.1.16 附件

    1 项目法人的机构设置及主要工作人员情况表

    2 项目建议书、可行性研究报告、初步设计等批准文件及调整批准文件

L.2   工程建设大事记

L.2.1 根据小水电工程建设程序，主要记载项目法人从委托设计、报批立项直到竣工验收过程中对工程建设有较大影响的事件，包括有关批文、上级有关指示、设计重大变化、主管部门稽查和检查、有关合同协议的签订、建设过程中的重要会议、施工期度汛抢险及其他重要事件、主要项目的开工和完工情况、历次验收等情况。

L.2.2 工程建设大事记可单独成册，也可作为"工程建设管理工作报告"的附件。

L.3   工程施工管理工作报告

L.3.1 工程概况

L.3.2 工程投标

L.3.3 施工进度管理

L.3.4 主要施工方法

L.3.5 施工质量管理

L.3.6 文明施工与安全生产

L.3.7 合同管理

L.3.8 经验与建议

L.3.9 附件

    1 施工管理机构设置及主要工作人员情况表

L.6 运行管理工作报告

L.6.1 工程概况

L.6.2 运行管理

L.6.3 工程初期运行

L.6.4 工程监测资料和分析

L.6.5 经验与建议

L.6.6 附件

    1 管理机构设立的批文

    2 管理机构设置情况及主要工作人员情况

    3 规章制度目录

L.7 工程质量监督报告

L.7.1 工程概况

L.7.2 质量监督工作

L.7.3 参建单位质量管理体系

L.7.4 工程项目划分确认

L.7.5 工程质量检测

L.7.6 工程质量核备与核定

L.7.7 工程质量事故和缺陷处理

L.7.8 工程质量结论意见

L.7.9 附件

    1 有关该工程项目质量监督人员情况表

    2 工程建设过程中质量监督意见（书面材料）汇总

L.8 工程安全监督报告

L.8.1 工程概况

L.8.2 安全监督工作

L.8.3 参建单位安全管理体系

L.8.4 现场监督检查

附录 M 竣工技术预验收工作报告格式

×××水电站工程

竣工技术预验收工作报告

×××水电站工程项目竣工技术预验收专家组

年 月 日

前言（包括验收依据、组织机构、验收过程等）

第一部分　工　程　建　设

一、工程概况

（一）工程名称及位置

（二）工程主要任务和作用

（三）工程设计主要内容

1. 工程立项、设计批复文件

2. 设计标准、规模及主要技术经济指标

3. 主要建设内容及建设工期

二、工程施工过程

（一）主要工程开工、完工时间（附表）

（二）重大技术问题及处理

（三）重大设计变更

三、工程完成情况和完成的主要工程量

四、工程验收、鉴定情况

（一）单位工程验收

（二）阶段验收

（三）专项验收（包括主要结论）

（四）竣工验收技术鉴定（包括主要结论）

五、工程质量

（一）工程质量监督

（二）工程项目划分

（三）工程质量检测

（四）工程质量评定

六、工程运行管理

（一）管理机构、人员和经费

（二）工程移交

七、工程初期运行及效益

（一）工程初期运行情况

（二）工程初期运行效益

（三）初期运行监测资料分析

八、历次验收及相关鉴定提出的主要问题的处理情况

九、工程尾工安排

十、评价意见

第二部分　专项工程（工作）及验收

一、征地补偿和移民安置

（一）规划（设计）情况

（二）完成情况

（三）验收情况及主要结论

二、水土保持设施

（一）设计情况

（二）完成情况

（三）验收情况及主要结论

三、环境保护

（一）设计情况

（二）完成情况

（三）验收情况及主要结论

四、工程档案（验收情况及主要结论）

五、消防设施（验收情况及主要结论）

六、其他

第三部分　财　务　审　计

一、概算批复

二、投资计划下达及资金到位

三、投资完成及交付资产

四、征地拆迁及移民安置资金

五、结余资金

六、预计未完工程投资及费用

七、财务管理

八、竣工财务决算报告编制

九、稽查、检查、审计

十、评价意见

第四部分　意见和建议

第五部分　结　　论

第六部分　竣工技术预验收专家组专家签名表

附录 N　竣工验收鉴定书格式

×××水电站工程竣工验收

鉴　定　书

×××水电站工程竣工验收委员会

年　月　日

前言（包括验收依据、组织机构、验收过程等）

一、工程设计和完成情况

（一）工程名称及位置

（二）工程主要任务和作用

（三）工程设计主要内容

1. 工程立项、设计批复文件

2. 设计标准、规模及主要技术经济指标

3. 主要建设内容及建设工期

4. 工程投资及投资来源

（四）工程建设有关单位（可附表）

（五）工程施工过程

1. 主要工程开工、完工时间

2. 重大设计变更

3. 重大技术问题及处理情况

（六）工程完成情况和完成的主要工程量

（七）征地补偿及移民安置

（八）水土保持设施

（九）环境保护工程

二、工程验收及鉴定情况

（一）单位工程验收

（二）阶段验收

（三）专项验收

（四）竣工验收技术鉴定

三、历次验收及相关鉴定提出的主要问题的处理情况

四、工程质量

（一）工程质量监督

（二）工程项目划分

（三）工程质量检测（如有时）

（四）工程质量评定

五、概算执行情况

（一）投资计划下达及资金到位

附录 O 工程质量保修书格式

×××水电站工程

质 量 保 修 书

施工单位：

年 月 日

×××水电站工程保修书

一、合同工程完工验收情况

二、质量保修的范围和内容

三、质量保修期

四、质量保修责任

五、质量保修费用

六、其他

施工单位：

法定代表人：（签字）

年　月　日

附录 P 合同工程完工证书格式

×××水电站工程

×××合同工程

（合同名称及编号）

完 工 证 书

项目法人：

年　月　日

项目法人：

代建机构（如有时）：

设计单位：

监理单位：

施工单位：

主要设备制造（供应）商单位：

运行管理单位：

合同工程完工证书

    ×××水电站×××合同工程已于××××年××月××日通过了由×××主持的合同工程完工验收，现颁发合同工程完工证书。

项目法人：

法定代表人：（签字）

                        年 月 日

附录 Q　工程质量保修责任终止证书格式

×××水电站工程

（合同名称及编号）

质量保修责任终止证书

项目法人：

年　月　日

×××水电站工程
质量保修责任终止证书

　　×××水电站工程（合同名称及编号）质量保修期已于××××年××月××日期满，合同约定的质量保修责任已履行完毕，现颁发质量保修责任终止证书。

　　项目法人：

　　法定代表人：（签字）

年　　月　　日

附录 R 工程竣工证书格式（正本）

×××水电站工程竣工证书

×××水电站工程已于××××年××月××日通过了由×××主持的竣工验收，现颁发工程竣工证书。

颁发机构：

年　月　日

注：正本证书外形尺寸：长 60cm×宽 40cm。

附录 S 工程竣工证书格式（副本）

×××水电站工程

竣 工 证 书

年 月 日

验收主持单位：

法人验收监督管理机关：

项目法人：

代建机构（如有时）：

设计单位：

监理单位：

主要施工单位：

主要设备制造（供应）商单位：

质量和安全监督机构：

运行管理单位：

工程开工时间（年．月．日）：

竣工验收时间（年．月．日）：

×××水电站工程竣工证书

　　×××水电站工程已于××××年××月××日通过了由×××主持的竣工验收，现颁发工程竣工证书。

　　颁发机构：

年　　月　　日

条 文 说 明

1 总 则

1.0.1 《小型水电站建设工程验收规程》（SL 168—96）于 1996 年颁布以来，对小水电工程验收工作制度化、规范化工作起到了重要作用。但近 10 多年来，在工程建设领域我国政府各有关部门已相继出台了一系列新法规、新政策、新规定，小水电工程开发和建设管理体制发生了根本性变化，验收工作面临新的形势和要求，需要对本规程进行修订。

1.0.2 目前我国将总装机容量 50MW 及以下的水电站列为小型水电站，所以本条对规程适用范围进行了调整。

1.0.3 本条对原规程 1.0.5 条进行修订，根据《水利工程建设项目验收管理规定》（水利部令〔2006〕第 30 号）和《水利水电工程施工质量检验与评定规程》（SL 176—2007）的规定对验收工作进行分类。

法人验收是指在项目建设过程中由项目法人组织进行的验收，法人验收是政府验收的基础；政府验收是指由有关人民政府、水行政主管部门或者其他有关部门组织进行的验收。

1.0.4 本条保留了原规程 1.0.3 条的主要内容，并参照《水利工程建设项目验收管理规定》进行表述。

1.0.5 本条保留了原规程 1.0.4 条的大部分内容，但在表述上有所不同。针对不同所有制的小水电工程，验收的主要内容可有所侧重或简化。

1.0.6 本条是对原规程 1.0.7 条内容的简化，因为后续各章节对各项验收工作都有详细的时限规定，本条就不再重复。

1.0.7 本条是对原规程 1.0.8 条的修订。由于后续各章节对各类验收工作的组织管理都有详细的规定，本条就不再重复，并在表述上与 1.0.3 条相呼应。由于目前各省（自治区、直辖市）对小水电的管理体制不同，所以不指定水行政主管部门为验收的主持单位。

1.0.8 本条基本保留了原规程 1.0.10 条的内容，在表述上与 1.0.3 条相呼应。

1.0.9 本条对原规程 1.0.9 条的修订，对施工质量的检验与评定应按 SL 176—2007 的规定执行。

1.0.10～1.0.12 这 3 条为新增条文，对验收资料的制备组织、范围、规格作出规定。

1.0.13 本条对原规程 1.0.12 条的修订。

1.0.14 本条为新增条文，由于小水电工程验收涉及的部门、行业和专业技术比较多，考虑到有关标准很多，有关内容无法全部吸取列入本规程，故制定了本条规定。

2 工程验收监督管理

2.0.1 考虑到目前在建及待建小水电工程项目投资主体绝大部分为私有制企业，大部分项目法人对小水电工程验收的制度和要求不熟悉，需要对项目法人的验收工作进行指导和监督，新增本章内容。

本条根据《水利工程建设项目验收管理规定》对工程验收监督管理权限进行规定，各省（自治区、直辖市）可根据本省审批设计和建设管理权限的划分对工程验收监督管理进行分级管理。

2.0.2 本条根据《水利工程建设项目验收管理规定》，明确工程的法人验收监督管理部门。

2.0.3 水行政主管部门及法人验收监督管理机关可根据工作需要到工程现场检查工程建设情况、验收工作开展情况以及对接到的举报进行调查处理等。

由于小水电工程规模小、工期短、投资少，而分部工程、单位工程项目多，工程验收监督管理可根据工程实际情况，注重涉及"公共利益"、"公共安全"的主要单位工程、分部工程的监督管理。

3 分部工程验收

3.0.1 考虑到目前在建及待建小水电工程项目投资主体绝大部分为私有制企业，大部分项目法人对小水电工程验收的制度和要求不熟悉，新增本章内容。

3.0.2 分部工程验收是专业技术性的验收，因此应有相应专业的技术人员参加，验收组成员宜相对固定。

3.0.3 分部工程完成后，施工单位应对照 3.0.4 条的要求进行自检，认为符合条件后，向项目法人提交验收申请报告。

3.0.4 单元工程施工质量评定按 SL 176—2007 的规定执行。

3.0.5 法人验收需要评定工程质量等级为合格或优良。

3.0.8 验收鉴定书正本数量可按参加验收单位各 1 份以及归档所需要的份数确定。

4 单位工程验收

4.0.1 考虑到目前在建及待建小水电工程项目投资主体绝大部分为私有制企业，大部分项目法人对小水电工程验收的制度和要求不熟悉，新增本章内容。

4.0.2 单位工程验收是专业技术性的验收，其重要性比分部工程高，因此除了要求验收工作组成员应具有相应的专业知识或相应执业资格外，对具有中级及以上技术职称的成员比例也应有要求，避免走过场。

4.0.3 多合同段（多个施工单位承建）的单位工程验收，由项目法人协调单位工程验收时机，各有关施工单位准备承建合同范围相关文件资料。

4.0.5 分部工程施工质量评定按 SL 176—2007 的规定执行。

4.0.6 法人验收需要评定工程质量等级为合格或优良。

4.0.8 单位工程验收鉴定书正本数量可按参加验收单位、法人验收监督机关、质量和安全监督机构各 1 份以及归档所需要的份数确定。

5 合同工程完工验收

5.0.1 考虑到目前在建及待建小水电工程项目投资主体绝大部分为私有制企业，大部分项目法人对小水电工程验收的制度和要求不熟悉，新增本章内容。

当施工合同工程仅包含一个分部工程或一个单位工程时，宜以分部工程验收或单位工程验收名义结合合同工程完工验收一并进行。

5.0.7 验收鉴定书正本数量可按参加验收单位、法人验收监督管理机关、质量和安全监督机构各 1 份以及归档所需要的份数确定。

6 阶 段 验 收

本章整合了原规程第二章"阶段（中间）验收"和第三章"机组启动验收"的内容，在此基础上进行修订，在结构上按阶段验收的内容分节进行表述。

6.1 一 般 规 定

6.1.1 阶段验收比原规程减少了"重要隐蔽工程和基础处理完毕的验收"、"工程停、缓建或施工单位变更，对已完成部分进行验收"，将原第三章"机组启动验收"归为阶段验收。

"重要隐蔽工程和基础处理完毕的验收"和"工程停、缓建或施工单位变更，对已完成部分进行验收"，可按分部工程验收和单位工程验收的要求进行。

6.1.3 本条系新增加条款。项目法人应对照 6.2.2 条、6.3.2条、6.4.2 条等中的要求进行自检，认为符合条件后，向竣工验收主持单位提出验收申请报告。竣工验收主持单位根据验收内容的重要性，决定亲自主持或委托项目法人主持验收。

6.1.4 由于阶段验收时，验收范围只是一部分工程，不适合对阶段验收作出合格或优良的结论。本条中鉴定已完工程施工质量是指如实将分部工程和单位工程的质量评定结论反映在鉴定书中。

6.1.6 阶段验收鉴定书正本数量可按参加验收单位、法人验收监督管理机关、质量和安全监督机构各 1 份以及归档所需要的份数确定。

6.2 工程导（截）流验收

6.2.1 本条系新增加条款。当坝址（渠首）以上的流域面积小（如多年平均流量小于 $1m^3/s$），挡水建筑物也不高（如最大坝高小于 10m），导（截）流工作较为简单，竣工验收主持单位可委托项目法人主持导（截）流验收。

6.2.2 本条系新增加条款，规定导（截）流验收应具备的条件。

2 水下隐蔽工程是指截流后围堰上游水位壅高造成部分工程长期淹没在水下或受影响的工程。

3 准备工作包括导（截）流技术方案，导（截）流工程的备料、施工道路、施工机械、水文观测、组织、应急措施等。

6.3 水库（拦河闸）下闸蓄水验收

6.3.1 本条系新增加条款。具体什么情况下竣工验收主持单位可委托项目法人主持下闸蓄水验收，如果当地对下闸蓄水验收有具体的实施办法、细则，应按其规定执行；当没有规定时，水库库容较小［如为小（2）型水库］，挡水建筑物也不高（如最大坝高小于 10m），坝基地质条件好，上游没有农田淹没和人口搬迁，竣工验收主持单位可委托项目法人主持下闸蓄水验收。

6.3.2 本条为新增条文，规定下闸蓄水验收应具备的条件。

1 大坝及其他挡水建筑物蓄水位以下部分必须完成，基础及结构的稳定性、强度、防渗等性能已能满足蓄水要求，挡水建筑物形象面貌已达到防汛标准和蓄水要求。

3 需要投入运行的泄水建筑物是水库蓄水的关键工程项目，应按设计要求建成并符合设计要求。蓄水、泄洪所需的闸门、启闭机等控制设备应安装完毕，使用电源可靠，可正常使用运行；

6 水库蓄水安全鉴定的适用范围，应按各省（自治区、直辖市）的规定执行，未有规定的，可要求新建的小（1）型及以上水库进行水库蓄水安全鉴定。

7 蓄水后影响工程安全运行的问题主要是指渗漏、浸没滑坡及塌方等。

6.4 机组启动验收

6.4.1 本条基本保留原规程3.0.1条内容。机组启动验收是在小水电工程安装完毕后，对机组的主辅机及电气设备进行全面性的试运行和检查验收，也是对工程设计、设备制造、施工安装、调整试验质量的总体检验。通过检查发现工程各个环节中存在的缺陷和问题，从而采取有效措施进行及时处理。因此，不论电站容量大小，均必须进行机组启动验收。

根据工程完成情况，机组可以单台单独验收，也可以多台同时验收。

6.4.2 本条基本保留原规程3.0.2条内容，规定了机组验收必须具备的条件。只有达到这些条件，项目法人方可向竣工验收主持单位提出机组启动验收申请报告。

6.4.3、6.4.4 这两条是对原规程3.0.3条内容的修订，将启动验收委员会的组织和构成规定分开表述。将机组启动验收分为两类进行，其中首台和最后一台机组启动验收属于政府验收范畴，是因为根据机组启动验收的实际情况，所需协调和发现的问题比较集中地发生在首台和最后一台机组的启动过程中。但对于机组规模较小（如单机容量均小于1000kW）的电站，其首（末）台机组启动验收，竣工验收主持单位也可委托项目法人主持。其他机组验收属于法人验收的范畴。

强调机组启动验收应有所在地区电力部门的代表参加。

6.4.5 本条基本保留原规程3.0.4条内容，规定启动验收委员会的工作内容。

6.4.6 本条基本保留原规程 3.0.5 条内容。在机组启动试验程序中，要求在小水电工程安装完后，机组启动前应根据国家和行业颁布的有关施工安装验收规范、工程质量评定标准、试验规程等，对有关设施、设备和装置进行检查试验。

当机组按试验程序检验完毕确认一切合格后，机组即可投入系统带额定（或最大）负荷连续运行 72h，这是为了进一步检查机组运行的可靠性和考验工程设计、设备制造、施工安装的质量。机组试验的有关技术数据应符合设备制造（供应）商提供的技术参数，并满足设计的要求和有关施工安装工程验收规范的规定。

机组启动试运行具体操作过程和有关要求可参照《水轮发电机组启动试验规程》（DL/T 507）的要求执行。

6.4.7 本条基本保留原规程 3.0.6 条内容。

6.4.8 本条基本保留原规程 3.0.7 条内容。

6.4.9 本条是对机组启动验收鉴定书的规定，基本保留原规程 3.0.8 条内容。机组启动验收鉴定书是机组交接和投入使用运行的依据。

6.4.10 本条基本保留原规程 3.0.9 条内容。

6.4.11 本条基本保留原规程 3.0.10 条内容。

7 专 项 验 收

7.0.1 本章为新增内容，项目法人应按国家和相关行业的有关规定执行。专项验收成果性文件应是工程竣工验收成果性文件的组成部分。

目前各地对专项验收的规定不同，所以强调要按工程所在地的规定进行。就目前来说，一般的小水电工程在水库蓄水前需要进行水电站蓄水安全鉴定和水电站征地移民安置验收，水电站竣工验收前要进行水电站环境保护工程验收、水电站水土保持工程验收；对于国有资金投资和容量相对较大的电站，机组启动前要进行水电站消防工程验收，水电站竣工验收前要进行水电站工程竣工安全鉴定、水电站工程档案验收、水电站劳动安全与工业卫生验收和工程决算专项验收。

8 竣 工 验 收

本章对原规程第四章内容进行修订。内容上将原规程的初验改为竣工验收自查，增加了竣工技术预验收；在结构上按竣工验收的内容分节进行表述。

8.1 一 般 规 定

8.1.1 本条系新增加条款。项目法人应对照 8.1.2 条中的要求进行自检，认为符合条件后，向法人验收监督管理机关提出验收申请报告。法人验收监督管理机关要对工程是否具备竣工验收条件进行审查，对遗留的问题是否影响竣工验收要有明确的意见。

8.1.2 竣工验收应具备的条件，应在竣工技术预验收前全部满足。项目法人应通过竣工验收自查来检验。鉴于有已建工程试运行多年仍未进行竣工验收的事实，为检验工程是否安全运行，应要求在竣工验收前对整个枢纽工程进行安全鉴定。

8.1.5 根据具体情况，竣工技术预验收和竣工验收两个阶段工作可分开进行，也可连续进行。

8.2 竣 工 验 收 自 查

本节系在原规程 4.0.5 条、4.0.6 条、4.0.7 条内容的基础上进行修订，强调项目法人以及工程参建单位应当为竣工验收做好各项准备工作。竣工验收自查相当于原规程的初验，但由项目法人主持。

8.3 工程质量抽样检测

本节为新增内容。当工程质量控制缺失或不可靠时，借助科学手段进行抽样检测可客观公正反映工程质量的本质。在竣工验收过程中，工程质量抽样检测不是必须程序。

8.3.1 竣工验收主持单位在作出需要对工程质量进行抽样检测的决定时，要有充分的理由，避免随意性。

8.4 竣工技术预验收

本节为新增内容。考虑到竣工验收技术性强，为避免走过场，竣工验收应先组织专家进行技术预验收。

8.4.3 本条中鉴定工程施工质量是指对质量监督机构的质量评定情况和竣工验收质量抽检情况进行评价，最终给出工程质量是否合格的结论。

8.5 竣 工 验 收

本节系在原规程4.0.8条、4.0.9条、4.0.10条内容的基础上进行修订。

8.5.4 竣工验收中有关工程质量的结论性意见，是在工程质量监督报告有关质量评价的基础上，结合技术预验收和竣工验收工程质量检查情况确定的，最终结论是工程质量是否合格，不再评定优良等级。

8.5.5 竣工验收鉴定书数量应按验收委员会组成单位、工程主要参建单位各1份以及归档所需要份数确定。

9 工程移交及遗留问题处理

本章为新增内容，是小水电工程建设管理规范化的需要，避免手续不全、责任不清、互相推诿的现象发生。

9.1 工程交接与移交

设定本节是为了进一步完善工程建设程序和合同管理，同时明确了工程移交给运行管理单位所应完成的必要手续以及移交的主要内容，从而保证工程尽快进入正常管理程序，避免工程档案资料流失。

9.1.4 机组安装质保期应从机组通过启动验收后起算。

9.2 验收遗留问题及尾工处理

本节明确了验收遗留问题和尾工处理责任单位，防止验收后这些问题得不到有效及时地处理，影响工程的正常运行。

9.2.3 验收遗留问题和尾工处理完成后，由项目法人主持验收，有关设计、监理、施工、运行管理等单位参加。

9.3 工程竣工证书颁发

设定本节是为了进一步完善工程建设程序和合同管理。

9.3.3 工程竣工证书是项目法人全面完成工程项目建设管理责任的证书，也是工程参建单位完成相应工程建设任务的最终证明文件。

附录 L 竣工验收主要工作报告内容格式

L.1 工程建设管理工作报告

L.1.4 项目管理

1 机构设置及工作情况，包括项目参建单位（项目法人、项目代建机构、设计、监理、施工单位）、工程运行管理单位、上级主管部门以及法人验收监督管理机关、工程质量监督机构和安全监督机构、移民安置机构、建设协调机构等设置和工作情况。

4 合同管理，主要反映工程所采用的合同类型、合同执行结果、对工程分包的管理等。包括设计、监理等合同。

5 材料及设备供应，主要反映"三材"和油料、电力及主要设备的供应方式，材料及设备供应对工程建设的影响，工程完成时是否做到工完料清。

6 资金管理与合同价款结算，包括项目法人筹资方式、资金筹措对工程建设的影响、合同价款的结算方法和特殊问题的处理情况、至竣工时有无工程款拖欠情况。

L.1.5 工程质量，主要是指工程参建单位的工程质量管理体系、主要项目设计和合同规定的质量标准和实际达到的标准、单元工程和分部工程以及单位工程质量数据统计、质量事故和质量缺陷处理情况等。

L.1.6 安全生产与文明工地，主要是指工程参建单位的工程安全管理体系、文明工地建设、安全事故与事故处理等。

L.1.12 竣工财务决算编制与竣工审计情况，主要是国有资金投资项目竣工决算编制情况、工程审计结论提出的问题及整改情况等。

L.3 工程施工管理工作报告

L.3.1 工程概况，简要说明本单位所承担的工程在整个项目中的位置、工程布置、主要技术经济指标、主要建设内容等。

L.3.2 工程投标，包括投标过程、投标书编制以及合同签订等。

L.3.3 施工进度管理，阐明施工总体布置、施工总进度以及分阶段施工进度安排（有条件可附施工场地总布置图和施工总进度表），分析工程提前或推迟完成的原因；主要项目施工情况等。

L.3.4 主要施工方法，阐明工程施工过程中遇到的主要技术难题及解决情况。施工中采用的主要施工方法及应用于本工程的新技术、新材料、新设备、新工艺和施工科研情况等。

L.3.5 施工质量管理，阐明本工程的施工质量保证体系及实施情况，质量事故及处理，工程施工质量自检情况等。

L.3.6 文明施工与安全生产，围绕国家、行业以及合同中有关安全生产规定，阐明有关规定的落实情况、生产安全事故及处理情况等。

L.3.7 合同管理，阐明工程合同价与工程实际价款结算，简要分析存在差距的原因，工程分包管理、工程款及工资拖欠情况等。

L.3.9 附件

1 施工管理机构设置及主要工作人员情况表中，主要工作人员包括施工单位以及施工项目经理部的负责人和内设机构负责人。

2 投标时计划投入的资源与施工实际投入资源情况表中，资源包括人力资源和施工设备以及质量检测设备等。

3 工程施工管理大事记，主要是指承担本工程建设有关或有影响的事件。

4 技术标准目录，是指施工中使用的技术标准目录。

L.4 工程设计工作报告

L.4.1 工程概况，简要叙述工程位置、工程布置、主要技术经济指标、主要建设内容等。

L.4.2 工程规划设计要点，简述工程规划、设计方面的技术指标和特点。

L.4.3 工程设计审查意见落实，要针对有关主管部门对初步设计的审查意见，重点叙述审查意见中要求在施工阶段研究或解决的设计问题是否解决。

L.4.4 工程标准，指有关质量标准的设计值、国家或行业标准中的指标、合同指标、工程实际达到的指标，需进行必要的比较。当工程实际达到的指标不满足设计或国家和行业技术标准时，应简述设计方面的意见。

L.4.5 设计变更，指施工过程中与批准的初步设计之间的变化，重大设计变更的缘由。

L.4.6 设计文件质量管理，主要是指设计文件的深度是否满足国家或行业标准，是否满足设计合同约定的标准，是否存在由于设计造成的工程返工或质量问题。

L.4.7 设计服务，是指按设计合同有关义务的履行、现场设计服务情况等。

L.4.8 工程评价，从设计方面评价工程是否达到设计要求。

L.4.10 附件

1 设计机构设置及主要工作人员情况表中，主要工作人员包括设计项目经理，各专业技术负责人等。

3 技术标准目录，指设计依据的国家或行业技术标准。

L.5 工程建设监理工作报告

L.5.1 工程概况,简要叙述工程位置、工程布置、主要技术经济指标、主要建设内容等。

L.5.2 监理规划,监理规划及监理制度的建立和实施、组织机构的设置、主要监理方法和主要监理设备等。

L.5.3 监理过程,简述监理合同的执行情况、"三控制"、"两管理"、"一协调"的实施情况。

L.5.4 监理效果,对工程投资、质量、进度控制和安全管理的效果进行综合评价。

L.5.5 工程评价,对工程设计、质量、进度、安全进行综合评价。

L.5.7 附件

1 监理机构的设置及主要工作人员情况表中,主要工作人员包括总监理工程师、监理工程师以及相应分工和执业资格证号等。

L.6 运行管理工作报告

L.6.1 工程概况,简要叙述工程位置、工程布置、主要技术经济指标、主要建设内容等。

L.6.2 运行管理,主要是工程验收移交后对工程运行管理的规划等,包括规章制度建立情况、人员培训情况、已接管工程运行维护情况,下阶段工程运行管理计划等。

L.6.3 工程初期运行,说明已经移交管理的工程运行是否达到设计标准,工程发挥的效益情况,运行过程中出现的问题及原因分析等。

L.7 工程质量监督报告

L.7.1 工程概况,简要叙述工程位置、工程布置、主要技术经济指标、主要建设内容等。

L.7.2 简述质量监督工作的分工和工作方式等。

L.7.3 检查参建单位的质量管理体系，依据国家和行业规定对质量管理体系的建立和工程建设过程中的实际运行情况检查等。

L.7.4 简述对工程项目划分的确认和主要依据。

L.7.5 简述工程质量检测情况。

L.7.6 工程质量核备与核定，核备与核定了哪些工程项目的质量。当持有质量方面的异议时，有关方面的纠正情况。

L.7.7 工程质量事故和缺陷处理，工程建设过程中是否发生过质量事故、主要质量缺陷，以及处理的情况。

L.7.8 工程质量结论意见，是指对工程质量进行总体评定。

L.8 工程安全监督报告

L.8.1 工程概况，简要叙述工程位置、工程布置、主要技术经济指标、主要建设内容等。

L.8.2 简述安全监督工作的分工和工作方式等。

L.8.3 检查参建单位的安全管理体系，依据国家和行业规定对安全管理体系的建立和工程建设过程中的实际运行情况检查等，还包括参建单位的安全生产许可证、特种作业人员上岗证、有关人员的安全生产考核合格证等的复核。

L.8.4 现场监督检查，指施工现场时的监督检查情况。

L.8.5 生产安全事故处理情况，说明工程建设过程中是否发生过生产安全事故，以及处理的情况。

L.8.6 工程安全生产评价意见，是对工程安全管理情况进行总体评价。

附录N 竣工验收鉴定书格式

一、工程设计和完成情况

（三）工程设计主要内容

1.工程立项、设计批复文件，包括审批机关、时间、文件名称和文号等。

（四）工程建设有关单位，包括项目法人、项目代建机构、设计、监理、施工、主要设备制造商、质量和安全监督机构、工程运行管理单位等，参建单位多的可附表。

（六）工程完成情况和完成的主要工程量，包括竣工验收时工程形象外貌、实际完成工程量与批准设计工程量对比等。

（七）征地补偿及移民安置，包括移民安置管理体制，批准征地、移民数量，实际完成量等。

（八）水土保持设施，包括设计和实际完成情况。

（九）环境保护工程，包括设计和实际完成情况。

二、工程验收及鉴定情况，验收、鉴定的类别名称、主持单位、时间和主要结论等。竣工验收技术鉴定如没有可不写。

三、历次验收及相关鉴定提出的主要问题的处理情况，包括专项验收、安全鉴定、竣工验收技术鉴定等。

四、工程质量，包括质量监督分工；项目划分包括单位工程、分部工程、单元工程；工程质量检测包括竣工验收委员会要求的质量抽检；工程质量评定是指质量监督机构评定的质量等级情况。

六、工程尾工安排，包括尾工名称、实施单位、完成时间和验收单位。

九、竣工技术预验收，包括主持单位、会议时间、主要意见和结论。

十、意见和建议，是指对验收中发现问题的处理意见和对工程运行管理的建议等。

十一、结论，包括验收结论和最后结论。

验收结论：包括对工程建设内容完成情况（基本完成、完成、全部完成）；工程质量（不合格、合格）；财务管理（不规范、基本规范、规范）；投资控制（基本合理、合理）；竣工决算（已通过审计）；专项验收（已通过验收）；工程初期运行（存在问题、基本正常、正常）；效益发挥（社会和经济效益初步发挥、已发挥、良好、显著）等作出明确的评价。

最后结论：竣工验收委员会同意×××水电站工程通过竣工验收。

水利水电建设工程验收技术鉴定导则

SL 670—2015

2015－08－11 发布　　　　2015－11－11 实施

前　　言

根据水利部 2007 年发布的《水利工程建设项目验收管理规定》（水利部令第 30 号）和 SL 223—2008《水利水电建设工程验收规程》等有关文件，按照 SL 1—2014《水利技术标准编写规定》的要求，编制本标准。水利水电建设工程验收技术鉴定是指水利水电建设工程蓄水安全鉴定和竣工验收技术鉴定。

本标准共 4 章和 2 个附录，主要技术内容有：

——蓄水安全鉴定和竣工验收技术鉴定的鉴定范围、工作内容和鉴定工作程序；

——蓄水安全鉴定和竣工验收技术鉴定检查及评价内容；

——蓄水安全鉴定和竣工验收技术鉴定相关报告内容格式及编写要求。

本标准为全文推荐。

本标准批准部门：**中华人民共和国水利部**

本标准主持机构：**水利部建设与管理司**

本标准解释单位：**水利部建设与管理司**

本标准主编单位：**水利部水利水电规划设计总院**

本标准出版、发行单位：**中国水利水电出版社**

本标准主要起草人：**温续余　陈建军　冀建疆　司志明**

　　　　　　　　　康文龙　韦志立　司毅军　张　永

　　　　　　　　　靳革新　王　鹏

本标准审查会议技术负责人：**刘志明**

本标准体例格式审查人：**陈登毅**

本标准在执行过程中，请各单位注意总结经验，积累资料，随时将有关意见和建议反馈给水利部国际合作与科技司（通信地址：北京市西城区白广路二条 2 号；邮政编码：100053；电话：010－63204565；电子邮箱：bzh@mwr.gov.cn），以供今后修订时参考。

目　　次

1 总 则

1.0.1 为规范水利水电建设工程蓄水安全鉴定和竣工验收技术鉴定工作，制定本标准。

1.0.2 本标准适用于新建、改（扩）建、加固等大、中型水利水电建设工程的蓄水安全鉴定和竣工验收技术鉴定工作。小型水利水电建设工程可参照执行。

1.0.3 蓄水安全鉴定和竣工验收技术鉴定，可根据工程建设的具体情况，分别确定其鉴定范围和工作内容。

1.0.4 蓄水安全鉴定和竣工验收技术鉴定工作依据应包括有关法律、法规、规章和技术标准，批准的初步设计报告、专题报告、设计变更及修改文件，以及合同规定的质量和安全标准等。

1.0.5 蓄水安全鉴定时，项目法人应负责组织参建单位准备有关资料，并提供建设管理工作报告，设计、监理、土建施工、设备制造与安装、安全监测等单位应分别提供自检报告及相关资料，第三方检测单位应提供检测报告。

1.0.6 竣工验收技术鉴定时，项目法人应负责组织参建单位准备有关资料，并提供建设管理工作报告，设计、监理、土建施工、设备制造与安装、安全监测、运行管理等单位应分别提供竣工验收工作报告，第三方检测单位应提供检测报告。

1.0.7 本标准主要引用下列标准：

SL 223　水利水电建设工程验收规程

1.0.8 水利水电建设工程蓄水安全鉴定和竣工验收技术鉴定除应符合本标准规定外，尚应符合国家现行有关标准的规定。

2 蓄 水 安 全 鉴 定

2.1 鉴定范围与工作内容

2.1.1 蓄水安全鉴定工作的任务是对与蓄水安全有关的工程设计、施工、设备制造与安装的质量进行检查，对影响工程安全的因素进行评价，提出蓄水安全鉴定意见，明确是否具备水库蓄水验收的条件。

2.1.2 蓄水安全鉴定的范围包括挡水建筑物、泄水建筑物、引水建筑物进水口工程、涉及蓄水安全的库岸和边坡等有关工程项目。

2.1.3 蓄水安全鉴定工作的重点是检查工程设计、施工、设备制造与安装是否存在影响工程蓄水安全的因素，以及工程建设期发现的影响工程安全的问题是否得到妥善解决，并提出工程安全评价意见；对不符合有关技术标准、设计文件并涉及工程安全的问题，应分析其影响程度，并提出评价意见；对鉴定发现的符合设计文件、但可能对工程安全运行构成隐患的问题，也应对其进行分析和评价。

2.1.4 蓄水安全鉴定应包括下列主要工作内容：

1 检查工程形象面貌是否满足下闸蓄水要求，是否具备水库蓄水验收条件。

2 检查水库建设征地与移民安置和库底清理是否满足蓄水条件并通过验收。

3 检查主要设计依据及工程建设标准强制性条文落实情况。

4 延长水文系列资料、复核设计洪水；根据工程泄洪能力、泄洪设施、大坝挡水条件，评价下闸蓄水方案和度汛方案的可靠性。

5 根据施工揭示的工程地质及水文地质条件，对照初步设计成果，检查与蓄水安全有关的水工建筑物地质条件、地质参数变化情况；评价地质缺陷处理情况；检查评价料场变化情况。

6 依据批复的初步设计报告，检查初步设计审查审批遗留问题落实情况；根据初步设计成果、初步设计以后有关设计变更，检查与蓄水安全有关的建筑物设计情况，评价施工图设计与初步设计主要变化；检查设计变更是否按建设管理程序履行了有关审批程序。

7 检查土建工程施工质量、金属结构设备制造与安装质量，对关键部位、出现过质量缺陷和质量事故的部位，以及有必要检查的其他部位进行重点检查；抽查工程施工原始资料和施工安装、设备制造验收签证，必要时提出补充质量检测和试验等要求；对土建工程施工质量、金属结构设备制造与安装质量，以及质量缺陷、质量事故处理情况进行检查评价。对与水库蓄水及泄洪有关的启闭设备供电可靠性进行检查评价。

8 检查导流建筑物封堵工程设计及施工方案。

9 检查工程安全监测设施的埋设、安装及观测是否符合设计要求；对施工期监测成果及反映的工程性状进行评价。

10 提出工程是否具备水库蓄水验收条件的意见。

2.2 鉴定工作程序

2.2.1 蓄水安全鉴定工作程序应包括工作大纲编制、自检报告编写、现场鉴定与鉴定报告编写、鉴定报告审定等 4 个阶段。

2.2.2 工作大纲编制阶段应完成下列工作：

1 鉴定单位成立专家组，收集初步设计、施工图设计及设计变更、工程建设相关资料等。

2 鉴定单位根据与项目法人商定的鉴定工作范围和主要内容，编制蓄水安全鉴定工作大纲。工作大纲的内容要求见附录 A.1。

3 鉴定单位组织专家查看现场，布置蓄水安全鉴定工作。在听取项目法人、设计、监理、施工安装等参建单位意见的基础上，完善工作大纲内容，提出鉴定工作所需资料清单、参建各方自检报告编制要求和蓄水安全鉴定所需补充工作。蓄水安全鉴定所需准备的资料要求见附录 A.2。

2.2.3 自检报告编写阶段应完成下列工作：

1 设计、监理、施工、设备制造与安装、安全监测等单位应根据蓄水安全鉴定工作大纲要求，分别编写蓄水安全鉴定自检报告，项目法人编写工程建设管理工作报告。蓄水安全鉴定自检报告和工程建设管理工作报告编写要求见附录 A.3。

2 上述报告经各单位审定，并加盖报告编制单位公章后，提交给蓄水安全鉴定单位。各单位提交的自检报告和工作报告内容应真实、全面。

2.2.4 现场鉴定与鉴定报告编写阶段应完成下列工作：

1 鉴定专家组赴工程现场进行调查，听取项目法人、设计、施工、安装、监理、第三方检测和质量与安全监督等单位的情况介绍，查阅各类资料，全面了解工程建设情况。

2 对蓄水安全鉴定工作内容进行检查和评价。对现场鉴定中发现的有关设计、施工、设备制造及安装等方面的质量问题，可要求有关单位进行必要的补充复核和现场检测。

3 编制完成蓄水安全鉴定报告初稿，与参建各方交换意见。水利水电建设工程蓄水安全鉴定的报告内容及编制要求见附录 A.4。

2.2.5 鉴定报告审定阶段应完成下列工作：

1 对蓄水安全鉴定报告初稿进行修改完善，并经专家组成员签字认可。

2 蓄水安全鉴定报告经鉴定单位审定并加盖单位公章后正式提交项目法人，并报送蓄水验收和竣工验收主持单位。

3 竣工验收技术鉴定

3.1 鉴定范围与工作内容

3.1.1 竣工验收技术鉴定工作的任务是依据批复的初步设计报告和设计变更，检查工程建设完成情况；依据有关报告成果，对工程施工质量和工程初期运行情况进行评价；对各阶段验收及蓄水安全鉴定遗留问题处理情况进行检查评价；对建设征地与移民安置、环境保护工程、水土保持设施、消防设施、工程建设档案等专项验收情况及遗留问题的落实情况进行检查评价；提出工程竣工验收技术鉴定意见，明确工程是否具备竣工验收条件。

3.1.2 竣工验收技术鉴定的范围包括批复的项目初步设计和设计变更内容。

3.1.3 已进行过蓄水安全鉴定的工程，竣工验收技术鉴定的重点是蓄水安全鉴定时未完工程和未鉴定项目。

3.1.4 竣工验收技术鉴定应包括下列工作内容：

1 检查批复的项目初步设计及设计变更内容的建设完成情况；检查设计变更是否按建设管理程序履行了有关审批程序；检查工程量完成情况，对工程量增减变化情况进行分析说明；检查评价尾工安排是否影响工程安全运用。

2 延长水文系列资料，复核设计洪水成果，评价工程防洪安全性。

3 检查主要设计依据及检查工程建设标准强制性条文落实情况。

4 检查施工图设计阶段的工程地质和水文地质条件变化情况，对施工地质、施工图设计成果进行检查。

5 检查土建工程施工、机电和金属结构设备制造与安装及调试是否符合国家现行有关技术标准；检查工程施工质量是否满足国家现行的有关技术标准和设计要求；对工程建设过程中出现的质量缺陷和质量事故的处理情况进行重点评价。

6 根据批复的初步设计，检查评价劳动安全设施及工业卫生措施建设完成情况。

7 检查工程运行管理、工程调度运用方案是否符合批复的初步设计以及国家现行有关技术标准；检查调度运行规程编制完成情况。

8 根据施工期、运行初期工程安全监测成果，对照有关设计成果，对工程初期运用的安全性进行评价。

9 检查各阶段验收、专项验收完成情况，并对遗留问题和处理情况进行检查评价。

10 提出工程是否具备竣工验收条件的意见。

3.2 鉴定工作程序

3.2.1 竣工验收技术鉴定工作程序应包括工作大纲编制、竣工工作报告编写、现场鉴定与鉴定报告编写、鉴定报告审定等4个阶段。

3.2.2 工作大纲编制阶段应完成下列工作：

1 鉴定单位成立专家组，收集初步设计、施工图设计及设计变更、工程建设相关资料等。

2 鉴定单位编制竣工验收技术鉴定工作大纲。工作大纲的内容及编制要求见附录 B.1。

3 鉴定单位组织专家查看现场，布置竣工验收技术鉴定工作。在听取项目法人、设计、监理、施工、运行、第三方检测、质量与安全监督等单位意见的基础上，完善工作大纲内容，提出鉴定工作所需资料清单、参建各方竣工工作报告编制要求和竣工验收技术鉴定所需补充工作。竣工验收技术鉴定所需准备的资料要求见附录 B.2。

3.2.3 竣工工作报告编写阶段应完成下列工作：

1 项目法人、设计、监理、施工、设备制造与安装、运行管理等单位应根据竣工验收技术鉴定工作大纲要求，分别编写竣工工作报告。各参建单位竣工工作报告编写要求见附录 B.3。

  2 上述报告经各单位审定，并加盖报告编制单位公章后，提交给竣工验收技术鉴定单位。各单位提交的工作报告内容应真实、全面。

3.2.4 现场鉴定与鉴定报告编写阶段应完成下列工作：

  1 鉴定专家组赴工程现场进行查看，听取项目法人、设计、施工、安装、监理、运行、第三方检测、质量与安全监督等单位的情况介绍，查阅各类资料，全面了解工程建设情况。

  2 对竣工验收技术鉴定工作有关内容进行检查和评价。对现场鉴定中发现的有关设计、施工、安装质量问题，可要求有关单位进行必要的补充复核和现场检查检测。对工程初期运用中出现的问题提出处理建议。

  3 编制完成竣工验收技术鉴定报告初稿，与参建各方初步交换意见。水利水电建设工程竣工验收技术鉴定报告内容及编制要求见附录 B.4。

3.2.5 鉴定报告审定阶段应完成下列工作：

  1 对竣工验收技术鉴定报告初稿进行修改完善，并经专家组成员签字认可。

  2 竣工验收技术鉴定报告经鉴定单位审定并加盖单位公章后正式提交项目法人，并报送竣工验收主持单位。

4 检查及评价内容

4.0.1 鉴定单位应组织检查工程形象面貌和建设项目完成情况，评价其是否符合蓄水验收或竣工验收要求，并提出评价意见。

4.0.2 工程度汛、防洪安全和调度运用评价应包括下列内容：

  1 根据延长后的水文系列资料，对设计洪水成果进行复核。

  2 评价蓄水方案的合理性及蓄水期满足下游供水相关措施的可行性。

  3 根据工程建设情况、泄水建筑物泄流能力，评价防洪度汛方案的合理性及防洪安全性。

  4 检查评价工程初期调度运行方式的合理性，以及提出的竣工后工程调度运用原则及方案是否与批复的初步设计相一致。

4.0.3 工程地质条件检查及评价应包括下列内容：

  1 检查了解工程建设期地震动参数变化情况。

  2 根据施工地质成果，对库区及各水工建筑物工程地质、水文地质条件和变化情况进行检查评价。

  3 对主要工程地质问题进行分析与评价。

  4 对施工实际采用的各类天然建筑材料的质量、与初步设计的变化情况进行检查分析。

4.0.4 土建工程检查及评价应包括下列内容：

  1 根据批复的初步设计报告和设计变更，检查施工图设计情况；对初步设计审查审批遗留问题处理情况进行检查评价。

  2 检查设计变更情况、变更程序是否符合有关规定。

  3 根据工程地质和水文地质条件变化及设计采用地质参数的调整情况，对设计成果进行相应检查评价；对不良地质问题的处理措施进行评价。

  4 依据参建单位相关报告，对工程施工采用的各类原材料现场检测试验成果、中间产品检测试验成果是否满足规程规范要求进行检查评价。

　　5　对土建工程（包括土石方挖填、地基处理、混凝土浇筑等）的主要施工方法、施工质量、质量缺陷处理情况进行检查和评价。

4.0.5　在不影响水库蓄水安全的情况下，机电工程可在竣工验收技术鉴定阶段进行评价。机电工程检查及评价应包括下列主要内容：

　　1　对照批复的初步设计报告，检查机电设计变更情况，评价设计变更的程序是否符合相关规定。

　　2　对主要机电设备制造、安装质量，以及调试及运行情况进行检查评价。

　　3　对消防设施设计、设备安装质量以及调试及运行情况进行检查评价。

　　4　对机电设备制造、安装质量缺陷处理情况和机组启动验收中出现问题的落实情况进行检查评价。

　　5　对初期运用期间出现的其他相关问题进行分析评价。

4.0.6　金属结构评价应包括下列内容：

　　1　对照批复的初步设计报告，检查金属结构设计变更情况，评价设计变更的程序是否符合相关规定。

　　2　对闸门、拦污栅及启闭机等金属结构设备的设计及制造、安装质量、调试及运行情况进行检查评价。

　　3　蓄水安全鉴定应根据工程建设进展，对启闭设备的供电、控制、通信、照明等情况及运行安全可靠性进行评价。

　　4　对金属结构设备制造、安装质量缺陷处理情况进行检查评价。

　　5　对工程初期运用期间出现的其他相关问题进行分析评价。

4.0.7　劳动安全设施及工业卫生措施检查评价应包括下列内容：

　　1　对照批复的初步设计报告，结合现场情况，检查建设项目劳动安全及工业卫生有关安全措施、设备、装备是都已建成并投入生产使用。

2 根据工程试运行情况，检查安全生产管理措施是否到位，安全生产规章制度是否健全。

4.0.8 工程安全监测评价应包括下列内容：

1 对照工程初步设计报告，检查评价工程安全监测项目与布置、仪器选型、观测技术要求。

2 对工程安全监测仪器安装埋设、设备率定、观测、完好率等进行检查评价。

3 对监测初始值和监测数据的可靠性、完整性及观测资料整编分析情况进行评价。

4 对安全监测自动化系统建设和监测效果进行检查评价。

5 对水工建筑物施工期和运行初期的安全监测成果进行分析，对照工程初步设计成果，对各建筑物的安全性状进行分析和评价。

4.0.9 工程总体评价应包括下列内容：

1 综合工程形象面貌和建设内容、工程设计、施工质量、安全监测、调度运行等评价意见，以及各阶段验收和专项验收结论，提出工程蓄水安全鉴定或竣工验收技术鉴定结论意见。

2 对工程遗留问题和后续工程施工、运行管理及相关工作提出建议。

附录 A　蓄水安全鉴定相关报告内容及编写要求

A.1　蓄水安全鉴定工作大纲内容要求

1　鉴定任务与工作范围
　　1.1　鉴定任务
　　1.2　工作范围
2　基本要求
3　主要检查评价项目
　　3.1　工程形象面貌
　　3.2　工程防洪度汛与蓄水方案
　　3.3　工程地质
　　3.4　工程设计
　　3.5　土建工程施工
　　3.6　导流建筑物封堵工程
　　3.7　金属结构
　　3.8　工程安全监测
4　需准备的资料
5　工作进度安排
6　专家组组成

A.2　蓄水安全鉴定需准备的资料

A.2.1　为满足水利水电建设工程蓄水安全鉴定工作需要，项目法人应组织设计、监理、施工、设备制造与安装、第三方检测等单位为鉴定工作准备相关工程资料。

A.2.2　蓄水安全鉴定需准备的资料应主要包括下列三类：

　　1　工程建设管理工作报告、工程地质自检报告及附图、工程设计自检报告及附图、监理自检报告、施工自检报告、金属结构制造及安装自检报告、工程安全监测自检报告、第三方工程质量检测报告，以及工程重大问题专题报告等资料。这类资料供鉴定专家组使用，鉴定单位存档。

2 初步设计报告及图纸、合同文件、招标设计文件、施工图设计文件、设备制造及安装图纸、设计变更报告、专题研究报告、相关验收报告、地震危险性分析专题报告、施工地质报告及编录图、有关审批文件和其他有关重要工程文件，以及建设征地与移民安置、库底清理完成情况等资料。这类资料供鉴定专家组查阅。

3 设计、施工、设备制造与安装方面的试验报告、计算分析报告、检测资料及验收签证等资料。这类资料供鉴定专家组抽查。

A.3 蓄水安全鉴定自检报告编写要求

A.3.1 工程设计自检报告应包括下列内容：

1 工程设计概况。包括工程概况，前期工作及建设过程简述，施工图阶段设计简况，工程形象面貌等。

2 洪水复核、工程度汛及初期蓄水。包括设计洪水复核、防洪标准、泄洪能力和大坝挡水条件复核，防洪安全评价；工程防洪度汛方案和水库初期蓄水方案等。

3 建筑物设计。简述设计依据及参数，工程等级及标准，工程总体布置，建筑物结构布置与设计，主要建筑物结构设计及水力设计、地基处理等。应说明批复的初步设计遗留问题处理情况、施工图设计与初步设计变化情况、施工图设计阶段主要设计内容等。

4 导流建筑物封堵工程设计。包括封堵工程结构设计、施工组织技术措施等。

5 工程安全监测。包括工程安全监测及自动化监测系统设计成果。

6 设计变更。包括重大设计变更和主要的一般设计变更的缘由、变更程序及过程、变更内容及实施情况等。

7 科学试验和专题研究。包括技施设计阶段的主要科学试验和专题研究成果及其应用情况等。

8 工程施工质量事故、质量缺陷及处理情况评价。

9 工程形象面貌及评价。对工程形象面貌是否满足蓄水要求进行评价。

10 主要结论意见。

11 存在问题与建议。

12 附图与附表。包括工程施工图设计阶段主要设计图纸及工程特性表等。

A.3.2 工程地质自检报告应包括下列内容：

1 工程勘察简况。包括前期地质勘察工作过程，施工地质情况，地质勘察工作量等。

2 区域地质及地震动参数。包括区域地质概况，区域地质构造稳定性及地震活动性复核等。

3 水库工程地质。包括水库区工程地质、水文地质条件；库岸稳定及库区滑坡等。

4 主要建筑物工程地质。包括水工建筑物前期工程地质勘察成果、施工揭露的工程地质及水文地质条件与主要工程地质问题；导流建筑物封堵工程地质和水文地质条件；边坡工程地质条件等。

5 天然建筑材料。包括建筑材料类型、储量、质量、开采运输条件及施工期变化情况等。

6 主要结论意见。

7 存在问题与建议。

8 附图。施工图设计阶段主要工程地质图件。

A.3.3 土建工程施工自检报告应包括下列内容：

1 工程施工概况。包括工程概况，承包工程的工作范围、分包情况，已完工程量、剩余工程量、主要工程量变化说明等。

2 施工进度管理。包括施工总体布置；施工总进度及分阶段施工进度安排；主要项目施工进展情况；工程形象面貌及后续施工安排等。

3 主要施工方法和技术措施。包括施工技术分析，采用的主要施工方法、技术措施和施工设备；应用于本工程的新技术、新材料、新工艺等。

4 施工质量管理。包括施工质量保证体系及实施情况，质量控制程序、试验检测、检查验收签证；主要原材料及中间产品的质量控制、检测试验成果汇总，重要隐蔽工程和关键部位的施工质量控制、施工记录、施工质量检测成果汇总；工程施工质量自检情况等。

5 质量缺陷、质量事故及处理。包括工程施工质量缺陷及质量事故情况，质量缺陷及事故原因分析、处理措施及处理效果评价等。

6 文明施工与安全生产。

7 主要结论意见。

8 存在问题及建议。

9 附表及附件。包括管理机构及人员情况表；主要施工管理大事记等。

A.3.4 工程施工监理自检报告应包括下列内容：

1 工程监理概况。包括工程概况，监理任务，监理工作概况等。

2 监理规划。包括监理规划及制度建立，机构设置，主要监理方法，监理设备等。

3 监理过程。包括监理合同的执行情况，施工图设计交底情况，质量控制及施工进度控制情况等。

4 监理效果。包括单元工程和分部工程划分情况；主要原材料、中间产品、工程施工质量抽检情况；施工质量的复核及验收签证情况；分部工程和单位工程质量等级评价意见；工程量复核情况等。

5 质量缺陷及事故及处理。包括工程施工质量缺陷、质量事故处理的监理情况、处理效果评价等。

6 工程形象面貌及后续施工安排。

7 主要结论意见。

8 存在问题与建议。

9 附表及附件。包括监理管理机构及人员情况表和施工及监理大事记等。

A.3.5 金属结构自检报告应包括下列内容：

1 金属结构简介。

2 设计自检内容。包括金属结构设备布置、主要设计参数及型式。主要零部件型式，主要构件、主要零部件结构设计及启闭力计算成果，闸门、埋件及零部件采用材质，抗震设计、重要闸门模型试验成果，各类闸门启闭设备的供电、控制、通信及照明设计情况，金属结构设计质量评价等。

3 制造自检内容。包括金属结构主要制造工艺、主要构件及零部件质量检验成果；主要材料、主要零部件材质证明；使用代用材料、代用零部件程序履行情况及质量证明；重要焊缝检验及探伤结果、出厂组装及试验成果、重大缺陷处理措施；制造质量评价等。

4 安装自检内容。包括闸门、启闭机安装计划及安装完成情况；金属结构设备安装工艺、检验方法、重要安装焊缝探伤检验成果、缺陷处理、安装质量评定成果；闸门、启闭机安装计划及安装完成情况；闸门、启闭机调试质量评定成果；供电、控制、通信及照明完成情况；安装质量评价等。

5 金属结构设备初期运用情况、重要闸门原型观测情况。

6 主要结论意见。

7 存在问题与建议。

8 附图与附表。

9 金属结构自检报告可由设计、制造、安装、监理、运行单位按有关内容分别编写，汇入相应的自检报告。

A.3.6 工程安全监测自检报告应包括下列内容：

1 工程安全监测系统设计简况。

2 安全监测工程施工。包括安全监测仪器设施采购、率定、安装、埋设施工；初始值确定及观测精度情况；后续施工安排等。

3 安全监测成果及分析。包括监测资料整编、分析，安全监测成果分析等。

4 安全监测评价。根据监测成果，对工程安全性状进行分析和评价。

5 主要结论意见。

6 存在问题与建议。

7 附图与附表。

A.3.7 工程建设管理工作报告应按照 SL 223—2008 附录 O.1 节的规定编写。

A.4 蓄水安全鉴定报告内容要求

1 鉴定工作概况
　1.1 工作任务
　1.2 工作范围
　1.3 工作内容
　1.4 工作安排
　1.5 专家组组成
2 工程建设概况
　2.1 工程概况
　2.2 工程设计与审批过程
　2.3 工程主要设计变更与审批情况
　2.4 项目法人与参建单位
　2.5 工程建设过程及当前工程形象面貌
3 工程防洪度汛与蓄水方案
　3.1 设计洪水复核
　3.2 工程防洪标准和泄流能力

附录 B 竣工验收技术鉴定相关报告内容及编写要求

B.1 竣工验收技术鉴定工作大纲内容要求

1 鉴定工作任务

2 工作内容和基本要求

3 主要检查评价项目

  3.1 工程形象面貌

  3.2 水库防洪度汛方案和调度运行方案

  3.3 工程地质

  3.4 工程设计

  3.5 土建工程施工

  3.6 机电

  3.7 金属结构

  3.8 工程安全监测

4 需准备的资料

5 工作进度安排

6 专家组组成

B.2 竣工验收技术鉴定需准备的资料

B.2.1 为满足水利水电建设工程竣工验收技术鉴定工作需要，项目法人应组织设计、监理、施工、设备制造与安装、第三方检测等单位为鉴定工作准备相关资料。

B.2.2 竣工验收技术鉴定需准备的资料应主要包括下列三类。

  1 工程建设管理工作报告、工程地质竣工工作报告、工程设计竣工工作报告、监理竣工工作报告、施工竣工工作报告、金属结构制造及安装竣工工作报告、机电设备制造及安装竣工工作报告、工程安全监测竣工工作报告、工程运行管理工作报告、第三方工程质量检测报告，以及工程重大问题专题报告等资料。这类资料供鉴定专家组使用，鉴定单位存档。

2 初步设计报告及图纸、合同文件、招标设计文件、施工图设计文件、设备制造及安装图纸、设计变更报告、专题研究报告、地震危险性分析专题报告、施工地质报告及编录图、蓄水安全鉴定报告、各阶段验收意见、各专项验收意见、有关审批文件和其他有关重要工程文件等资料。这类资料供鉴定专家组查阅。

3 设计、施工、设备制造与安装的试验报告、计算分析报告、检测资料及验收签证等资料。这类资料供鉴定专家组抽查。

B.3 竣工工作报告编写要求

B.3.1 项目法人、设计、监理、施工、运行等各有关单位应根据 SL 223—2008 附录 N 和附录 O 的内容格式编写竣工工作报告。工程设计工作报告还应参照本标准附录 A.3 节有关规定，并包括蓄水安全鉴定中未包含的水力机械、电气（含设计、安装、调试）以及阶段验收和初期运行情况评价等内容。

B.3.2 有关竣工工作报告还应包括下列内容：

1 蓄水安全鉴定及各阶段验收报告遗留问题的处理情况。

2 工程初期运用中出现的涉及工程安全问题的处理情况。

3 工程安全监测（含资料整理与分析、安全监测成果评价与建议、主要建筑物工作性状评价）。

4 专项验收工程遗留问题落实情况（含建设征地与移民安置、环境保护工程、水土保持设施、消防设施、工程建设档案等）。

5 水库防洪度汛与调度运用方案。

6 劳动安全及工业卫生措施（设计、施工、验收及初期运行情况）。

B.4 竣工验收技术鉴定报告内容要求

1 鉴定工作概况

附件 1　××××工程竣工验收技术鉴定专家组名单
附件 2　××××工程特性表
附件 3　××××工程竣工验收技术鉴定工作大纲
附件 4　××××工程竣工验收技术鉴定报告主要依据资料清单
附件 5　××××工程竣工验收技术鉴定报告附图

条 文 说 明

1 总 则

1.0.1 自《水利水电建设工程蓄水安全鉴定暂行办法》(水建管〔1999〕177号)和 SL 223—1999《水利水电建设工程验收规程》颁布以来,在规范工程验收行为和指导水库下闸蓄水安全鉴定工作中发挥了重要作用。2007年,水利部颁布了《水利工程建设项目验收管理规定》(水利部令第30号),对大型水利工程竣工验收要求进行竣工验收技术鉴定。为进一步规范水利水电建设工程蓄水安全鉴定工作和竣工验收技术鉴定工作,需要制定本标准。

1.0.2 本标准适用范围为大、中型水利水电建设工程,不限定为水行政主管部门管理的工程,其他水利水电建设工程可参照执行。

水利水电建设工程等级划分标准按 SL 252—2000《水利水电工程等级划分及洪水标准》的有关规定执行,或按照国家依据工程投资规模划分的大、中、小型工程的标准执行。

1.0.3 水利水电建设工程蓄水安全鉴定和竣工验收技术鉴定的范围已有明确规定,具体鉴定时可根据工程的特点和项目法人的要求协商确定,但鉴定范围需满足相应阶段验收的需要。

2 蓄 水 安 全 鉴 定

2.1 鉴定范围与工作内容

2.1.4

1 检查工程形象面貌主要包括下列内容:

(1)大坝及其他挡水建筑物是否达到按照相应施工时段、相应设计洪水频率标准所应达到的建设高程。

(2)土石坝的防渗部位(心墙、斜墙、混凝土面板等)是否具备相应的挡水条件。

（3）地基处理、地基防渗工程是否满足蓄水后的应用条件。

（4）混凝土坝的横缝灌浆和边坡接缝灌浆是否达到相应的高程。

（5）引水发电工程进水口、输水设施引水口的闸门是否具备挡水条件。

（6）坝体上游面和结构缝的施工质量缺陷是否处理合格。

（7）在导流建筑物封堵后，其他泄水建筑物是否具备运用条件。

（8）设计要求在蓄水前必须完成的其他工程项目是否已完成。

8 导流建筑物包括施工导流隧洞、导流底孔、参加导流的坝体缺口，以及其他在施工期间承担导流任务的建筑物（如泄洪底孔、冲砂底孔、输水洞等）。

2.2 鉴定工作程序

2.2.1 蓄水安全鉴定工作在大、中型水库中已开展多年，并形成相对明确的工作程序，本标准中据此划分了四个阶段，即工作大纲编制阶段、自检报告编写阶段、现场鉴定与鉴定报告编写阶段、鉴定报告审定阶段。

2.2.3 一般水库蓄水安全鉴定时，工程建设仍在同步进行，工程形象处于动态过程。在工作大纲布置时协商确定自检报告编制及资料准备的同一时间节点，在此基础上参建各方再分别编制自检报告，有利于鉴定时对各方资料的对比分析。

2.2.5 承担蓄水安全鉴定的单位在完成蓄水安全鉴定报告提交给项目法人前，需履行规定的技术管理程序，并经承担单位主要负责人审定后并加盖单位公章。

3 竣工验收技术鉴定

3.1 鉴定范围与工作内容

3.1.1 目前已明确在大、中型水利工程竣工验收前须开展的专项验收包括建设征地与移民安置、环境保护工程、水土保持设施、消防设施、工程建设档案等，竣工验收技术鉴定时需要对专项验收情况及遗留问题的落实情况进行检查。

3.1.2 竣工验收技术鉴定的范围一般包括已批准的水利水电建设工程初步设计的全部项目，以及在施工期间发生的、经原审批单位批复的设计变更或新批复的增加项目。

3.1.3 为避免重复鉴定，对于已开展过蓄水安全鉴定的水利水电建设工程，竣工验收技术鉴定的重点是蓄水安全鉴定时未完成、在蓄水安全鉴定之后继续施工的工程。可能包括地基处理和地基灌浆工程；挡水建筑物的上部坝体；坝顶工程；大坝的上部灌浆工程；土石坝的上、下游护坡；泄洪建筑物；发电引水口和输水洞进口以下的隧洞工程、管道工程；导流建筑物封堵工程；两岸边坡处理工程；库区处理工程；金属结构；发电厂房工程；机电；下游河道治理工程；施工质量缺陷处理；专项验收遗留问题落实情况等。

3.1.4

1 本款规定"检查批复的项目初步设计及设计变更内容的建设完成情况"，在进行竣工验收技术鉴定时，工程应按照批准的设计内容全部完成，包括初步设计批准的项目和经过批准的设计变更项目或新增建设项目。上述项目的施工质量应当符合相应施工规程、规范的质量标准及设计要求，施工质量合格。在不影响工程安全运用和发挥工程效益的前提下，可以留有少量尾工，但需要对尾工项目作出计划安排，并规定完成时间。

本款还规定"检查工程量完成情况"，因此需要对工程建设完成的工程量（包括尾工）与批准的初步设计工程量进行对照比较，施工、监理和建设管理单位应对工程量的增减情况作出说明。技术鉴定单位对工程量变化情况进行评价。

6 根据初步设计报告编制规程、劳动安全卫生设计规范以及相关规定，提出了检查评价劳动安全设施及工业卫生措施建设完成情况的要求。

7 "检查调度运行规程编制完成情况"，主要是指检查调度运行规程是否按照建设任务、已批准的初步设计确定的原则及国家及行业现行有关标准要求编制完成，是否经上级主管部门审批。

9 "检查专项验收完成情况"，主要是检查包括建设征地与移民安置、环境保护工程、水土保持工程、消防设施、工程建设档案管理等专项验收情况。

3.2 鉴定工作程序

3.2.3 在竣工验收技术鉴定时，为规范验收资料准备工作，工程各参建单位依据 SL 223—2008《水利水电建设工程验收规程》的规定编写的自检报告统称为竣工工作报告，既可用于竣工验收技术鉴定，也可用于竣工验收。编写内容从工程建设管理、设计、监理、施工、机电设备制造与安装、金属结构制造与安装、运行管理等方面，分别按相关要求编写。

第三方检测单位编写的竣工工作报告对竣工验收技术鉴定具有重要参考作用，需要在竣工验收技术鉴定时提供。

4 检查及评价内容

4.0.1 本条规定了蓄水安全鉴定和竣工验收技术鉴定的评价内容。考虑到两项鉴定在评价项目、评价内容、评价标准有许多相同或相似之处，仅在鉴定时段、进度和范围上有所区别，如分别论述评价内容则重复内容较多，故在评价内容要求上仅对两项鉴定不同之处分别提出了重点要求，不单独强调两项鉴定均需评价的内容。

4.0.2 在项目初步设计审批以后的建设过程中可能发生大的水文事件，因此在蓄水安全鉴定、竣工验收技术鉴定中都提出了延长水文系列资料、复核设计洪水的要求。从工作的侧重点考虑，蓄水安全鉴定侧重于蓄水后度汛安全，竣工验收技术鉴定侧重于工程运行后的防洪安全或设计防洪作用的发挥。

4.0.3

2 对库区及各水工建筑物在施工期和运用期的工程地质、水文地质的变化情况进行评价。主要是根据工程施工期间揭露的工程地质和水文地质条件,与前期工作时提供的工程地质和水文地质条件进行对比,分析其变化情况,评价其对工程设计和施工的影响(如覆盖层的深度和组成、基岩风化程度、建基面的高程、地基承载力、防渗帷幕的深度、开挖边坡的调整等);同时分析评价工程建设期和运用初期工程地质条件和水文地质条件的变化,并分析其对工程安全的影响(如灌浆造成的地基抬动,爆破开挖对地基和邻近建筑物的影响,蓄水对库岸及边坡的影响、工程初期运用对库区滑坡或触发库区地震的影响等)。

4.0.4 本条所述土建工程包括土建工程设计(挡水建筑物设计、泄洪建筑物设计、发电建筑物设计、引水建筑物设计、过船建筑物设计、鱼道设计、地基处理设计、边坡处理设计等)和土建工程施工(土石方开挖、地基处理施工、边坡处理施工、防渗工程施工、土石方填筑、混凝土浇筑、建筑物施工等)两部分。

4.0.5 由于机电一般不涉及蓄水安全,故在蓄水安全鉴定时通常不进行评价,但在竣工验收技术鉴定时要对机电进行评价。竣工验收技术鉴定对机电的评价,包括机电设计,设备制造、安装和调试(包括监造、监理),设备运行情况,以及在设备制造、安装、调试和运行过程中发现的质量缺陷、安装误差、运行的安全可靠性进行全面的分析和评价。

4.0.6 金属结构评价是指在进行蓄水安全鉴定时,需对启闭设备的供电、控制、通信、照明的设计方案是否符合相关的规程、规范和设计要求,是否安全可靠进行评价。

由于工程进度的原因,在进行蓄水安全鉴定时,启闭设备的供电、控制、通信、照明的永久设施在安装、调试尚未全部完成之前,可根据工程的具体进展情况采用临时的供电、控制、通信和照明设施，但临时设施要安全可靠，能保证启闭设备在蓄水过程中根据需要进行安全可靠的操作。

在进行竣工验收技术鉴定时，上述设施需全部完成，施工安装质量要达到相应的规程、规范、标准和设计要求，在安装调试过程中发现的质量问题已消除，能保证系统安全可靠地进行运行。

4.0.7 劳动安全设施及工业卫生措施的检查评价主要在竣工技术鉴定时开展，规定了劳动安全设施及工业卫生措施检查、评价的主要内容。强调对照批复的初步设计报告，结合现场实际，主要对劳动安全及工业卫生相关安全设施、设备、装置的建设完成情况进行检查，同时检查各项安全对策、措施建议的落实情况，以及安全生产管理措施、安全生产规律建设情况。

4.0.9

1 工程形象面貌是指在蓄水安全鉴定时在建工程是否达到蓄水要求，主要包括：大坝及其他挡水建筑物是否达到蓄水阶段应达到的建筑高程；土石坝的防渗部位（心墙、斜墙、混凝土面板等）是否具备挡水条件；地基处理和地基防渗工程是否具备蓄水后的运用条件；混凝土坝的横缝灌浆是否达到相应的高程；引水发电工程进水口和输水设施引水口的闸门是否具备挡水条件；导流建筑物封堵的前期准备工作是否安排落实；其他泄水建筑物在导流建筑物封堵后是否具备运用条件；坝体上游面和结构缝的施工质量缺陷是否处理合格；以及其他设计要求在蓄水前必须完成的工程项目是否已完成等。

在竣工验收技术鉴定时，工程形象面貌是指工程是否按照批准的建设项目（包括初步设计批准的项目和经过审批的设计变更项目或新增建设项目等）是否已全部完成，施工质量缺陷的处理是否达到设计要求，已完工程的施工质量是否合格。在不影响工程安全运用和发挥工程效益的前提下可留有少量尾工，但要对尾工项目做出计划安排，并规定完成时间。

2 对工程遗留问题和后续工程施工、运行管理及相关工作提出建议是指在蓄水安全鉴定时，需根据工程建设情况及蓄水安全要求，提出应在蓄水前完成的后续工程和遗留问题处理意见。

在竣工验收技术鉴定时，工程施工质量缺陷需处理完毕并验收合格，已完工程的施工质量需符合相应的规程、规范和设计要求，各种补办的手续都需补办完毕，各专项验收都应完成。遗留问题和后续工作不影响工程的安全运行和工程效益的发挥。本阶段的遗留问题和后续工作一般仅限于一些附属工程，如：改建或复建道路尚未全部完成，个别管理设施建设进度拖后，场区绿化尚未全部完成等。但要对上述工程和工作做出计划安排，并在规定时间内完成。

附录 A　蓄水安全鉴定相关报告内容及编写要求

A.1　蓄水安全鉴定工作大纲内容要求

蓄水安全鉴定工作大纲编写内容可按不同类型的水利水电建设项目进行编制。

蓄水安全鉴定的工作范围及主要检查评价项目，可视不同工程的具体情况、不同坝型及建筑物的组成有所取舍。

A.2　蓄水安全鉴定需准备的资料

A.2.1　资料的准备工作由项目法人组织实施。各类资料由编制单位或资料提供单位审定，并加盖公章。在 SL 223—2008 第1.0.11 条、1.0.12 条中也明确规定了资料准备要求及有关单位应该承担的责任。

A.2.2　蓄水安全鉴定需准备下列资料：

第一类资料供鉴定专家组在进行蓄水安全鉴定工作时使用，并交承担鉴定工作的单位存留一套，归档备查。其余由项目法人和编制单位分别保存。

第二类资料中，地质专业的资料包括：批准的初步设计地质报告及附图，地震危险性分析专题报告，水库诱发地震专题报告、地震台网设计报告、施工图设计阶段地质勘察成果、施工地质报告及编录图、物探测试报告，以及地质专业的其他专题分析或论证报告。

第三类资料中，检测资料包括：天然建筑材料检测资料，原材料检测资料，地基灌浆处理前后的超声波检测资料，地基灌浆过程中浆液水灰比、灌浆压力检测资料，分序灌浆的耗灰量统计资料，地基灌浆后的压水试验检测资料，桩基承载能力检测资料，地基承载力检测资料，混凝土的抗压、抗拉、抗冻和抗渗性能检测资料，混凝土弹性模量和极限拉伸值检测资料，常规混凝土施工的浇筑温度和坍落度检测资料，碾压混凝土的入仓温度和工作度（VC值）检测资料，混凝土钻孔取芯性能检测资料，土方填筑的含水量、干密度、压实度检测资料，砂砾料填筑的干密度、相对密度检测资料，堆石料填筑的干密度、孔隙率检测资料，土石方填筑的渗透性能检测资料，金属结构的原材料检测资料，金属结构探伤（包括焊缝探伤）检测资料，金属结构安装误差检测资料等。

A.3 蓄水安全鉴定自检报告编写要求

A.3.1 本条规定了设计自检报告应包括的内容和要求。

设计单位承担工程的设计任务，了解工程的基本情况、工程设计的要点，以及工程施工中的重点。同时设计单位还有常驻工地的设计代表，经常与建设管理单位、监理单位、施工单位讨论工程建设中的各种问题，比较了解工程的进度、施工质量等实际问题。

9 工程形象面貌及评价要求设计单位从设计的角度评价工程形象面貌，综合所了解的工程进度、施工质量、缺陷处理等进行多方面的分析，判断工程质量是否满足现行国家和行业标准及设计要求，是否满足水库蓄水要求，为蓄水安全鉴定提供重要的依据。

A.3.3

4 重要隐蔽工程主要包括：地基处理、基岩破碎带处理、固结灌浆、帷幕灌浆、接触灌浆、坝基排水、坝体排水、坝体止水、水下抛填护岸等无法直观施工的工程。

关键部位主要包括：建筑物建基面、桩基础与地基接触部位、坝基断层与基岩破碎带、混凝土坝坝段间结构缝的止水与排水、混凝土坝边坡段与岸坡间的接触部位、土石坝防渗体与地基接触部位、坝基帷幕与坝基排水接触部位、坝基帷幕与基岩接触部位，以及隧洞衬砌和衬砌结构缝等。

混凝土工程的施工质量检测主要包括：混凝土结构外形尺寸和表面平整程度；施工缝和结构缝的处理，止水的施工质量；钢筋保护层的厚度，钢筋的间距，钢筋的直径和根数；常规混凝土浇筑的入仓温度和坍落度，碾压混凝土的入仓温度和工作度（VC值）；混凝土浇筑的密实程度和均匀程度；混凝土的抗压、抗拉、抗渗和抗冻性能，混凝土的弹性模量和极限拉伸值；混凝土的抗磨和抗空蚀性能，钻孔取芯样的性能检测；混凝土拌和物的检测；混凝土原材料的检测；以及设计要求的其他检测项目等。

土石坝填筑施工质量控制措施主要包括：土石坝填筑的原材料和施工碾压参数；土料的含水率、颗粒级配和黏粒含量，土料的干密度、压实度和渗透系数；砂砾料的粒径控制和颗粒级配，砂砾料的含水率或加水量，砂砾料的干密度、相对密度和渗透系数；堆石料的岩性和风化强度，堆石料的粒径控制和颗粒级配，堆石料的加水量、干密度、孔隙率和渗透系数；以及设计要求的其他控制项目等。

5 施工质量缺陷主要包括：基坑开挖的高程和平面尺寸不满足设计要求；开挖的边坡坡度和平整度不满足设计要求；地基处理质量、地基灌浆的效果不满足设计要求；混凝土建筑物外形尺寸、表面平整度和整体性存在质量缺陷；混凝土施工缝和结构缝的处理、钢筋保护层的厚度不满足规定要求；混凝土浇筑的密实程度和均匀程度不满足施工质量要求；混凝土的抗压、抗拉、抗渗和抗冻等各种性能不满足设计要求；土石方填筑的粒径控制、填筑的密实度、均匀性和渗透性能不满足设计要求；以及设计要求的其他控制项目。

A.4 蓄水安全鉴定报告内容要求

水利水电建设工程蓄水安全鉴定报告内容的编写，可根据工程的不同坝型、不同建筑物的组成等情况，进行适当调整。

土建工程设计按照不同工程类型进行评价，典型建筑物包括：混凝土面板堆石坝、土质防渗体土石坝、重力坝、拱坝、碾压混凝土坝、溢洪道、引水发电工程、泄洪、输水、冲沙放空隧洞、水闸、泵站、输（调）水建筑物、堤防、导流建筑物封堵工程等。

主要建物设计包括：坝体结构（构造）设计、地（坝）基处理设计、防渗排水设计、接缝止水设计、抗震设计等内容，对泄水建筑物和引水建筑物需进行水力设计。

附录 B 竣工验收技术鉴定相关报告 内容及编写要求

B.1 竣工验收技术鉴定工作大纲内容要求

竣工验收技术鉴定工作大纲编写内容可按不同类型的水利水电建设工程进行编制。

竣工验收技术鉴定的主要检查评价项目可视不同水利水电建设工程的具体情况、不同坝型及建筑物的组成有所取舍。

B.2 竣工验收技术鉴定需准备的资料

B.2.2 竣工验收技术鉴定需准备的资料包括下列内容：

第一类资料供鉴定专家组在进行竣工验收技术鉴定工作时使用，并交承担鉴定工作的单位存留一套，归档备查，其余由项目法人和编制单位分别保存。

竣工验收技术鉴定时，工程各参建单位编写的自检报告统称为竣工工作报告，既可用于竣工验收技术鉴定时使用，又可用于竣工验收时使用。项目法人组织设计、监理、施工、金属结构制造及安装单位、机电设备制造及安装单位、第三方检测单位、运行管理等单位分别编写的自检报告统称工程竣工工作报告。

竣工工作报告与蓄水安全鉴定自检报告的区别在于：进行蓄水安全鉴定时，工程正在施工过程中，鉴定的任务是根据施工揭露的工程地质条件和水文地质条件，检查评价工程设计是否合理，是否安全可靠，已施工的工程是否达到相关规程、规范的规定或设计要求，质量是否合格，工程是否安全；工程的形象面貌是否达到下闸蓄水的要求；各专项工作是否按照计划进行；工程能否按照预期计划进行蓄水运用。自检报告应根据各自的工作范围进行自检。蓄水安全鉴定的任务是评价工程是否具备下闸蓄水验收条件。

进行竣工验收技术鉴定时，主要检查工程是否已按照批准的设计内容全部完成；施工质量是否合格，施工质量缺陷是否已经处理；初期运用是否安全可靠；了解各专项验收工作是否已经完成；各阶段鉴定、验收提出的问题是否已经落实；遗留的少量尾工是否影响工程的安全运用和工程效益的发挥。竣工验收技术鉴定的任务是评价工程是否具备竣工验收条件。项目法人需组织各参建单位按照各自承担的项目编写工作报告。

第二类资料中，有关审批文件包括：工程规划报告、工程项目建议书、工程可行性研究报告、工程初步设计报告、开工报告、重大设计变更、专项专题报告（如建设征地与移民安置报告、环境保护工程报告、水土保持工程报告、调整概算报告、防洪度汛报告、调度运行方案等）的审批文件等。

各阶段验收意见包括：隐蔽工程验收意见、单项工程验收意见、枢纽工程导（截）流验收意见、水库下闸蓄水验收意见、水电站（泵站）机组启动验收意见、引（调）排水工程通水验收意见等。

各专项验收意见包括：建设征地与移民安置验收意见、环境保护工程验收意见、水土保持工程验收意见、消防工程验收意见、工程建设档案工作验收意见，以及其他专项验收意见等。

第三类资料中，设备制造与安装的试验报告、计算分析报告、检测资料包括：金属结构及机电设备的稳定应力、振动等计算分析报告和试验报告，发电引水系统钢管岔管的稳定、应力、振动计算分析报告和试验报告，设备材质检测资料，设备制造单位的设备性能检测资料，监造单位的检测资料，安装单位的检测资料，设备调试及误差检测资料，以及上述各种设备的验收、签证资料等。

B.3 竣工工作报告编写要求

B.3.1 竣工技术鉴定在竣工验收前开展，鉴定评价内容与竣工验收内容基本一致。SL 223—2008 附录 N 和附录 O 分别规定了编写竣工工作报告格式和内容要求，本标准对竣工工作报告部分编写要求做了进一步明确。SL 223—2008 规定的工程设计工作报告内容侧重于管理，难以满足竣工技术鉴定要求，本标准强调需参照蓄水安全鉴定设计自检报告的相关内容编写，同时增加蓄水鉴定中未涉及的水利机械、电气等内容。

B.3.2 对已进行过蓄水安全鉴定工作的水利水电建设工程提出了竣工工作报告的补充内容要求，部分内容在 SL 223—2008 附录 N 和附录 O 中已有规定，在各单位编写其竣工报告时可分别根据情况补充完善有关部分。

2 工程安全监测（含资料整理与分析、安全监测成果评价与建议，主要建筑物工作性状评价）涉及内容较多，也是竣工验收技术鉴定评价的重要依据，建议编制专题报告。

劳动安全及工业卫生措施（设计、施工、验收及初期运行情况）主要依据批复的初步设计相关内容，评价"三同时"落实情况，可分别在工程设计、建设管理、运行管理等报告中。

B.4 竣工验收技术鉴定报告内容要求

本附录规定了竣工验收技术鉴定报告的编写内容要求与框架。针对不同的水利水电建设工程，竣工验收技术鉴定报告内容可根据工程的不同坝型、不同建筑物的组成等情况进行适当调整。

对已进行过蓄水安全鉴定工作的水利水电建设工程，竣工验收技术鉴定报告编写内容可适当简化。

土建工程设计按照不同工程类型进行评价，典型建筑物包括：混凝土面板堆石坝、土质防渗体土石坝、重力坝、拱坝、碾压混凝土坝、溢洪道、引水发电工程、泄洪、输水、冲沙放空隧洞、水闸、泵站、输（调）水建筑物、堤防等。

主要建物设计包括：坝体结构（构造）设计、地（坝）基处理设计、防渗排水设计、接缝止水设计、抗震设计等内容，对泄水建筑物和引水建筑物应进行水力设计。

水利水电工程移民安置验收规程

SL 682—2014

2014 - 12 - 03 发布   2015 - 03 - 03 实施

前　言

根据水利部《关于移民条例配套法规和标准制定项目任务书的批复》（水规计〔2007〕384 号）、《大中型水利水电工程移民安置验收管理暂行办法》（水移〔2012〕77 号）和《水利技术标准编写规定》（SL 1—2002），编写本标准。

本标准共 7 章和 5 个附录，主要技术内容有：

——总则；

——验收组织；

——验收条件；

——验收程序；

——验收内容和标准；

——验收方法与评定；

——验收监督。

本标准为全文推荐。

本标准批准部门：中华人民共和国水利部

本标准主持机构：水利部水库移民开发局

本标准解释单位：水利部水库移民开发局

本标准主编单位：水利部水库移民开发局

　　　　　　　　长江工程监理咨询有限公司

本标准参编单位：水利部小浪底水利枢纽管理中心

本标准出版、发行单位：中国水利水电出版社

本标准主要起草人：刘冬顺　张华忠　朱闽丰　王俊海

　　　　　　　　　范　敏　陆　煜　李　铭　余　勇

　　　　　　　　　赵　勇　金华清　黎爱华　陈　华

　　　　　　　　　刘　浩　尚文勇　李军朝　刘晓东

　　　　　　　　　蓝希龙　李　青　徐之青　李　明

本标准审查会议技术负责人：唐传利

本标准体例格式审查人：窦以松

目　　次

1 总 则

1.0.1 为加强水利水电工程移民安置验收管理，规范验收行为，保证验收质量，维护国家、集体和移民个人的合法权益，促进水利水电工程建设顺利进行，制定本标准。

1.0.2 本标准适用于大中型水利水电工程移民安置验收（以下简称移民安置验收）。小型水利水电工程移民安置验收可参照执行。

1.0.3 水利水电工程阶段性验收和竣工验收前，应组织工程阶段性移民安置验收和工程竣工移民安置验收。工程阶段性移民安置验收是指枢纽工程导（截）流、水库下闸蓄水（含分期蓄水）等阶段的移民安置验收。

1.0.4 移民安置验收应按自验、初验、终验顺序，自下而上组织进行。枢纽工程以外的堤防、河道等水利水电工程移民安置验收，可根据实际情况适当简化验收程序和内容。

1.0.5 移民安置验收应包括下列依据：

    1 国家颁布的有关法律、法规、规章、政策和标准。

    2 经批准的移民安置规划大纲、工程初步设计报告中的移民安置规划、移民安置实施设计文件以及设计变更和概算调整等批准文件、移民安置年度计划。

    3 水利水电工程建设项目法人与地方人民政府或者其规定的移民管理机构签订的移民安置协议。

    4 其他移民安置相关文件。

1.0.6 移民安置验收内容应包括农村移民安置、城（集）镇迁建、工矿企业迁建或者处理、专项设施迁建或者复建、防护工程建设、水库库底清理、移民资金使用管理、移民档案管理、水库移民后期扶持政策落实情况、建设用地手续办理等类别。

1.0.7 有关地方人民政府及其移民管理机构和相关部门、项目法人、移民安置规划设计单位、移民安置监督评估单位、移民安置项目建设单位等应为移民安置验收提交真实、完整的移民安置资料，并对提交的资料负责。验收资料分为应提供的资料和备查资料，应提供的资料目录见附录 A，备查资料目录见附录 B。

1.0.8 移民安置验收除应符合本标准规定外，尚应符合国家现行有关标准的规定。

2 验 收 组 织

2.1 一 般 规 定

2.1.1 移民安置验收的自验、初验和终验的组织或者主持单位，均应组织成立相应的验收委员会，负责移民安置验收工作。验收委员会应设主任委员 1 名、副主任委员及委员若干名。验收委员会主任委员应由验收组织或者主持单位的代表担任。

2.1.2 验收委员会根据需要可设立农村移民安置、城（集）镇迁建、工矿企业迁建或者处理、专项设施迁建或者复建、防护工程建设、水库库底清理、移民资金使用管理、移民档案管理、水库移民后期扶持政策落实情况、建设用地手续办理等验收工作组，具体负责相关类别的验收工作。

2.2 自 验 组 织

2.2.1 移民安置自验应由移民区和移民安置区县级人民政府组织进行。

2.2.2 移民安置自验委员会主任委员应由县级人民政府或其授权部门的代表担任。自验委员会成员应包括县级人民政府及其移民管理机构和相关部门、地市级移民管理机构、有关乡（镇）人民政府、项目法人、移民安置规划设计单位、移民安置监督评估单位的代表、有关专家和移民代表。

2.3 初 验 组 织

2.3.1 移民安置初验应由与项目法人签订移民安置协议的地方人民政府会同项目法人组织进行。对县级人民政府与项目法人签订移民安置协议的工程，移民安置初验应由地市级人民政府会同项目法人组织进行。移民安置工作仅涉及一个县级行政区域的，移民安置初验可与自验合并进行。对省级人民政府或其授权部门与项目法人签订移民安置协议，且由省级人民政府主持移民安置终验的工程，移民安置初验可由省级人民政府委托地市级人民政府会同项目法人组织进行。

2.3.2 移民安置初验委员会主任委员应由移民安置初验组织单位的代表担任。初验委员会成员应包括移民安置初验组织单位、省级移民管理机构、有关县级以上地方人民政府及其相关部门、重大专项主管部门、项目法人、移民安置规划设计单位、移民安置监督评估单位的代表和有关专家。

2.4 终 验 组 织

2.4.1 国务院水行政主管部门主持验收的大中型水利水电工程，移民安置终验应由国务院水行政主管部门会同有关省级人民政府主持。其余大中型水利水电工程的移民安置终验应由省级人民政府或者其指定的移民管理机构主持。

2.4.2 移民安置终验委员会主任委员应由移民安置验收主持单位的代表担任。验收委员会成员应包括项目主管部门、有关县级以上地方人民政府及其移民管理机构和相关部门、重大专项主管部门、项目法人、移民安置规划设计单位、移民安置监督评估单位，以及其他相关单位的代表和有关专家。

3 验 收 条 件

3.0.1 枢纽工程导（截）流阶段，移民安置验收在导（截）流后壅高水位淹没影响范围内应满足下列条件：

    1 移民住房已落实，安置地生活条件基本具备，移民已完成搬迁，安置地的供水、供电、交通等基础设施基本满足移民生活需要。

    2 对城（集）镇的影响已得到妥善处理。

    3 工矿企业搬迁或者处理工作已完成。

    4 对专项设施的影响已得到妥善处理。

    5 已发现的地质灾害隐患得到妥善处理。

    6 水库库底清理工作已完成。

    7 应归档的文件材料已完成阶段性收集、整理。

3.0.2 水库工程下闸蓄水（含分期蓄水）阶段，移民安置验收在相应的蓄水位淹没影响范围内应满足下列条件：

    1 移民住房已建成，安置地生活条件已具备，移民已完成搬迁安置，安置地的供水、供电、交通等基础设施和公共服务设施基本满足移民生活需要。

    2 农村移民生产安置措施基本落实。

    3 城（集）镇迁建工作基本完成。

    4 工矿企业搬迁或者处理工作已完成。

    5 专项设施迁建或者复建工作基本完成。

    6 已发现的地质灾害隐患得到妥善处理。

    7 水库库底清理工作已完成。

    8 应归档的文件材料已完成阶段性收集、整理。

3.0.3 工程竣工移民安置验收应满足下列条件：

    1 移民已完成搬迁安置，移民安置区基础设施和公共服务设施建设已完成，农村移民生产安置措施已落实。

2 城（集）镇迁建、工矿企业迁建或者处理、专项设施迁建或者复建已完成并通过主管部门验收。

3 征地工作已完成。

4 已发现的地质灾害隐患得到妥善处理。

5 水库库底清理工作已完成。

6 征地补偿和移民安置资金已按规定兑付完毕。

7 移民资金财务决算编制已完成，资金使用管理情况已通过政府审计。

8 移民资金审计、稽察和工程阶段性移民安置验收提出的主要问题已基本解决。

9 移民档案的收集、整理和归档工作已完成，并满足完整、准确和系统性的要求。

4 验 收 程 序

4.1 一 般 规 定

4.1.1 移民安置验收前，项目法人应会同与其签订移民安置协议的地方人民政府编制移民安置验收工作计划。移民安置验收工作计划应报移民安置验收主持单位备案。移民安置验收工作计划应对移民安置自验和初验工作作出安排，对移民安置终验提出建议。移民安置验收工作计划内容应主要包括移民安置验收的组织或主持单位、时间安排和验收依据、范围、内容、程序、方法、标准等内容。

4.1.2 移民安置验收组织和主持单位应按移民安置验收工作计划组织开展验收工作。

4.1.3 移民安置自验、初验、终验均应形成验收报告。移民安置验收报告应经 2/3 以上的验收委员会委员同意，验收委员会委员应在移民安置验收报告上签字。对移民安置验收报告持不同意见的，应在移民安置验收报告中明确记载其保留意见并签字。移民安置验收中发现的问题，其处理原则应由验收委员会协商确定，主任委员对争议问题有裁决权。

4.1.4 对移民安置验收报告中提出的问题，有关单位应按处理意见及时整改，并将整改结果报移民安置验收组织或者主持单位。移民安置监督评估单位应及时监督评估验收报告提出的有关问题的处理情况。

4.1.5 移民安置验收组织或主持单位应在移民安置验收通过之日起 30 个工作日内，将移民安置验收报告印送有关单位。移民安置验收未过，移民安置验收组织或者主持单位，应在移民安置验收不予通过之日起 20 个工作日内，将不予通过验收的理由及整改意见书面通知验收申请单位。验收申请单位应及时整改，并按验收程序重新申请验收。

4.2 自 验 程 序

4.2.1 移民安置自验工作应包括下列主要程序：

 1 编制移民安置自验工作方案。

 2 成立移民安置自验委员会。

 3 根据验收内容的实际情况，成立相应类别的验收工作组。

 4 各验收工作组进行全面检查验收，并提出验收意见。

 5 组织编制移民安置自验报告（自验报告格式见附录C）。

 6 召开移民安置自验大会。

4.2.2 移民安置自验大会应按下列议程进行：

 1 宣布移民安置自验委员会成员名单。

 2 观看移民安置情况声像资料。

 3 听取移民安置规划设计工作报告。

 4 听取移民安置实施工作报告。

 5 听取移民安置监督评估报告。

 6 听取各验收工作组的验收意见。

 7 讨论通过移民安置自验报告。

 8 移民安置自验委员会成员签字。

4.2.3 移民安置自验组织单位应在通过移民安置自验之日起30个工作日内，向初验组织单位提出初验申请。

4.3 初 验 程 序

4.3.1 移民安置初验组织单位应在接到初验申请之日起20个工作日内，作出是否组织初验的决定。

4.3.2 移民安置初验工作应包括下列主要程序：

 1 编制移民安置初验工作方案。

 2 成立移民安置初验委员会。

 3 根据验收内容的实际情况，成立相应类别的验收工作组。

 4 各验收工作组查阅资料，开展现场抽查，并提出验收意见。

5 组织编制移民安置初验报告（初验报告格式见附录C）。

6 召开移民安置初验大会。

4.3.3 移民安置初验大会应按下列议程进行：

1 宣布移民安置初验委员会成员名单。

2 观看移民安置情况声像资料。

3 听取移民安置自验及存在问题的整改情况的报告。

4 听取移民安置规划设计工作报告。

5 听取移民安置实施工作报告。

6 听取移民安置监督评估工作报告。

7 听取各验收工作组的验收意见。

8 讨论通过移民安置初验报告。

9 移民安置初验委员会成员签字。

4.3.4 移民安置初验组织单位应在通过移民安置初验之日起30个工作日内，向移民安置验收主持单位提出移民安置终验申请。

4.4 终 验 程 序

4.4.1 移民安置验收主持单位应在接到终验申请之日起20个工作日内，作出是否组织终验的决定。

4.4.2 移民安置终验工作应包括下列主要程序：

1 编制移民安置终验工作方案。

2 成立移民安置终验委员会。

3 根据验收内容的实际情况，成立相应类别的验收工作组。

4 各验收工作组查阅资料，开展现场抽查，并提出验收意见。

5 组织编制移民安置终验报告（终验报告格式见附录C）。

6 召开移民安置终验大会。

4.4.3 移民安置终验大会应按下列议程进行：

1 宣布移民安置终验委员会成员名单。

2 观看移民安置情况声像资料。

3 听取移民安置初验及存在问题整改情况的报告。

4 听取项目法人移民安置管理工作报告。

5 听取移民安置规划设计工作报告。

6 听取移民安置实施管理工作报告。

7 听取移民安置监督评估工作报告。

8 听取各验收工作组的验收意见。

9 听取移民资金审计意见，以及移民安置终验委员会确定的其他报告。

10 讨论通过移民安置终验报告。

11 移民安置终验委员会成员签字。

4.4.4 移民安置终验大会有关工作报告主要内容见附录 D。

5 验收内容和标准

5.1 一 般 规 定

5.1.1 工程阶段性移民安置验收和工程竣工移民安置验收根据需要，可按农村移民安置、城（集）镇迁建、工矿企业迁建或者处理、专项设施迁建或者复建、防护工程建设、水库库底清理、移民资金使用管理、移民档案管理、水库移民后期扶持政策落实情况、建设用地手续办理等类别，进行分类验收。

5.1.2 工程阶段性移民安置验收，枢纽工程以外的堤防、河道等水利水电工程移民安置验收可根据实际情况适当简化验收内容。

5.2 枢纽工程导（截）流阶段移民安置验收内容和标准

5.2.1 农村移民安置验收合格应达到下列标准：

1 移民宅基地已全部分配到户。

2 移民已完成搬迁。

3 住房建设基本完成。

4 安置点水、电、路等基础设施基本满足移民日常生活需要。

5 移民个人补偿费已按进度兑付。

6 土地补偿补助费和集体财产补偿费已按进度兑付。

7 移民安置点已通过地质灾害危险性评估。

5.2.2 城（集）镇迁建验收合格应达到下列标准：

1 移民住房建设基本完成。

2 移民已完成搬迁。

3 行政及企事业单位已完成搬迁。

4 行政及企事业单位房屋建设和市政设施按计划建设。

5 移民个人财产补偿费已按进度兑付。

6 行政及企事业单位财产补偿费已按进度兑付。

7 新址已通过地质灾害危险性评估。

5.2.3 工矿企业迁建或者处理验收合格应达到下列标准：

1 工矿企业已完成搬迁。

2 工矿企业补偿资金已按进度兑付。

5.2.4 专业设施迁建或者复建验收合格应达到下列标准：

1 对专项设施的影响已得到妥善处理。

2 专项设施迁建或者复建已按计划建设。

3 专项设施迁建或者复建资金已按进度兑付。

5.2.5 水库库底清理验收合格应达到下列标准：

1 水库库底清理已按批准的移民安置规划和相关技术要求完成。

2 卫生清理、有毒有害固体废弃物等清理已通过相关部门验收。

3 水库库底清理资金已按规定兑付给有关单位和个人。

5.2.6 移民资金使用管理验收合格应达到下列标准：

1 移民资金已按进度拨付到位。

2 批准的补偿标准和投资概算得到严格执行。

3 移民资金管理制度健全，并得到认真执行。

5.2.7 移民档案验收合格应达到下列标准：

1 移民档案管理制度已建立，并得到认真执行。

2 应归档的文件材料已完成阶段性收集、整理工作。

5.3 水库工程下闸蓄水（含分期蓄水）阶段移民安置验收内容和标准

5.3.1 农村移民安置验收合格应达到下列标准：

1 移民已完成搬迁。

2 住房建设已完成。

3 安置点水、电、路等基础设施和学校等公共服务设施建设已按批准的移民安置规划建设完成。

    4 生产用地已按批准的移民安置规划确定的标准划拨到村组。

    5 生产开发措施正在有序落实。

    6 移民个人补偿费已全部兑付到户。

    7 土地补偿补助费和集体财产补偿费已按进度兑付村组。

    8 移民安置点已通过地质灾害危险性评估。

5.3.2 城（集）镇迁建验收合格应达到下列标准：

    1 移民已完成搬迁。

    2 行政及企事业单位已完成搬迁。

    3 移民住房建设已完成，行政及企事业单位房屋按计划建设。

    4 水、电、路等市政设施和学校、医院等公共服务设施建设已按批准的移民安置规划完成。

    5 移民个人财产补偿费已全部兑付到户。

    6 行政及企事业单位财产补偿费已按进度兑付。

    7 新址已通过地质灾害危险性评估。

    8 新址占地搬迁人口补偿安置基本落实。

5.3.3 工矿企业迁建或者处理验收合格应达到下列标准：

    1 工矿企业已完成搬迁。

    2 工矿企业补偿资金已按进度兑付。

    3 职工安置措施已按规定落实。

5.3.4 专项设施迁建或者复建验收合格应达到下列标准：

    1 专项设施迁建或者复建已按批准的移民安置规划完成。

    2 专项设施功能已恢复。

    3 对库周专项设施的影响已得到妥善处理。

    4 专项设施迁建或者复建资金已拨付到位。

5.3.5 防护工程验收合格应达到下列标准：

    1 防护工程按计划建设。

    2 防护工程建设资金按进度拨付到位。

5.3.6 水库库底清理验收合格应达到下列标准：

1 水库库底清理已按批准的移民安置规划和相关技术要求完成。

2 卫生清理、有毒有害固体废弃物等清理已通过相关部门验收。

3 经批准缓期拆除的桥梁等设施，安全措施已落实。

4 水库库底清理资金已到位，并按规定支付给有关单位和个人。

5.3.7 移民资金使用管理验收合格应达到下列标准：

1 移民资金已按进度拨付到位。

2 批准的补偿标准和投资概算得到严格执行。

3 移民资金管理制度健全，并得到认真执行。

5.3.8 移民档案验收合格应达到下列标准：

1 移民档案管理制度已建立健全，并得到认真执行。

2 应归档的文件材料已完成阶段性收集、整理工作。

5.4 工程竣工移民安置验收内容和标准

5.4.1 农村移民安置验收合格应达到下列标准：

1 移民全部完成搬迁。

2 住房建设已完成。

3 安置点基础设施和公共服务设施建设已按批准的移民安置规划建设完成。

4 移民生产安置措施已落实，生产用地已按批准的移民安置规划确定的标准分配到户，生产开发措施正在有序落实。

5 移民个人补偿费已全部兑付到户。

6 土地补偿补助费和村集体财产补偿费已全部兑付村组。

7 移民安置点已通过地质灾害危险性评估。

5.4.2 城（集）镇迁建验收合格应达到下列标准：

1 移民全部完成搬迁。

2 行政及企事业单位全部完成搬迁。

3 移民及单位房屋建设已完成，并按规定通过验收。

4 移民门面房已得到妥善处理。

5 基础设施和公共服务设施建设已按批准的移民安置规划完成，并按规定通过验收。

6 移民个人财产补偿费全部兑现到户。

7 行政及企事业单位财产补偿费全部兑付。

8 新址已通过地质灾害危险性评估。

9 新址占地搬迁人口补偿安置已落实。

5.4.3 工矿企业迁建或者处理验收合格应达到下列标准：

1 工矿企业全部完成迁建或者处理。

2 工矿企业补偿资金已全部兑付到位。

3 职工安置措施已按规定落实。

5.4.4 专项设施迁建或者复建验收合格应达到下列标准：

1 专项设施迁建或者复建已按批准的移民安置规划完成，并通过行业主管部门验收。

2 专项设施功能已恢复。

3 专项设施迁建或者复建资金已全部到位。

4 专项设施迁建或者复建工程已按规定完成移交。

5.4.5 防护工程建设验收合格应达到下列标准：

1 防护工程建设已按设计完成。

2 防护工程建设资金已全部拨付到位。

3 防护工程已按规定通过验收。

4 防护工程运行管理责任主体和运行管理费已落实。

5.4.6 水库库底清理验收合格应达到下列标准：

1 水库库底清理已按批准的移民安置规划完成。

2 卫生清理、有毒有害固体废弃物等清理已通过相关部门验收。

3 水库库底清理资金已全部到位，并按规定支付给有关单位和个人。

5.4.7 移民资金使用管理验收合格应达到下列标准：

1 移民资金已拨付到位。

2 批准的补偿标准和投资概算得到严格执行。

3 移民资金管理制度健全，并得到较好执行。

4 移民资金财务决算已编制完成，资金使用管理情况已通过政府审计。

5 移民资金审计、稽察和阶段性验收提出的问题已整改。

5.4.8 移民档案管理验收合格应达到下列标准：

1 移民档案管理制度健全，并得到认真执行。

2 移民档案资料已按有关规定收集、整理、归档。

3 移民档案资料真实、完整、准确、系统。

5.4.9 水库移民后期扶持政策落实情况验收合格应达到下列标准：

1 水库移民后期扶持人口已按规定完成核定登记工作。

2 水库移民后期扶持资金已开始兑现。

5.4.10 建设用地手续办理验收合格应达到下列标准：

1 工程建设区和水库淹没区的建设用地手续已按规定办理。

2 移民安置区建设用地手续已按规定办理。

5.4.11 移民安置验收有关表格见附录 E。

6 验收方法与评定

6.1 验收方法

6.1.1 移民安置自验应在单项工程竣工验收和移民安置工作全面自查的基础上，对农村移民安置、城（集）镇迁建、工矿企业迁建或者处理、专项设施迁建或者复建、防护工程建设、水库库底清理、移民资金使用管理、移民档案管理、水库移民后期扶持政策落实情况、建设用地手续办理等类别，逐户、逐项全面检查验收。

6.1.2 移民安置初验应对自验成果进行抽样检查，抽样可采取随机抽样和偏好抽样，并应符合下列规定：

1 农村移民安置，移民乡（镇）抽查比例不应低于80％，集中安置点抽查比例不应低于40％，移民户抽查比例不应低于10％。

2 城（集）镇迁建，涉及城（集）镇全部检查；城（集）镇基础设施和公共服务设施项目抽查比例不应低于20％；居民户抽查比例不应低于10％，企事业单位抽查比例不应低于20％。

3 工矿企业迁建或者处理，迁建工矿企业抽查比例、破产关闭工矿企业抽查比例均不应低于50％。

4 专项设施迁建或者复建，各类别专业设施抽查比例不应低于50％。

5 防护工程项目全部检查。

6 水库库底清理，库底清理项目数量抽查比例不应低于30％，特殊清理项目全部检查，对重点卫生清理项目必要时进行现场检测。

7 移民资金使用管理，涉及县全部检查，乡镇抽查比例不应低于30％；各类别移民项目抽查比例不应低于5％，进行账账核对和账实核对。

8 移民档案管理，各类别档案卷数抽查比例不应低于 5％。

6.1.3 移民安置终验应对初验成果进行抽样检查，抽样可采取随机抽样和偏好抽样。终验抽查的移民户（项目）与初验抽查的移民户（项目）重叠率不应超过 70％，并应符合下列规定：

1 农村移民安置，移民乡镇抽查比例不应低于 40％，集中安置点抽查比例不应低于 20％，移民户抽查比例不应低于 5％。

2 城（集）镇迁建，涉及城（集）镇全部检查；城（集）镇基础设施和公共服务设施项目抽查比例不应低于 10％，居民户抽查比例不应低于 5％，企事业单位抽查比例不应低于 10％。

3 工矿企业迁建或者处理，迁建工矿企业抽查比例不应低于 30％，破产关闭工矿企业抽查比例不应低于 30％。

4 专项设施迁建或者复建，各类别专业设施抽查比例不应低于 20％。

5 防护工程项目全部检查。

6 水库库底清理，库底清理项目数量抽查比例不应低于 20％，特殊清理项目全部检查，对重点卫生清理项目必要时进行现场检测。

7 移民资金使用管理，涉及县全部检查，乡镇抽查比例不应低于 20％；各类别移民项目抽查比例不应低于 5％、进行账账核对和账实核对。

8 移民档案管理，各类档案卷数抽查比例不应低于 5％。

6.1.4 移民安置验收工作组现场验收表格式见附录 E。

6.2 验 收 评 定

6.2.1 移民安置自验、初验和终验均按合格、不合格两个等级评定。

6.2.2 工程阶段性移民安置验收时，农村移民安置、城（集）镇迁建、工矿企业迁建、专项设施迁建或者复建、防护工程建设、库底清理、移民资金使用管理、移民档案管理等八类别验收均达到合格标准，验收评定为合格，否则，验收评定为不合格。

6.2.3 工程竣工移民安置验收时，农村移民安置、城（集）镇迁建、工矿企业迁建、专项设施迁建或者复建、防护工程建设、库底清理、移民资金使用管理、移民档案管理和移民后期扶持政策落实情况等九类别验收均达到合格标准，验收评定为合格，否则，验收评定为不合格。

7 验 收 监 督

7.0.1 国务院水行政主管部门负责全国大中型水利水电工程移民安置验收工作的管理和监督。省级人民政府或者其规定的移民管理机构负责本行政区域内水利水电工程移民安置验收工作的管理和监督。

7.0.2 移民安置验收监督应包括下列主要内容：

   1 验收工作是否及时。

   2 验收条件是否具备。

   3 验收人员组成是否合理。

   4 验收程序是否规范。

   5 验收资料是否齐全。

   6 验收结论是否准确。

   7 验收提出的问题是否及时整改。

7.0.3 移民安置验收管理的方法应包括查阅资料、现场检查、参加验收活动、对验收成果文件进行收集备查。

7.0.4 移民安置验收监督部门应现场检查移民安置验收工作开展情况，当发现移民安置验收不符合有关规定时，移民安置验收监督部门应及时要求验收委员会予以纠正；当发现存在重大问题时，可要求验收委员会暂停验收或重新验收。

附录 A 移民安置验收应提供的资料目录

表 A 移民安置验收应提供的资料目录

序号	资料名称	阶段性移民安置验收			竣工移民安置验收			提供单位
		自验	初验	终验	自验	初验	终验	
1	移民安置管理工作报告		√	√		√	√	项目法人
2	移民安置实施工作报告		√	√		√	√	与项目法人签订移民安置协议的地方人民政府或其移民管理机构
3	县级移民安置实施工作报告	√	√	√	√	√	√	县级人民政府或其移民管理机构
4	移民安置规划设计工作报告	√	√	√	√	√	√	移民安置规划设计单位
5	移民安置监督评估工作报告	√	√	√	√	√	√	移民安置监督评估单位
6	移民资金财务决算报告					√	√	与项目法人签订移民安置协议的地方人民政府或其移民管理机构
7	移民资金使用管理情况审计报告					√	√	政府审计机关
8	移民安置自验报告		√	√		√	√	自验组织单位
9	移民安置初验报告			√			√	初验组织单位
10	移民安置实施情况声像资料	√	√	√	√	√	√	项目法人、与项目法人签订移民安置协议的地方人民政府

附录 B 移民安置验收备查资料目录

1 建设征地实物调查资料

2 移民安置规划大纲及其审批文件

3 可行性研究阶段、初步设计阶段、技施设计阶段的移民安置规划报告及其审核、审批文件

4 移民安置规划设计变更报告及其审批文件

5 农村移民安置资料

5.1 移民安置分户档案资料

5.2 移民集中安置点规划及实施档案资料

5.3 移民生产用地调整资料

5.4 移民生产开发有关资料

6 城（集）镇迁建资料

6.1 城（集）镇迁建规划报告及批准文件

6.2 城（集）镇移民、单位和新址占地人口安置档案

6.3 主要市政工程规划设计及实施管理文件资料

6.4 主要市政工程及房屋验收文件资料

7 工矿企业迁建或者处理资料

7.1 工矿企业迁建或者处理规划及实施资料

7.2 工矿企业迁建或者处理补偿销号资料

7.3 企业职工安置资料等

8 专业设施迁建或者复建资料

工程项目规划及实施档案资料，包括规划设计、投资计划、建设管理、竣工验收、竣工决算等文件资料。

9 防护工程资料

防护工程规划及实施档案资料，包括规划设计、投资计划、建设管理、竣工验收、竣工决算等文件资料。

10 水库库底清理资料

10.1 水库库底清理实施方案和总结材料

10.2 项目实施过程影像、图片、文字等资料

11 移民资金使用管理资料

11.1 移民资金使用计划文件资料

11.2 移民资金财务会计资料

11.3 移民资金管理文件资料

12 后期扶持政策落实情况资料

12.1 后期扶持人口核定、登记资料

12.2 后期扶持资金兑付和项目实施管理资料

13 历次稽察、审计、验收报告

14 移民安置工作大事记

附录C　移民安置验收报告格式

(封面格式)

×× 工程（××阶段）（××地区）

移民安置（自验/初验/终验）报告

×× 移民安置（自验/初验/终验）委员会
年　　月

（扉页格式）

移民安置验收主持/组织单位：

项目法人：

与项目法人签订移民安置协议的地方人民政府：

移民安置实施单位：

移民安置规划设计单位：

移民安置监督评估单位：

验收时间：　　年　月　日至　　年　月　日

验收地点：

前言（包括验收组织和验收过程）

1 概况

1.1 工程基本情况

1.2 征地移民基本情况

1.3 移民工作开展情况（包括管理体制、实施过程等）

2 验收范围、依据、组织和方法

3 移民安置规划实施

3.1 农村移民安置

3.2 城（集）镇迁建

3.3 工矿企业迁建或者处理

3.4 专项设施迁处理或者复建

3.5 防护工程建设

3.6 水库库底清理

3.7 移民安置实施效果评价

4 移民资金使用管理

4.1 移民投资概算批复情况

4.2 移民资金拨付使用情况

4.3 移民资金财务管理情况

4.4 移民资金竣工决算情况

4.5 稽察审计及整改落实情况

5 移民档案管理

6 移民后期扶持政策落实情况

7 征地手续办理情况

8 历次验收提出问题的整改落实情况

9 验收结论

10 保留意见（应由本人签字）

11 验收委员会成员签字表

12 附件（验收工作组意见、有关文件资料等）

附录 D 移民安置验收会议有关工作报告主要内容

1 项目法人移民安置管理工作报告

1.1 工程概况

1.2 移民安置管理工作情况

1.3 移民安置规划实施及变更情况

1.4 移民资金拨付管理情况

1.5 工程建设征地工作情况

1.6 工程阶段性移民安置验收工作情况

1.7 移民档案管理情况

1.8 存在问题及处理建议

1.9 移民安置效果评价

2 地方人民政府移民安置实施工作报告

2.1 工程建设征地影响情况

2.2 移民安置政策文件制定情况

2.3 移民安置实施管理情况

2.4 农村移民安置规划实施情况

2.5 城（集）镇迁建规划实施情况

2.6 工矿企业迁建或者处理规划实施情况

2.7 专业设施迁建或者复建规划实施情况

2.8 防护工程建设规划实施情况

2.9 水库库底清理实施情况

2.10 移民资金使用管理情况

2.11 移民安置档案管理情况

2.12 水库移民后期扶持政策落实情况

2.13 存在问题及处理意见

2.14 移民安置效果评价

附录 E 移民安置验收有关表格

表 1 - 1 _____工程（阶段性、竣工）移民安置验收评定汇总表（自验、初验、终验）

表 1 - 2 _____工程（阶段性、竣工）移民安置验收_____（类别）验收评定表（自验、初验、终验）

表 2 _____工程（阶段性、竣工）验收征地移民主要实物表（自验、初验、终验）

表 3 - 1 _____工程（阶段性、竣工）移民安置验收农村移民安置完成情况统计表（自验、初验、终验）

表 3 - 2 _____工程（阶段性、竣工）移民安置验收农村移民户安置情况调查表（自验、初验、终验）

表 3 - 3 _____工程（阶段性、竣工）移民安置验收农村移民安置点情况调查表（自验、初验、终验）

表 3 - 4 _____工程（阶段性、竣工）移民安置验收农村移民生产安置情况调查表（自验、初验、终验）

表 4 _____工程移民（阶段性、竣工）安置验收城（集）镇迁建情况调查表（自验、初验、终验）

表 5 _____工程（阶段性、竣工）移民安置验收工矿企业迁建或者处理情况调查表（自验、初验、终验）

表 6 _____工程（阶段性、竣工）移民安置验收专项设施迁建或者复建、防护工程建设情况调查表（自验、初验、终验）

表 7 - 1 _____工程（阶段性、竣工）移民安置验收水库库底清理情况调查表（自验、初验、终验）

表 7 - 2 _____工程（阶段性、竣工）移民安置验收水库库底清理情况调查表（自验、初验、终验）

表 8 - 1 _____工程（阶段性、竣工）移民安置验收

移民资金拨付使用情况统计表（自验、初验、终验）

表 8 - 2 ＿＿＿＿＿＿工程（阶段性、竣工）移民安置验收农村移民个人及集体补偿资金兑付情况调查表（自验、初验、终验）

表 9 - 1 ＿＿＿＿＿＿工程（阶段性、竣工）移民安置验收移民档案管理验收统计表（自验、初验、终验）

表 9 - 2 ＿＿＿＿＿＿工程（阶段性、竣工）移民安置验收移民档案管理验收调查表（自验、初验、终验）

表 1 - 1 ＿＿＿＿＿＿工程（阶段性、竣工）移民安置验收评定汇总表（自验、初验、终验）

＿＿＿＿省（自治区、直辖市） ＿＿＿＿市（地、州、盟） ＿＿＿＿县（市、区、旗）

验收类别	移民安置实施情况	验收评定等级		综合评定
		合格	不合格	
1 农村移民安置				
2 城（集）镇迁建				
3 工矿企业迁建或者处理				合格或不合格
4 专业设施迁建或者复建				
5 防护工程建设				
6 水库库底清理				
7 移民资金使用与管理				
8 移民档案管理				
9 水库移民后期扶持政策落实情况				
10 建设用地手续办理				
存在的主要问题与处理意见：				

验收委员会负责人： 验收日期： 年 月 日

表 1-2 _____工程（阶段性、竣工）移民安置验收_____

（类别）验收评定表（自验、初验、终验）

_____省（自治区、直辖市）_____市（地、州、盟）_____县（市、区、旗）

验收内容与标准	验收具体情况描述	是否达到验收标准	验收评定
（1）			
（2）			
（3）			
（4）			合格或不合格
（5）			
（6）			
（7）			
（8）			
（9）			
存在的问题及处理意见：			

验收组组长（负责人）：　　　　　验收人：　　　验收日期：　　年　月　日

表 2 _____工程（阶段性、竣工）验收征地移民主要实物表
（自验、初验、终验）

_____省（自治区、直辖市） _____市（地、州、盟） _____县（市、区、旗）

序号	项 目	单位	工程建设区		库区一期		库区…期		总计		备注
			规划	实施	规划	实施	规划	实施	规划	实施	
一	城镇	个									
二	乡镇	个									
	其中：移民村	个									
三	移民人数	人									
	其中：农村移民	人									
四	房屋面积	m²									
五	土地面积	亩									
	其中：耕地	亩									
	林地	亩									
	园地	亩									
六	工矿企业	个									
七	专项设施	处									
	其中：公路	km									
	电力	km									
	文物古迹	处									
	……										

填报单位（盖章）： 填报人： 审核人： 填表日期： 年 月 日

1498

表3-1 ＿＿＿＿工程（阶段性、竣工）移民安置验收农村移民安置完成情况统计表（自验、初验、终验）

＿＿＿省（自治区、直辖市）　＿＿＿市（地、州、盟）　＿＿＿县（市、区、旗）　截止时间：　年　月　日

序号	乡镇	村	搬迁安置							生产安置											备注
			规划情况		实施情况					规划情况				实施情况							
			合计（外迁安置 后靠安置）		合计		外迁安置		后靠安置	合计	大农业安置	二、三产业安置	其他	合计		大农业安置		二、三产业安置		其他	
			人口（人）	人数（人）	户数（户）	人口（人）	户数（户）	人口（人）	户数（户）　人口（人）	人数（人）	人数（人）	人数（人）	人数（人）	户数（户）	人口（人）	户数（户）	人口（人）	户数（户）	人口（人）	户数（户）　人数（人）	

填报单位（盖章）：　　　　　填报人：　　　　　审核人：　　　　　填表日期：　年　月　日

1499

表 3－2 　　　工程（阶段性、竣工）移民安置验收农村移民户安置情况调查表（自验、初验、终验）

　　省（自治区、直辖市）　　　市（地、州、盟）　　　县（市、区、旗）

序号	户主姓名	人口（人）		迁出地地址			迁入地地址（省、市、县、乡镇、村、组）	生产用地		宅基地		建房情况		基础设施及公共服务设施情况							个人赔偿费		户口迁移情况	验收意见
		调查人口	搬迁人口	乡镇	村	组		规划（亩）	实施（亩）	规划（m²）	实施（m²）	面积（m²）	结构	供排水	供电	道路	通信	电视	就学	医疗	应兑付（元）	已兑付（元）		

验收组组长（负责人）：　　　　　　　　　　　　　　　　　验收人：

验收日期：　　　年　　月　　日

1500

表3-3 ＿＿＿＿工程（阶段性、竣工）移民安置验收村移民安置点情况调查表（自验、初验、终验）

省（自治区、直辖市）＿＿＿＿ 市（地、州、盟）＿＿＿＿ 县（市、区、旗）＿＿＿＿ 乡镇＿＿＿＿

安置点名称	搬迁安置				安置点占地面积（亩）	房屋建设		基础设施建设					垃圾处理方式	污水处理方式	是否具备就学条件	是否具备就医条件	村级组织是否建立	安置点小学建设			安置点卫生所建设		安置点村委会建设		验收意见
	规划		实施			已建户数（户）	在建户数（户）	供排水	供电	道路	通信	电视						占地面积（亩）	建房面积（m²）	建设情况	建房面积（m²）	建设情况	建房面积（m²）	建设情况	
	户数（户）	人数（人）	户数（户）	人数（人）																待建		待建		待建	
																				在建		在建		在建	
																				已建		已建		已建	

验收组组长（负责人）：　　　　　　验收人：　　　　　　验收日期：　　年　月　日

1501

表3-4 ＿＿＿＿省（自治区、直辖市）＿＿＿＿市（地、州、盟）＿＿＿＿县（市、区、旗）＿＿＿＿乡（镇）＿＿＿＿工程（阶段性、竣工）移民安置验收农村移民生产安置情况调查表（自验、初验、终验）

移民新村名称	规划情况										实施情况											验收意见
	生产安置人口（人）	生产用地						项目开发			生产用地							项目开发				
		人均耕园地（亩/人）	调整耕园地面积（亩）					个数（个）	投资额（万元）	安置人数（人）	人均耕园地（亩/人）	调整耕园地面积（亩）					土地证办理情况	个数（个）	投资额（万元）	安置人数（人）	
			小计	其中：水浇地（水田）	水浇地	旱地	园地等					小计	其中：水浇地（水田）	水浇地	旱地	园地等					

注：1. "移民新村"指接受移民的村组；2. 土地证办理情况栏填写"已办证、已签协议、未签协议；3. "项目开发"指用于生产安置的一、二、三产业项目。

验收组组长（负责人）：　　　　验收人：　　　　验收日期：　　年　月　日

1502

表 4 _____工程移民（阶段性、竣工）安置验收城（集）镇
迁建情况调查表（自验、初验、终验）

___省（自治区、直辖市）____市（地、州、盟）____县（市、区、旗）____城（镇）

项　　目		数　量		投资（万元）		验收意见
		单位	规划	实施	规划	实施	
新址征地		亩					
场地平整		m³					
挡土墙		m³					
移民人口		人					
新址占地人口		人					
搬迁单位		个					
移民建房	户数	户					
	面积	m²					
单位建房	面积	m²					
街道	主街	km					
	支街	km					
供水工程	供水能力	t/d					
	水塔（蓄水池）	m³/个					
	主供水管道	km					
	支供水管道	km					
排水工程	主排水沟	km					
	支排水沟	km					
供电设施	10kV线路	km					
	380V线路	km					
	变压器	kVA/台					
学校		m²/所					
医院		m²/所					
对外连接路		km					
通信线路		km					
广播电视		km					
其他							
合计							

验收组组长（负责人）：　　　　　　验收人：　　　　　　验收时间：　　年　月　日

表 5 ___ 工程（阶段性、竣工）移民安置验收工矿企业迁建或者处理情况调查表（自验、初验、终验）

___ 省（自治区、直辖市） ___ 市（地、州、盟） ___ 县（市、区、旗）

序号	企业名称	规划情况							实施情况							
		处理方式				安置职工人数（人）	职工生活用房（m²）	补偿资金（万元）	处理方式				安置职工人数（人）	职工生活用房（m²）	已补偿资金（万元）	验收意见
		迁建	转产	关停	其他				迁建	转产	关停	其他				

验收组组长（负责人）：　　　　　　　验收人：　　　　　　　验收日期：　　　年　　月　　日

1504

表6 _____工程（阶段性、竣工）移民安置验收专项设施建迁或者复建、防护工程
建设情况调查表（自验、初验、终验）

省（自治区、直辖市）_____ 市（地、州、盟）_____ 县（市、区、旗）_____

序号	项目名称	类别	建设单位	设计单位	监理单位	施工单位	建设时间		规划						实施							验收主持单位	验收时间	工程质量评价	移交情况	验收意见
							开工	竣工	规模			工程投资（万元）		规模			工程投资（万元）								
									工程量		等级	总投资	移民补偿投资	工程量		等级	总投资	移民补偿投资	自筹资金						
									单位	数量				单位	数量										
1		交通																							
2		电力																							
3		电信																							
4		广播电视																							
5		水利设施																							
6		文物古迹																							
7		防护工程																							
8		其他																							

验收组组长（负责人）：　　　　验收人：　　　　验收日期：　　年　月　日

1505

表7-1 _____ 工程（阶段性、竣工）移民安置验收水库库底清理情况调查表（自验、初验、终验）

_____省（自治区、直辖市） _____市（地、州、盟） _____县（市、区、旗）

序号	类别	规划			实施			验收意见
		工程量		投资（万元）	工程量		投资（万元）	
		单位	数量		单位	数量		
1	一般清理							
1.1	建筑物							
1.1.1	…							
…	…							
1.2	卫生清理							
1.3	构筑物							
1.4	林地							
2	特殊清理							

填表单位（盖章）： 填报人： 审核人： 填表时间： 年 月 日

表7-2 ___省（自治区、直辖市）___市（地、州、盟）___县（市、区、旗）___乡镇 ___工程（阶段性、竣工）移民安置验收水库库底清理情况调查表（自验、初验、终验）

序号	项目名称	验收类型	计划任务			抽查实施情况			抽查项目质量			抽查结论
			工程量		投资（万元）	工程量		投资（万元）	质量达标情况	清理安全情况	清理档案合格情况	
			单位	数量		单位	数量					
1												
2												
3												
4												
5												
6												
7												
8												
9												
10												
11												
12												
13												
14												

验收组验长（负责人）：　　　　　　　验收人：　　　　　　　验收日期：　　年　月　日

1507

表8-1 _____工程（阶段性、竣工）移民安置收件验收移民资金拨付使用情况统计表（自验、初验、终验）

_____省（自治区、直辖市） _____市（地、州、盟） _____县（市、区、旗）

序号	年度	计划资金（万元）										拨入资金（万元）										使用资金（元）										备注
		总投资	农村移民补偿费	城镇集镇迁建补偿费	工矿企业迁建补偿费	专业项目补偿费	防护工程费	库底清理费	其他费用	预备费	有关税费	总投资	农村移民补偿费	城镇集镇迁建补偿费	工矿企业迁建补偿费	专业项目补偿费	防护工程费	库底清理费	其他费用	预备费	有关税费	合计	农村移民补偿费	城镇集镇迁建补偿费	工矿企业迁建补偿费	专业项目补偿费	防护工程费	库底清理费	其他费用	预备费	有关税费	

填报单位（盖章）： 填报人： 审核人： 填报日期： 年 月 日

1508

表 8 - 2 　_____工程（阶段性、竣工）移民安置验收农村移民个人及集体补偿资金兑付情况调查表（自验、初验、终验）

省（自治区、直辖市）_____　市（地、州、盟）_____　县（市、区、旗）_____

序号	乡镇	移民新村名称	个人补偿费（元）													集体补偿费（万元）															验收意见
			规划						实际兑付							规划							实际兑付								
			合计	房窑及附属物	农村工商企业设施	农副业设施	搬迁补助费	过渡期补助费	其他补偿费	合计	房窑及附属物	农村工商企业设施	农副业设施	搬迁补助费	过渡期补助费	其他补偿费	合计	房窑及附属物	土地补偿费和安置补助费	小型水利水电设施补偿费	农副业设施	农村工商企业设施	文教卫设施补偿费	合计	房窑及附属物	土地补偿费和安置补助费	小型水利水电设施补偿费	农副业设施	农村工商企业设施	文教卫设施补偿费	结余资金	

验收组组长（负责人）：　　　　　　验收人：　　　　　　验收日期：　　年　　月　　日

1509

表 9 - 1 ___省（自治区、直辖市）___市（地、州、盟）___县（市、区、旗）___工程（阶段性、竣工）移民安置验收移民档案管理验收统计表（自验、初验、终验）

类别		应归档项目数	已归档项目数	档案卷数	档案管理体系		档案基础设施建设		
					档案制度建立	配备专职档案人员	档案库房	档案装具	保管配套设施
库底清理档案	卫生清理档案								
	固体废物清理档案								
	建（构）筑物清理档案								
	林木清理及易漂浮物清理档案								
农村移民安置档案	移民安置分户档案								
	移民建房及基础设施建设档案								
	村组副业								
城市（县城）迁建档案	居民搬迁安置档案								
	占地移民搬迁安置档案								
	单位搬迁安置档案								
	迁建用地规模控制档案								
	基础设施建设档案								
	房屋复建档案								
集镇迁建档案	居民搬迁安置档案								
	占地移民搬迁安置档案								

表 9-1（续）

类　别		应归档项目数	已归档项目数	档案卷数	档案管理体系			档案基础设施建设		
					档案制度建立	配备专职档案人员	档案库房	档案装具	保管配套设施	
集镇迁建档案	单位搬迁档案									
	迁建用地规模控制档案									
	基础设施建设档案									
	房屋复建档案									
工矿企业迁建档案										
专业项目复建档案										
文物保护档案										
环境保护档案	人群健康监测与保护项目档案									
	环境保护与监测项目档案									
	水土保持与生态建设项目档案									
	水污染防治档案									
地质灾害防治档案										
移民综合管理档案	文书档案									
	会计档案									
	淹没资料留取									
	勘测规划设计									
	其他									

填报单位（盖章）：

填表日期：　　　年　　月　　日

1511

表 9-2 ＿＿＿＿ 工程（阶段性、竣工）移民安置验收移民档案管理验收调查表（自验、初验、终验）

＿＿＿＿省（自治区、直辖市）＿＿＿＿市（地、州、盟）＿＿＿＿县（市、区、旗）

序号	项目名称	类别	档案卷数（卷）	档案质量情况				验收意见
				组卷完整	编目准确	装订合规	内容真实	

验收组组长（负责人）：＿＿＿＿＿＿＿＿＿　　验收人：＿＿＿＿＿＿＿＿＿

验收日期：＿＿＿年＿＿月＿＿日

条 文 说 明

1 总 则

1.0.1 本条规定了制定本标准的目的。《大中型水利水电工程建设征地补偿和移民安置条例》（国务院令第 471 号）（以下简称《移民条例》）明确指出，移民安置达到阶段性目标和移民安置工作完毕后，省、自治区、直辖市人民政府或者国务院移民管理机构应当组织有关单位进行验收。水利部《大中型水利水电工程移民安置验收管理暂行办法》（水移〔2012〕77 号）（以下简称《移民验收办法》）明确移民安置验收的目的是维护国家集体和移民个人的合法权益，促进水利水电工程建设顺利进行。

1.0.3 根据《移民条例》第三十七条规定制定本条。移民安置验收应与枢纽工程建设的导（截）流、水库下闸蓄水（含分期蓄水）和竣工验收等阶段相对应。强调移民区和移民安置区重大地质灾害治理和大型桥梁建设项目，应在移民安置验收前组织专项技术验收。

1.0.4 根据《移民验收办法》第五条规定制定本条。

2 验 收 组 织

2.1 一 般 规 定

2.1.2 验收委员会要根据水利水电工程移民安置工作实际情况成立相应类别的验收工作组。

2.3 初 验 组 织

2.2.1～2.3.1 根据《移民验收办法》制定。

2.3.2 根据《水利水电工程建设征地移民实物调查规范》（SL 442—2009）专业项目调查内容，大中型水利水电工程建设可能对交通工程设施、输变电工程设施、电信工程设施、广播电视工程设施、水利水电工程设施、管道工程设施、国有农（林、牧、渔）场、矿产资源、文物古迹、风景名胜区、自然保护区、水文站、其他项目等造成影响。移民安置初验时，要根据实际情况邀请上述重大专项设施主管部门代表作为移民安置验收委员会成员参加验收。

3 验 收 条 件

3.0.1～3.0.3 根据《移民验收办法》第十二条～第十四条规定，对工程阶段性和竣工移民安置验收条件做了明确规定。地质灾害隐患直接影响移民群众生命财产安全和工程安全，移民安置验收时，地质灾害隐患根据实际情况采取工程治理、人口搬迁或监测预警等措施妥善处理。

4 验 收 程 序

4.1 一 般 规 定

本节根据《移民验收办法》的规定制定。

4.2 自 验 程 序

4.2.1～4.2.3 根据《移民验收办法》规定了移民安置自验工作的主要程序和初验的申请程序。移民安置规划设计报告从规划角度，重点反映规划情况、设计变更、概算调整及其审批程序合规性等，对规划目标的实现程度进行评价。移民安置监督评估报告从独立的第三方角度，客观公正地反映移民安置工作实施全过程的情况，主要包括移民政策执行情况、总体进度、综合质量、投资使用、建设管理以及移民生产生活水平恢复情况。

5 验 收 内 容 和 标 准

5.1 一 般 规 定

5.1.2 移民安置验收时，根据水利水电工程移民安置工作和工程建设的阶段性要求确定移民安置验收的具体内容。

5.2 枢纽工程导（截）流阶段移民安置验收内容和标准

5.2.1、5.2.2 根据农村移民安置和城（集）镇迁建的主要任务和工作目标，确定了各项主要工作应达到的标准。根据《移民条例》和国土资源部《关于实行建设用地地质灾害危险性评估的通知》（国土资发〔1999〕392号）规定，在项目选址阶段对移民安置点和城（集）镇迁建新址必须进行地质灾害危险性评估。

5.2.5 导（截）流阶段水库库底清理任务需按照批准的移民安置规划和相关技术要求完成。相关技术要求主要包括《生活垃圾填埋污染控制标准》（GB 16889—2008）、《一般工业固体废物贮存、处置场污染控制标准》（GB 18599—2001）、《危险废物填埋污染控制标准》（GB 18598—2001）、《动物鼠疫监测标准》（GB 16882—1997）等；特殊清理项目包括放射性物质、医疗废物、传染源等，社会危害程度大，应由相关专业部门验收。

5.2.7 根据《水利水电工程移民档案管理办法》（档发〔2012〕4号）规定，移民档案包括负责或参与移民工作的各有关单位在移民工作中，所形成的有保存价值的文字、图表、声像、照片、电子文件、实物等不同形式与载体的历史记录。建立电子档案是移民安置档案管理的必然趋势，在枢纽工程导（截）流阶段就应启动移民户（项目）电子档案建设，便于科学管理、方便查询和信息快速传递。

5.3 水库工程下闸蓄水（含分期蓄水）阶段移民安置验收内容和标准

5.3.1 本条强调移民住房建设、移民安置点基础设施建设、移民个人补偿费兑付、公共服务设施建设、移民生产用地划拨、生产开发措施落实等验收标准高于导截流验收标准。

5.3.2 本条强调移民住房建设、行政及企事业单位房屋建设、市政设施和公共服务设施建设、移民个人财产补偿费兑付、新增加新址占地搬迁人口补偿安置等验收标准高于导截流验收标准。

5.3.3 本条与导（截）流阶段相比增加了按规定落实职工安置措施的验收标准。

5.3.4 本条强调专业设施迁建或者复建任务应按规划要求完成，相应功能得到恢复，补偿资金应按进度拨付到位；与导（截）流阶段相比增加了应落实库周专项设施的验收标准。

5.3.6 部分水利水电工程在建设期对少量应拆除桥梁等设施暂缓拆除，以满足群众生产生活的实际需要，对此类桥梁等设施的运行管理，由所在地县级人民政府落实安全责任，采取安全措施，明确拆除时间。

5.4 工程竣工移民安置验收内容和标准

5.4.1 本条强调移民应全部完成搬迁（包括随迁人口、影响人口等），并落实农业及非农安置移民的生产安置措施。对于农业安置的移民，按照规划确定的标准，将土地等农业生产资料分配到户，土地补偿补助费和集体财产补偿费应全部兑付到村组。

5.4.2 本条强调移民、行政及企业事业单位应全部完成搬迁，移民及单位房屋应全部完成建设并通过单项工程验收，城集镇基础设施和公共服务设施已通过单项工程验收，涉及行政及企事业单位的财产补偿费用应全部兑付，新址占地人口补偿安置已落实；与下闸蓄水（分期蓄水）阶段相比增加了移民门面房处理验收标准，移民门面房应通过还建或补偿等方式进行妥善处理。

5.4.3 本条强调应采取改建、迁建和关停并转等方式全部完成工矿企业搬迁或者处理，补偿资金应全部兑付到位，强调改建、迁建企业职工和关停并转企业职工均应得到妥善安置。

5.4.4 本条与下闸蓄水（分期蓄水）阶段相比增加了专业设施迁建或者复建应通过行业主管部门验收、按规定完成移交等验收标准。

5.4.5 本条强调防护工程应按设计完成建设，资金应全部到位；与下闸蓄水（分期蓄水）阶段相比增加了防护工程建设应按规定通过验收、落实运行管理责任主体和运行管理费等验收标准。

5.4.7 本条与下闸蓄水（分期蓄水）阶段相比增加了编制完成移民资金财务决算，资金使用管理情况应通过政府审计，以及移民资金审计、稽察和阶段性验收提出的问题应整改等验收标准。

5.4.9 县级人民政府根据《国务院关于完善大中型水库移民后期扶持政策的意见》（国发〔2006〕17号）和《国家发展改革委关于印发〈新建大中型水库农村移民后期扶持人口核定登记暂行办法〉的通知》（发改农经〔2007〕3718号）完成后期扶持人口的核定、登记工作，编制移民后期扶持规划，要求后期扶持资金在工程竣工移民安置验收前开始兑现。

5.4.10 根据《中华人民共和国土地管理法》和《移民条例》的规定，工程建设区和水库淹没区建设用地手续应由项目法人按规定办理，移民安置区建设用地手续应由移民区、移民安置区地方人民政府或者其移民管理机构按规定组织办理。

6 验收方法与评定

6.1 验收方法

6.1.2 本条参照长江三峡工程、黄河小浪底工程等已实施大中型水利水电工程移民安置验收的实践经验，确定各类别初验抽查样本的最低比例。

具体抽样过程中，以县为单元根据水利水电工程移民安置规模确定样本数量，抽查样本数满足95%的置信度且误差限不应超过±0.05。

6.2 验收评定

6.2.1 根据《水利水电建设工程验收规程》（SL 223—2008）有关规定，结合大中型水利水电工程移民安置验收实践，确定了移民安置自验、初验和终验均按合格、不合格两个等级评定。

6.2.3 建设用地手续办理不作为验收评定合格的必要条件。

7 验 收 监 督

7.0.1～7.0.3 根据《移民条例》、《水利工程建设项目验收管理规定》（水利部令 2006 年第 30 号）和《移民验收办法》有关规定，明确了移民安置验收监督管理机构的职责分工、工作内容和方法等。

水利工程压力钢管制造安装
及验收规范

SL 432—2008

2008－08－15发布　　　　　2008－11－15实施

目　　次

前　　言

　　水利部"三五工程"规划中将《水利工程压力钢管制造安装及验收规范》列入《水利技术标准体系表》。

　　本标准在《水利技术标准体系表》中的总编号为 437 号。

　　本标准的编写任务以合同形式交由水利部水工金属结构质量检验测试中心承担（合同号：水规计〔2004〕118 号）。

　　随着我国水利工程建设事业的不断发展，用于引水、调水、排灌和供水的各种压力钢管需求量很大。压力钢管制造和安装质量的好坏，直接影响到水利工程的安全运行，因此，自 1986 年起就纳入到国家工业产品生产许可证管理的产品目录中。

　　为使压力钢管的制造安装及验收工作在全国水利水电行业内保持比较统一的尺度，参考了 DL 5017《水电水利工程压力钢管制造安装及验收规范》，并结合近年来压力钢管工程建设的管理经验及新技术、新材料、新工艺和新设备的应用成果，同时也汲取了近年来压力钢管制造安装中发生的事故教训，本着"技术先进、经济合理、安全可靠和便于操作"的原则进行编制。

　　本标准批准部门：中华人民共和国水利部。

　　本标准主持机构：水利部综合事业局。

　　本标准解释单位：水利部水工金属结构质量检验测试中心。

　　本标准主编单位：水利部水工金属结构质量检验测试中心。

　　本标准出版、发行单位：中国水利水电出版社。

　　本标准主要起草人：曹树林、江文琳、万天明、靳红泽、
　　　　　　　　　　　朱建秋、韩志刚、朱明昕、王翠萍、
　　　　　　　　　　　王志民、李东风、盛旭军。

　　本标准审查会议技术负责人：何文垣、吴小宁。

　　本标准体例格式审查人：窦以松。

1 范　围

本标准规定了水利水电工程压力钢管、冲沙孔钢衬和泄水孔（洞）钢衬的制造、安装及验收的技术要求。

本标准适用于水利水电工程压力钢管、冲沙孔钢衬和泄水孔（洞）钢衬的制造、安装及验收。

2 规范性引用文件

下列标准中的条款通过本标准的引用而构成为本标准的条款，凡是注明日期的引用标准，其随后所用的修改单（不包括勘误的内容）或修订版均不适用于本标准。然而，鼓励根据本标准达成协议的各方研究是否可使用这些文件的最新版本。凡是不注日期的引用标准，其最新版本适用于本标准。

GB/T 470　锌锭

GB/T 709　热轧钢板和钢带的尺寸、外形、重量及允许偏差

GB/T 983　不锈钢焊条

GB/T 985　气焊、电弧焊及气体保护焊焊缝坡口的基本型式与尺寸

GB/T 986　埋弧焊焊缝坡口的基本型式与尺寸

GB/T 2970　厚钢板超声波检验方法

GB/T 3190　变形铝及铝合金化学成分

GB/T 3323　金属熔化焊焊接接头射线照相

GB/T 3863　工业用氧

GB/T 4842　纯氩

GB/T 5117　碳钢焊条

GB/T 5118　低合金钢焊条

GB/T 5293　埋弧焊用碳钢焊丝和焊剂

GB/T 5616　无损检测　应用导则

GB/T 6052　工业液体二氧化碳

GB 6654　压力容器用钢板

GB 6819　溶解乙炔

GB/T 7734　复合钢板超声波检验方法

GB/T 8110　气体保护电弧焊用碳钢、低合金钢焊丝

GB/T 8165　不锈钢复合钢板和钢带分类及代号

GB/T 8923　涂装前钢材表面锈蚀等级和除锈等级

GB/T 9286　色漆和清漆漆膜的划格试验

GB/T 9445　无损检测　人员资格鉴定与认证

GB/T 10045　碳钢药芯焊丝

GB/T 11345　钢焊缝手工超声波检测方法和检测结果分级

GB 12174　碳弧气刨碳棒

GB/T 12470　低合金钢埋弧焊用焊剂

GB/T 12522　不锈钢波形膨胀节

GB/T 12777　金属波纹管膨胀节技术条件

GB/T 14957　熔化焊用钢丝

GB/T 14958　气体保护焊用钢丝

GB/T 16270　高强度结构钢热处理和控轧钢板、钢带

GB/T 16749　压力容器波形膨胀节

GB/T 17493　低合金钢药芯焊丝

GB/T 17853　不锈钢药芯焊丝

GB/T 17854　埋弧焊用不锈钢焊丝和焊剂

GB/T 18182　金属压力容器声发射检测及结果评定方法

GB/T 19189　压力容器用调质高强钢板

GB/T 19866　焊接工艺规程及评定的一般原则

GB/T 19869.1　钢、镍及镍合金的焊接工艺评定试验

SL 35　水工金属结构焊工考试规则

SL 36　水工金属结构焊接通用技术条件

SL 105　水工金属结构防腐蚀规范

SL 281　水电站压力钢管设计规范

JB 3092　火焰切割面质量技术要求

JB/T 3223　焊接材料质量管理规程

JB/T 6046　碳钢、低合金钢焊接构件焊后热处理方法

JB/T 6061　无损检测　焊缝磁粉检测

JB/T 6062　无损检测　焊缝渗透检测

JB/T 10045.3　热切割气割质量和尺寸偏差

JB/T 10045.4　等离子弧切割质量和尺寸偏差

JB/T 10375　焊接构件振动时效工艺参数选择及技术要求

JJG 4　钢卷尺检定规程

HG/T 3661.1　焊接切割用燃气丙烯

HG/T 3661.2　焊接切割用燃气丙烷

3 总 则

3.1 压力钢管、冲沙孔钢衬和泄水孔（洞）钢衬（以下简称压力钢管）的制造、安装及验收应满足合同文件的要求。

3.2 压力钢管的制造企业应取得由国家质量监督检验检疫总局颁发的相应规格产品的生产许可证。

3.3 压力钢管的制造、安装及验收应具备下列技术资料：

　　a）设计图样、合同文件。

　　b）钢材、焊接材料、防腐蚀材料等质量证明书。

　　c）有关水工建筑物的布置图。

3.4 压力钢管用钢板应符合下列要求：

　　a）钢板应符合设计文件规定，钢板的性能和表面质量应符合 GB/T 709、GB 6654、GB/T 16270、GB/T 19189 等相应的国家标准规定，钢板厚度允许偏差见附录 A。

　　b）钢板应具有出厂质量证明书。当钢板标号不清或对材质有疑问时应予复验，复验合格后方可使用。采用国外钢板，应符合相应的国际标准要求，并应提供相应的力学性能指标和对焊接适应性的试验资料。

　　c）厂房内的钢管、岔管和弯管用钢板，在下料前，应按 GB/T 2970 规定逐张进行超声波检测，其质量等级应符合下列要求：

　　　　——碳素钢和低合金钢应符合 GB/T 2970 规定的Ⅲ级要求；

　　　　——高强钢应符合 GB/T 2970 规定的Ⅱ级要求；

　　　　——当图纸或合同文件另有具体规定时，从其规定。

　　d）钢板存放应避免雨淋、锈蚀。钢板叠放与支撑垫条间隔设置应避免产生永久变形。

3.5 压力钢管用焊接材料应符合下列要求：

　　a）焊条应符合 GB/T 983、GB/T 5117 和 GB/T 5118 的

规定。

　　b）焊丝应符合 GB/T 5293、GB/T 8110、GB/T 10045、GB/T 14957、GB/T 14958、GB/T 17493、GB/T 17853 和 GB/T 17854 的规定。

　　c）焊剂应符合 GB/T 5293、GB/T 12470 和 GB/T 17854 的规定。

　　d）碳弧气刨用碳棒应符合 GB 12174 的规定。

　　e）焊接和切割用气体应符合下列要求：

　　——氩气应符合 GB/T 4842 的规定，其纯度 $Ar \geqslant 99.9\%$；

　　——二氧化碳气体应符合 GB/T 6052 的规定，其纯度 CO_2 $\geqslant 99.5\%$；

　　——氧气应符合 GB/T 3863 的规定，其纯度 $O_2 \geqslant 99.5\%$；

　　——乙炔气体应符合 GB 6819 的规定，其纯度 $C_2H_2 \geqslant 98\%$；

　　——丙烯应符合 HG/T 3661.1 的规定，其纯度 C_3H_6 $\geqslant 95.0\%$；

　　——丙烷应符合 HG/T 3661.2 中的规定，其纯度 C_3H_8 $\geqslant 95.0\%$。

3.6　压力钢管制造、安装及验收所用的测量器具应符合下列要求：

　　a）符合 JJG 4 规定的Ⅰ级钢卷尺。

　　b）不低于 DJ2 级精度的经纬仪。

　　c）不低于 DS3 级精度的水准仪。

　　d）测量精度 $\pm 0.5℃$ 及以上的测温仪。

　　e）测量精度 $\pm 2\%RH$ 及以上的湿度仪。

　　f）精度不低于 $\pm 10\%$ 的涂镀层测厚仪。

　　g）精度 $\pm 2\%$ 及以上的焊接用气体流量计。

3.7　计量和测量器具应按规定进行检定和校核，并在有效期限内使用。

3.8　用于测量高程、里程和安装轴线的基准点及安装用的控制点，均应具有坐标点简图，且安装过程中应明显、牢固和便于使用，应由测量部门在现场向安装单位交清。

4 压力钢管制造

4.1 直管、弯管和渐变管制造

4.1.1 钢板下料后的极限偏差应符合表1的规定。

表1 钢板下料后的极限偏差

项 目	极限偏差（mm）	项 目	极限偏差（mm）
宽度和长度	±1	对应边相对差	1
对角线相对差	2	矢高（曲线部分）	±0.5

4.1.2 管节纵缝不应设置在管节横断面的水平轴线和垂直轴线上，其与水平轴线和垂直轴线的圆心夹角应大于10°，且相应弧线距离应大于300mm及10倍管壁厚度。

4.1.3 相邻管节的纵缝距离应大于板厚的5倍且不小于300mm。

4.1.4 在同一管节上，相邻纵缝间距不小于500mm。

4.1.5 直管环缝间距不宜小于500mm；弯管、渐变管等结构的环缝间距不宜小于下列各值之大者：

a）10倍管壁厚度。

b）300mm。

4.1.6 对于碳素钢或低合金钢板，划线后宜采用钢印、油漆和冲眼分别标出钢管分段、分节、分块的编号，水流方向，水平和垂直中心线，灌浆孔位置，坡口角度及切割线等符号标记。

4.1.7 对于高强度钢板，划线时不得用锯条或凿子、钢印作标记，不得在卷板外侧表面打冲眼。但在下列情况，允许使用深度不大于0.5mm的钝头冲眼作标记：

a）在卷板内侧表面，用于校核划线准确性的冲眼。

b）卷板后的外侧表面。

4.1.8 钢板下料前，应在剖口和焊接坡口的预定线两侧一定范围内，按照 GB/T 2970 进行 100％超声波检测。根据钢管规格不同，其检测范围和不允许存在的缺欠应符合表 2 规定。

表 2　钢板下料前超声波检测范围和不允许存在的缺欠

钢管规格	超声波检测范围和不允许存在的缺欠
$DH \leqslant 50$	剖口和焊接坡口的预定线两侧各 30mm 范围内 100％检测，不允许存在裂纹、分层缺欠和指示长度大于等于 50mm 的线性缺欠
$50 < DH \leqslant 300$	剖口和焊接坡口的预定线两侧各 40mm 范围内 100％检测，不允许存在裂纹、分层缺欠和指示长度大于等于 50mm 的线性缺欠
$300 < DH \leqslant 1500$	剖口和焊接坡口的预定线两侧各 50mm 范围内 100％检测，不允许存在裂纹、分层缺欠和指示长度大于等于 50mm 的线性缺欠
$DH > 1500$	剖口和焊接坡口的预定线两侧各 60mm 范围内 100％检测，不允许存在裂纹、分层缺欠和指示长度大于等于 50mm 的线性缺欠

注 1：对需要焊接加劲环、支承环、止推环和阻水环等处的管壁母材，也应按本表要求进行超声波检测。

注 2：表中 D 代表钢管内径，H 代表设计水头，单位为 m。

4.1.9　焊接坡口尺寸的极限偏差应符合 GB/T 985、GB/T 986或设计图样的规定。

4.1.10　钢板的下料和焊接坡口的加工，应采用机械加工或热切割方法。对于淬硬倾向大的高强钢焊接坡口宜采用刨边机、铣边机加工；若采用热切割方法加工时，其坡口表面质量除应符合 4.1.11 的规定外，还应按 JB/T 6061 进行磁粉检测或按 JB/T 6062 进行渗透检测，缺欠显示的验收等级为 2 级。

4.1.11　切割质量和尺寸偏差应符合 JB/T 10045.3、JB/T 10045.4 或 JB 3092 的有关规定。切割面的氧化层、熔渣、毛刺应用砂轮磨去，切割时造成的坡口沟槽深度不大于 0.5mm，否则应进行修磨。当坡口沟槽深度大于 2mm 时应进行焊补并修磨至规定要求，补焊区域及其周边 20mm 内应按 JB/T 6061 进行磁粉检测或按 JB/T 6062 进行渗透检测，缺欠显示的验收等级为 2 级。

4.1.12 钢板卷板时应满足下列要求：

a）卷板方向应和钢板的压延方向一致。

b）卷板前或卷制过程中，应将钢板表面已剥离的氧化皮和其他杂物清除干净。

c）不得用金属锤直接锤击钢板。

d）当钢管内径和壁厚关系符合表 3 的规定时，瓦片允许冷卷，否则应热卷或冷卷后进行消应热处理。

表 3 瓦片允许冷卷的最小径厚比

屈服强度 （N/mm²）	钢管内径 D 与壁厚 δ 的关系
R_{eL} （$R_{p0.2}$）$\leqslant 350$	$D \geqslant 33\delta$
$350 < R_{eL}$ （$R_{p0.2}$）$\leqslant 450$	$D \geqslant 40\delta$
$450 < R_{eL}$ （$R_{p0.2}$）$\leqslant 540$	$D \geqslant 48\delta$
$540 < R_{eL}$ （$R_{p0.2}$）$\leqslant 800$	$D \geqslant 57\delta$

e）控轧钢板不应进行热卷。调质钢板如需热卷时，卷板后应重新进行调质处理。

f）调质钢和控轧钢板，不宜进行火焰矫形。

g）拼焊后，不宜再在卷板机上滚卷矫形。

4.1.13 卷板后，应将瓦片以自由状态立于平台上，用样板检查弧度，其间隙应符合表 4 的规定。

表 4 样板与瓦片的极限间隙

钢管内径 D （m）	样板弦长 （m）	样板与瓦片的极限间隙 （mm）
$D \leqslant 2$	0.5D （且不小于 500mm）	1.5
$2 < D \leqslant 5$	1.0	2.0
$5 < D \leqslant 8$	1.5	2.5
$D > 8$	2.0	3.0

4.1.14 钢管对圆应在平台上进行，其管口平面度不应大于 3mm。

4.1.15 钢管对圆后，其周长差应符合表 5 的规定。

表 5　钢管周长差　　　　　　单位：mm

项　目	板厚 δ	极限偏差
实测周长与设计周长差	—	±3D/1000，且极限偏差±24
相邻管节周长差	δ<10	6
	δ≥10	10

4.1.16 钢管纵缝、环缝的对口径向错边量应符合表 6 的规定。

表 6　钢管纵缝、环缝对口径向错边量　　　单位：mm

焊　缝	板厚 δ	错边量
纵缝	任意板厚	10%δ，且不大于 2
环缝	δ≤30	15%δ，且不大于 3
	30<δ≤60	10%δ
	δ>60	≤6
不锈钢复合钢板焊缝	任意板厚	10%δ，且不大于 1.5

4.1.17 纵缝焊接后，用样板检查纵缝处弧度，其间隙应符合表 7 的规定。

表 7　钢管纵缝处样板与弧度的极限间隙

钢管内径 D（m）	样板弦长（mm）	极限间隙（mm）
D≤5	500	4
5<D≤8	D/10	5
D>8	1200	6

4.1.18 纵缝焊接完后，宜将两端管口周长的实测数据记在相应管口边沿。

4.1.19 钢管横截面的形状偏差应符合下列规定：

a）圆形截面的钢管，圆度（指同端管口相互垂直两直径之差的最大值）不大于 3D/1000、且最大值不大于 30mm，每端管口应测 2 对直径，两次测量应错开 45°；

b）椭圆形截面的钢管，长轴 a 和短轴 b 的长度与设计尺寸的偏差不大于 3a（或 3b）/1000、且极限偏差 ±6mm；

c）矩形截面的钢管，长边 A 和短边 B 的长度与设计尺寸的偏差不大于 3A（或 3B）/1000、且极限偏差 ±6mm，每对边应测三处，对角线差不大于 6mm。

4.1.20 单节钢管长度与设计长度之差不超过 5mm。

4.1.21 钢管的安装环缝，若采用带垫板的 V 形坡口，管口插入垫板处的钢管周长差和纵缝焊接后的弧度偏差应符合下列规定：

a）钢管对圆后，其周长差应符合表 8 的规定；

b）按 4.1.17 规定的样板检查纵缝焊接后的弧度，其间隙不大于 2mm。

表 8　管口插入垫板处的钢管周长差　　单位：mm

项　　目	板厚 δ	极　限　偏　差
实测周长与设计周长差	—	±3D/1000，且极限偏差 ±12
相邻管节周长差	δ<10	6
	δ≥10	8

4.1.22 弯管、渐变管及 800N/mm² 的高强钢钢管不宜采用带垫板接头。

4.1.23 有加劲环的钢管，安装加劲环时，其同端管口实测的最大直径和最小直径之差不大于 4mm，每端管口应测两对直径。

4.1.24 加劲环、支承环、止推环和阻水环的内圈弧度用样板检查，其间隙应符合表 4 的规定。

4.1.25 加劲环、支承环、止推环和阻水环与钢管外壁的局部间隙，不大于 3mm。

4.1.26 钢管的加劲环、止推环和支承环组装的垂直度极限偏差应符合表 9 的规定。

4.1.27 加劲环、支承环、止推环和阻水环的对接焊缝与钢管纵缝应错开 200mm 以上。

4.1.28 加劲环、支承环、止推环与钢管的连接焊缝，在钢管纵缝交叉处，应在加劲环、支承环、止推环内弧侧开半径不小于 30mm 的避缝孔。

4.1.29 加劲环、支承环、止推环上的避缝孔和串通孔等焊缝端头应封闭焊接。

4.1.30 灌浆孔宜在卷板后开孔。当高强钢钢管设有灌浆孔时，应采用钻孔的方式开孔。

4.1.31 多边形、方变圆等异形钢管，应在制造场内进行整体或相邻管节预装配。

4.2 岔管和伸缩节制造

4.2.1 岔管和伸缩节的划线、切割及卷板要求应按 4.1 的规定执行。

4.2.2 肋梁系岔管宜在制造场内进行整体预组装或组焊，预组装或组焊后的岔管各项尺寸应符合表 10 的规定。肋梁系岔管的肋梁板应选用保证厚度方向性能的钢板。肋梁系岔管焊接时，肋梁与两侧管壳连接的焊缝宜作为始焊缝先进行焊接，禁止作为岔管最后焊接的焊缝。

4.2.3 球形岔管的球壳板尺寸应符合下列要求：

　　a）样板与球壳板的极限间隙应符合表 11 的规定；

　　b）球壳板几何尺寸极限偏差应符合表 12 的规定。

4.2.4 球形岔管应在厂内进行整体预组装或组焊，各项尺寸的极限偏差除应符合表 10 的有关规定外，还应符合表 13 的规定；制造管口与理论管口投影点偏差应为 ±5mm，各投影点相对差不大于 3mm。

单位：mm

表 9　钢管的加劲环、止推环和支承环组装的垂直度

序号	项　目	支撑环的极限偏差	加劲环、止推环、阻水环的极限偏差	简　图
1	支承环、加劲环、止推环或阻水环与管壁管的垂直度	$a \leqslant 0.01H$，且不大于 3	$a \leqslant 0.02H$，且不大于 5	
2	支承环、加劲环、止推环或阻水环所组成的平面与管轴线的垂直度	$b \leqslant 2D/1000$，且不大于 6	$B \leqslant 4D/1000$，且不大于 12	
3	相邻两环的间距偏差	±10	±30	—

単位：mm

表10 肋梁系岔管组装或组焊后的极限偏差

序号	项目名称	内径 D 和板厚 δ	极限偏差	简图
1	管长 L_1、L_2	—	±10	
2	主管、支管的管口圆度	—	3D/1000，且不大于20	
3	主管、支管的管口实测周长与设计周长差	—	±3D/1000，且极限偏差±20，相邻管节周长差不大于10	
4	支管中心距离 S_1	—	$S_1 \leq 5$ 时，±5；$S_1 > 5$ 时，±S_1/1000，且不超过±10	
5	主管、支管的中心高程相对差（以主管内径 D 为准）	D≤2m	4	—
		2m<D≤5m	6	
		D>5m	8	
6	主管、支管的管口垂直度	D≤5m	2	—
		D>5m	3	
7	主管、支管管口平面度	D≤5m	2	—
		D>5m	3	
8	纵缝对口错边量	—	10%δ，且不大于2	—
			15%δ，且不大于3	
9	环缝对口错边量	δ≤30	10%δ	—
		30<δ≤60	10%δ	
		δ>60	≤6	

1535

表 11　球壳板曲率的极限偏差

球壳板弦长 L （m）	样板弦长 （m）	样板与球壳板的极限间隙 （mm）
$L \leqslant 1.5$	1	
$1.5 < L \leqslant 2$	1.5	3
$L > 2$	2	

表 12　球壳板几何尺寸极限偏差　单位：mm

项　目	极限偏差
长度方向和宽度方向弦长	± 2.5
对角线相对差	4

表 13　球形岔管组装或组焊后的极限偏差

序号	项　目	钢管内径 D（m）	极限偏差	简　图
1	主管、支管口至球岔中心距离 L	—	$+10$mm -5mm	
2	分岔角度 θ	—	$\pm 30'$	
3	球壳圆度	$D \leqslant 2$ $2 < D \leqslant 5$ $D > 5$	$8D/1000$mm $6D/1000$mm $5D/1000$mm	
4	球岔顶、底至球岔中心距离 H	$D \leqslant 2$ $2 < D \leqslant 5$ $D > 5$	$\pm 4D/1000$mm $\pm 3D/1000$mm $\pm 2.5D/1000$mm	

1536

4.2.5 伸缩节的内、外套管和止水压环焊接后的弧度，应采用表4规定的样板检查，其间隙在纵缝处不大于2mm；其他部位不大于1mm。在套管的全长范围内，检查上、中、下3个断面。

4.2.6 伸缩节内、外套管和止水压环的实测直径与设计直径的极限偏差应为 $\pm D/1000$，且在 ±2.5mm范围内。伸缩节内、外套管的实测周长与设计周长的极限偏差应为 $\pm3D/1000$，且最大值不大于8mm。

4.2.7 伸缩节的内套管、外套管间的最大间隙、最小间隙与平均间隙之差不大于平均间隙的10%。

4.2.8 波纹管伸缩节的制造应按设计图样或GB/T 12522、GB/T 12777、GB/T 16749 的规定执行。

4.2.9 波纹管伸缩节应进行1.5倍工作压力的水压试验或1.1倍工作压力的气密性试验。

4.2.10 伸缩节的伸缩行程与设计行程的负极限偏差不大于4mm，正极限偏差不大于8mm。

4.2.11 伸缩节在装配、包装、运输等过程中应妥善保护，防止损坏，不得有焊渣等异物进入伸缩节的滑动副或波纹管处。

5 压力钢管安装

5.1 基 本 规 定

5.1.1 钢管安装前，钢管中心、高程和里程等控制点宜永久性保留，并作出明显标识。

5.1.2 凑合节现场安装时的余量宜采用半机械化热切割，切割质量应符合4.1.10的规定。

5.1.3 钢管支墩应具有足够的强度和稳定性，钢管在安装过程中不应发生位移和变形。

5.1.4 钢管管壁上不得随意焊接支撑或脚踏板等其他临时构件。

5.2 埋 管 安 装

5.2.1 埋管安装中心的极限偏差应符合表14的规定。

表14 埋管安装中心的极限偏差

序号	钢管内径 D（m）	始装节管口中心极限偏差（mm）	与蜗壳、伸缩节、蝴蝶阀、球阀、岔管连接的管节及弯管起点的管口中心极限偏差（mm）	其他部位管节的管口中心极限偏差（mm）
1	D≤2	5	6	15
2	2＜D≤5		10	20
3	5＜D≤8		12	25
4	D＞8		12	30

5.2.2 始装节的里程极限偏差应为±5mm，弯管起点的里程极限偏差应为±10mm。始装节两端管口垂直度不应大于3mm。

5.2.3 钢管横截面的形状偏差应符合下列规定：

　　a）圆形截面的钢管，圆度不应大于 5D/1000，且不大于

1538

40mm（每端管口应测两对直径）；

　　b）非圆形截面的钢管，其尺寸偏差不应大于设计尺寸的5‰，且极限偏差应为±8mm。

5.2.4 钢管管口平面度不应大于6mm。

5.2.5 拆除焊接在钢管上的工卡具、吊耳、内支撑和其他临时构件时，不得使用锤击法，应采用碳弧气刨或热切割在离管壁3mm以上切除，切除后应将钢管上残留的痕迹和焊疤磨平，并检查确认无裂纹。对高强钢宜采用磁粉方法按照JB/T 6061规定或采用渗透方法按照JB/T 6062规定进行检测，缺欠显示的验收等级为2级。

5.2.6 钢管内、外壁的局部凹坑深度不应大于钢管壁厚的10%。当局部凹坑深度不大于2mm时，应采用砂轮打磨，平滑过渡；当局部凹坑深度大于2mm时，应按6.5.5的规定进行焊补。

5.2.7 灌浆孔的螺纹应在加装了空心螺纹护套后，方可进行后续施工。

5.2.8 灌浆孔堵头采用熔化焊封堵时，堵头的焊缝坡口深度宜为7～8mm，其焊接预热要求应符合6.3.15的规定，焊缝检验要求应符合6.4.10的规定。灌浆孔堵头采用粘接或其他方法封堵时，应进行充分论证和试验。

5.2.9 钢管安装后，应与支墩和锚栓焊牢。弹性垫层管安装后，应将外支撑去除并打磨光滑。

5.2.10 埋管宜采用活动内支撑。当采用固定支撑时，固定支撑与钢管的连接宜使用与钢管材质相同的过渡板进行焊接。

5.3 明 管 安 装

5.3.1 鞍式支座的顶面弧度采用表4规定的样板检查，其间隙不应大于2mm。

5.3.2 滚轮式、摇摆式和滑动式支座支墩垫板的高程和纵、横向中心的极限偏差为±5mm。支墩垫板与钢管设计轴线的倾斜度不应大于 2/1000。

5.3.3 滚轮式、摇摆式和滑动式支座安装后，应动作灵活，不得有卡阻现象，接触面积不小于 75%，垫板局部间隙不应大于 0.5mm。

5.3.4 明管安装中心的极限偏差应符合表 14 的规定。明管安装后，管口圆度或形状偏差应符合 5.2.3 的规定。

5.3.5 钢管的内支撑、工卡具、吊耳和其他临时构件的清除，应符合 5.2.5 的规定；钢管内、外壁表面凹坑的处理和焊补应符合 5.2.6 的规定。

5.3.6 波纹管伸缩节安装时，应按产品技术要求进行。

5.3.7 波纹管伸缩节焊接时，焊机地线不允许焊接在波纹体上。

5.3.8 在焊接两镇墩之间的最后一道合拢焊缝时，应解除伸缩节的约束。

6 压力钢管焊接

6.1 焊接工艺评定和焊接工艺规程

6.1.1 施工单位应根据结构特点、质量要求和本单位的焊接工艺评定报告并参照 SL 36 的规定，编制焊接工艺规程。

6.1.2 焊接工艺规程及评定的一般原则，应符合 GB/T 19866

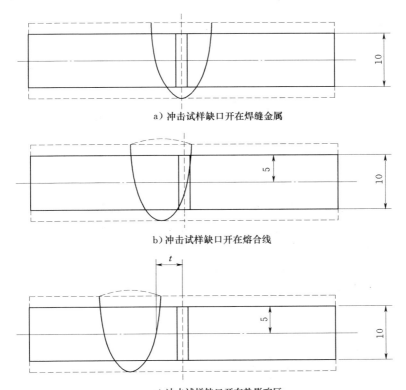

a）冲击试样缺口开在焊缝金属

b）冲击试样缺口开在熔合线

c）冲击试样缺口开在热影响区

注：t 为试样缺口轴线至试样纵轴与熔合线交点的距离。

图 1 焊接接头冲击试样缺口位置图

的规定。

6.1.3 除不锈钢复合钢板外，焊接工艺评定试验所采用的试件、试验和检验、认可范围等应按 GB/T 19869.1 的规定执行。焊接工艺评定试验时，焊接接头的冲击试样应为三组，试样缺口位置应按图 1 所示分别开在焊缝金属、熔合线和热影响区中。

6.1.4 不锈钢复合钢板的焊接工艺评定应按附录 B 进行。

6.2　焊 工 资 格

6.2.1 从事压力钢管焊接的焊工，应按 SL 35 考试，并取得焊工合格证书，且只能从事与其证书准许施焊类别相适应的焊接工作。

6.2.2 从事高强钢、不锈钢复合钢板的碳弧气刨操作工应进行有关理论知识和实际操作培训。

6.3　焊接的基本规定和工艺要求

6.3.1 焊缝按其受力性质和重要性分为三类：

a）一类焊缝：

——钢管管壁纵缝，厂房内按明管设计的钢管管壁环缝，预留环缝，凑合节合拢环缝，坝内弹性垫层管的环缝；

——岔管管壁纵缝、环缝，岔管加强构件的对接焊缝，加强构件与管壁相接处的组合焊缝；

——伸缩节内外套管、压圈环的纵缝，外套管与端板、压圈环与端板的连接焊缝；

——闷头焊缝及闷头与管壁的连接焊缝；

——人孔颈管的对接焊缝，人孔颈管与颈口法兰盘和管壁的连接焊缝。

b）二类焊缝：

——除列入一类焊缝外的其他钢管管壁环缝；

——支承环对接焊缝和主要受力角焊缝或组合焊缝；

——明管加劲环的对接焊缝；

——加劲环、阻水环、止推环与钢管连接的角焊缝；

——泄水孔（洞）钢衬和冲沙孔钢衬的纵、横（环）缝。

c）三类焊缝：

不属于一类、二类焊缝的其他焊缝。

6.3.2 标准抗拉强度大于 $540N/mm^2$ 的钢材，宜做生产性产品焊接试板。

6.3.3 钢管焊接所选用的焊条、焊丝、焊剂和保护气体等应与所施焊的钢种相匹配，并应符合 3.5 的规定，其焊接材料的选用可参照 SL 36 规定执行。

6.3.4 在下述环境条件下，焊接部位应有可靠的防护屏障和保温措施，否则禁止施焊。

　　a）气体保护电弧焊风速大于 2m/s，其他焊接方法风速大于 8m/s；

　　b）相对湿度大于 90%；

　　c）雨雪环境；

　　d）环境温度：碳素钢 $-20℃$ 以下，低合金钢 $-10℃$ 以下，高强钢及不锈钢 $0℃$ 以下。

6.3.5 施焊前，应将坡口及其两侧 10～20mm 范围内的铁锈、熔渣、油垢、水迹等污物清除干净。并应检查装配尺寸、坡口尺寸和定位焊缝质量，定位焊缝上的裂纹、气孔、夹渣等缺欠应清除干净。

6.3.6 焊接材料应按下列要求进行烘焙和保管：

　　a）焊条、焊丝、焊剂应放置于通风、干燥和室温不低于 5℃ 的专设库房内，设专人保管、烘干和发放。烘干温度和时间应按焊接材料说明书的规定执行，并应及时作好实测温度和焊材发放记录；

　　b）烘干后的焊条、焊剂应保存在 100～150℃ 的恒温箱内，焊条药皮应无脱落和明显的裂纹；

　　c）现场使用的焊条应装入保温筒，焊条在保温筒内的时间不宜大于 4h，超过后，应重新烘干，重复烘干次数不宜超过两次；

　　d）焊剂中若有杂物混入，应对焊剂进行清理，或全部更换；

　　e）焊丝在使用前应清除铁锈和油污；

　　f）药芯焊丝启封后，宜及时用完。在送丝机上过夜的焊丝应采用防潮保护措施。若 2～3d 不用的焊丝需密封包装回库储存；

　　g）其他要求应符合 JB/T 3223 规定。

6.3.7 焊接时（包括定位焊），应在坡口内引弧和熄弧，熄弧时应将弧坑填满。可在焊缝端头设置与被焊件材质和坡口相同的引弧板、熄弧板。多层焊的层间接头应错开（手工焊的层间接头应错开 25mm 以上，自动焊的层间接头应错开 100mm 以上）。

6.3.8 定位焊应符合下列规定：

　　a）一类、二类焊缝的定位焊工艺及对焊工的资格要求应与正式焊缝相同；

　　b）当正式焊缝需要预热焊接时，其定位焊缝也应进行预热。预热范围为定位焊缝周围 150mm 内，预热温度比正式焊缝焊接的预热温度高 20～30℃；

　　c）定位焊缝位置宜距焊缝端部 30mm 以上，长度宜在 50mm 以上，间距为 100～400mm，厚度不应大于正式焊缝厚度的 1/2 且不大于 8mm。对于高强钢（标准屈服强度 $R_{eL} \geqslant 650$N/mm^2 或标准抗拉强度 $R_m \geqslant 800$N/mm^2），其定位焊缝的长度宜在 80mm 以上，至少焊两层。对于双面焊缝，应在后焊一侧的坡口内焊接定位焊缝；

　　d）除单面焊焊缝和接头部分焊透的焊缝外，碳素钢、低合金钢的一类焊缝和高强钢的一类、二类焊缝中不应保留定位焊缝。

6.3.9 临时构件（包括吊耳、工卡具、各种支撑等）的焊接应符合下列规定：

　　a）临时构件与钢管的连接焊缝应距离正式焊缝 30mm 以上；

　　b）应在临时构件上引弧和熄弧；

c）需要预热焊接的钢管，其临时构件的焊接预热温度应比钢管正式焊缝焊接的预热温度高20～30℃。

6.3.10 焊缝预热应符合下列规定：

a）常用钢号推荐的最低预热温度见表15或采用钢厂推荐的预热温度；

表 15　焊 缝 预 热 温 度 单位：℃

板厚 （mm）	Q235、Q295 20g、20R 及同组别钢	Q345 16MnR 及同组别钢	Q390、Q420 15MnVR、 15MnVNR 及同组别钢	Q460、07MnCrMoVR 07MnNiCrMoVDR 18MnMoNbR 及同组别钢	不锈钢及不锈 钢复合钢板
≥16～25	—	—	—		—
>25～30	—	—	60～80	80～120	50～80
>30～38	—	80～100	80～100		
>38	80～120	100～120	100～150	120～150	100～150

注1：环境气温低于5℃时应采用较高的预热温度。

注2：相对湿度大于90％或焊接碳素钢和低合金钢的环境气温低于－5℃（焊接不锈钢的环境气温低于0℃）时，对不需预热的焊缝，应预热到20℃以上方可施焊。

b）预热区的宽度应为焊缝中心线两侧各 3 倍板厚且不小于100mm。预热温度应在距焊缝中心各 50mm 处对称测量，每条焊缝测量点间距不大于 2m，且不少于 3 组；

c）加热装置的选择应符合下列要求：

——满足工艺要求；

——加热过程对被加热工件无有害影响；

——能够均匀加热；

——能够有效地控制温度。

6.3.11 在需要预热焊接的钢管上焊接加劲环、阻水环、支承环和人孔时，其预热温度应与正式焊缝相同。

6.3.12 需要预热焊接的钢管，焊接时的层间温度不应低于预热温度，碳素钢和低合金钢的最高层间温度不应大于 230℃，高强钢的最高层间温度不应大于 200℃。

6.3.13 对冷裂倾向较大的低合金钢和高强钢的焊件，应在焊后立即进行后热。后热温度：低合金钢为 250～350℃，高强钢为 180～250℃，保温时间不应少于 1h。

6.3.14 双面焊缝单侧焊接后应进行清根。采用碳弧气刨清根后，应修磨刨槽和除去渗碳层。需要预热焊接的焊缝，气刨清根时也应进行预热。

6.3.15 灌浆孔堵头焊接前应进行预热，消除水分。对冷裂倾向大的钢管，其灌浆孔堵头的焊接应按钢管的焊接工艺进行预热和后热。

6.3.16 当焊接坡口的组装间隙超过标准规定值，但不大于较薄焊件厚度的 2 倍且不超过 20mm 时，允许在坡口两侧或一侧作堆焊处理，但应符合下列规定：

　　a）不得在间隙内填入金属材料；

　　b）堆焊后应用砂轮修整；

　　c）对焊缝表面应进行无损检测。

6.3.17 对于加劲环、止推环、阻水环和支承环与钢管管壁的全熔透组合焊缝的角焊缝焊脚，除设计规定外，允许为 1/4 环板厚度，且不大于 9mm。

6.3.18 施焊同一条焊缝的多名焊工的焊接速度宜保持一致。

6.4　焊　缝　检　验

6.4.1 钢管所有焊缝均应进行外观检查，外观质量应符合表 16 的规定。

6.4.2 从事压力钢管质量检测的无损检测人员，应按 GB/T 9445 的要求进行培训和资格鉴定，取得 1 级（初级）、2 级（中级）和 3 级（高级）通用资格证书，并同时取得全国水利水电行业无损检测人员资格鉴定与认证委员会颁发的 1 级、2 级和 3 级水利水电行业的工业部门资格证书。各级无损检测人员应经其法人单位检测工作授权后方能从事检测工作，并应按 GB/T 5616 的原则和程序开展与其资格证书准许项目相同的检测工作。无损检测规程应由 3 级无损检测人员编制和批准，无损检测作业指导书应由 2 级或 3 级无损检测人员编制和批准。质量评定和检测报告的审核应由 2 级或 3 级无损检测人员担任。

表 16　焊缝外观检查

序号	项目		焊缝类别		
			一	二	三
			允许缺欠尺寸（mm）		
1	裂纹		不允许		
2	表面夹渣		不允许		深度不大于 0.1δ，长度不大于 0.3δ 且不大于 10
3	咬边		深度小于等于 0.5		深度不大于 1
4	未焊满		不允许		深度不大于 $0.2+0.02\delta$ 且不大于 1，每 100mm 焊缝内缺欠总长不大于 25
5	表面气孔		不允许		每米范围内允许直径小于 1.5 的气孔 5 个，间距不小于 20
6	焊瘤		不允许		—
7	飞溅		不允许		—
8	焊缝余高 Δh	手工焊	$\delta \leqslant 25$　$\Delta h=0\sim2.5$ $25<\delta\leqslant50$　$\Delta h=0\sim3$ $\delta>50$　$\Delta h=0\sim4$		—
		自动焊	$0\sim4$		
9	对接接头焊缝宽度	手工焊	盖过每边坡口宽度 $1\sim2.5$，且平缓过渡		
		自动焊	盖过每边坡口宽度 $2\sim7$，且平缓过渡		
10	角焊缝焊脚 K		$K\leqslant12$ 时，K^{+2}；$K>12$ 时，K^{+3}		

注 1：δ 为板厚。
注 2：手工焊是指焊条电弧焊、半自动 CO_2 焊、半自动药芯焊和手工 TIG 焊等。自动焊是指埋弧焊、MAG 自动焊和 MIG 自动焊等。

6.4.3 焊缝内部质量检测应采用超声波检测和射线检测。焊缝表面检测可选用磁粉检测或渗透检测，铁磁性材料宜优先选用磁粉检测。当无损检测人员应用其中一种检测方法时，在对所发现的缺欠进行定性和定量没有把握的情况下，应采用其他无损检测方法进行复查。同一焊缝部位或同一焊接缺欠，使用了两种及两种以上的无损检测方法检测，应分别按各自的检测标准进行评定，全部合格后方为合格。

6.4.4 一类、二类焊缝的内部质量和表面质量采用的无损检测方法、检测长度占焊缝总长的百分比应符合表 17 的规定。若设计文件另有规定时，应从其规定。

6.4.5 对有延迟裂纹倾向的焊缝，无损检测应在焊接完成 24h 以后进行；屈服强度 $R_{eL} \geqslant 650\text{N/mm}^2$ 或抗拉强度 $R_m \geqslant 800\text{N/mm}^2$ 的高强钢，无损检测应在焊接完成 48h 后进行。

6.4.6 射线检测及评定应符合 GB/T 3323 的规定。射线透照技术等级为 B 级，一类焊缝质量验收等级为 Ⅱ 级，二类焊缝质量验收等级为 Ⅲ 级。

6.4.7 超声波检测及评定应符合 GB/T 11345 的规定。检验等级为 B 级，一类焊缝质量验收等级为 Ⅰ 级，二类焊缝质量验收等级为 Ⅱ 级。

表 17　无损检测方法和检测长度占焊缝总长的百分比

钢　种	板厚 (mm)	一类焊缝的检测方法和比例（％）			二类焊缝的检测方法和比例（％）		
		UT	RT	MT/PT	UT	RT	MT/PT
碳素钢	—	100	2	—	50	1	—
低合金钢、不锈钢 复合钢板	＜38	100	2	5	50	2	5
	≥38	100	5	15	50	2	10
高强钢	—	100	5	30	50	2	15

注1：抽检时，应选择丁字焊缝等易产生焊接缺欠的部位进行，每条焊缝抽检部位不少于2处，相邻抽检部位的间距不小于300mm。

注2：RT 抽检长度应不少于150mm，应选择经 UT 发现缺欠较多的部位或需进一步判定缺欠性质的部位。

6.4.8 焊缝表面的磁粉检测或渗透检测应分别符合 JB/T 6061 和 JB/T 6062 规定。焊缝表面质量验收等级为 2 级。

6.4.9 对一类、二类焊缝的内部质量采用无损检测方法抽检时，若发现存在裂纹、未熔合或未焊透等缺欠，应对该整条焊缝进行全部检测；若发现存在其他不符合质量要求的缺欠，应在缺欠的延伸方向或可疑部位作补充检测，补充检测的长度应大于等于 200mm，若补充检测仍发现存在不符合质量要求的缺欠，应对该整条焊缝进行全部检测。

6.4.10 灌浆孔堵头焊缝全部应进行外观检查，不得有渗水现象，并应按 JB/T 6061 规定进行磁粉检测或按 JB/T 6062 规定进行渗透检测，缺欠显示的验收等级为 2 级。灌浆孔堵头焊缝的无损检测比例为：对于碳素钢、低合金钢的钢管，不低于堵头焊缝总数的 10%；对于高强钢的钢管，不低于堵头焊缝总数的 25%。如发现裂纹，应对全部堵头焊缝进行无损检测。

6.5 缺欠处理和焊补

6.5.1 焊缝内部或表面发现裂纹时，应进行分析，找出原因，制定措施后方可焊补。

6.5.2 焊缝内部缺欠应采用砂轮或碳弧气刨方法清除，并修磨成利于焊接的凹槽。焊补前应检查，如为裂纹缺欠，则应采用磁粉或渗透方法进行检测，确认裂纹已经消除，方可焊补。

6.5.3 焊接缺欠返工按 SL 36 的规定执行。返工后的焊缝，应进行无损检测，并符合 6.4.6、6.4.7 和 6.4.8 的规定。

6.5.4 对于碳素钢和低合金钢的钢管，同一部位的焊缝返工次数不宜超过 2 次；对于高强钢的钢管，同一部位的焊缝返工次数不宜超过 1 次；超过规定次数的返工，应制订可靠的技术措施后方可进行。焊缝返工情况应记录在制造验收资料中。

6.5.5 管壁表面凹坑深度大于板厚的 10% 或大于 2mm，应进行焊补。焊补前，应修磨凹坑利于焊接，如需预热和后热处理，应符合 6.3.10 和 6.3.13 规定。焊补后，应将焊补处磨平，检查有无裂纹。对高强钢还应进行磁粉或渗透检测，不允许存在裂纹。

6.5.6 钢管表面不允许存在电弧擦伤。如有擦伤，应将擦伤处打磨，并检查有无裂纹。

7 压力钢管焊后消应处理

7.1 钢管或岔管焊后消应处理应按设计文件规定执行。

7.2 高强钢的钢管或岔管不宜做焊后消应热处理。

7.3 钢管或岔管采用整体或局部消应热处理时，应按 JB/T 6046 规定制定热处理工艺。局部消应热处理时，其加热宽度应为焊缝中心两侧各 6 倍以上最大板厚区域。

7.4 整体消应热处理后，应提供消应热处理曲线；局部消应热处理后，应提供消应效果的评定报告，并记录在制造验收资料中。

7.5 钢管或岔管采用振动时效消应处理时，应按 JB/T 10375 的规定选择振动时效工艺参数，应提供焊缝消应前、后的残余应力测试数据，并记录在安装验收资料中。

7.6 钢管或岔管采用爆炸消应处理时，施工前应针对材质和结构型式，通过爆炸消应工艺试验确定合理的消应规范参数。应提供焊缝消应前、后的残余应力测试数据，并记录在安装验收资料中。

8 压力钢管防腐蚀

8.1 表面预处理

8.1.1 钢管表面预处理前应将铁锈、油污、积水、遗漏的焊渣和飞溅等附着污物清除干净。

8.1.2 表面预处理采用喷射或抛射除锈，所用的磨料应清洁、干燥，用金属磨料、氧化铝（刚玉）、碳化硅和金刚砂等磨料，其粒度选择范围宜为 0.5～3.0mm。根据表面粗糙度等级技术要求加以选择。

8.1.3 喷射用的压缩空气应进行过滤，除去油、水。

8.1.4 明管内外壁、埋管内壁经喷射或抛射除锈后，除锈等级不应低于 GB/T 8923 规定的 Sa2 $\frac{1}{2}$ 级，应用照片目视评定。采用改性水泥浆防腐蚀的埋管外壁经喷射或抛射除锈后，除锈等级应符合 GB/T 8923 规定的 Sa1 级。

8.1.5 除锈后，采用常规防腐涂料的钢管表面粗糙度应达到 $R_z 40～70\mu m$，采用厚浆型重防腐涂料及金属喷涂的钢管表面粗糙度应达到 $R_z 60～100\mu m$。表面粗糙度可采用触针式的轮廓仪测定或比较样板目视评定。

8.1.6 钢管除锈后，应用干燥的压缩空气吹净或用吸尘器清除灰尘。涂装前若发现钢管表面污染或返锈，应重新处理至原除锈等级。

8.1.7 当空气中相对湿度大于 85%、钢板表面温度预计低于大气露点以上 3℃时，不得进行除锈。

8.1.8 除锈后的钢材表面宜在 2h 内进行涂装，晴天和正常大气条件下，时间最长不超过 8h。

8.2 涂料涂装

8.2.1 使用的涂料应符合设计文件规定，涂装施工应按涂料使用说明书的规定执行。

8.2.2 钢管节应在安装环缝两侧各 200mm 范围内和灌浆孔及排水孔周边 100mm 范围内涂装车间底漆，待安装焊接完成后，按规定进行表面预处理再进行涂装。

8.2.3 当空气中相对湿度大于 85％、钢板表面温度预计低于大气露点以上 3℃ 或高于 60℃ 时，均不得进行涂装。

8.2.4 涂料涂层外观、厚度和结合力的质量检验方法按 SL 105 规定执行。

8.3 金 属 喷 涂

8.3.1 金属喷涂采用的金属丝应符合下列要求：

a）锌丝应符合 GB/T 470 规定的 Zn－1 质量要求，且含锌量 Zn≥99.99％；

b）铝丝应符合 GB/T 3190 规定的 L2 质量要求，且含铝量 Al≥99.5％；

c）锌铝合金丝的含铝量应为 14％～16％，其余为锌；

d）金属丝应光洁、无锈、无油和无折痕，直径为 $\phi2.0$mm 或 $\phi3.0$mm。

8.3.2 当空气中相对湿度大于 85％、钢板表面温度预计低于大气露点以上 3℃ 时，均不得进行喷涂。

8.3.3 喷涂时宜采用电弧喷涂，电弧喷涂无法实施的部位可采用火焰喷涂。

8.3.4 金属涂料涂层外观、厚度和结合力的质量检验方法按 SL 105 规定执行。

9 水 压 试 验

9.1 明管、岔管宜做水压试验，其水压试验和试验压力值应符合设计文件规定。水压试验应在制造完成和提交了几何尺寸及焊缝质量检验报告后进行。

9.2 应按钢管强度和刚度计算选择闷头型式。

9.3 水压试验的水温应在5℃以上。

9.4 水压试验用压力表等级不应低于1级，有应力测试要求时应采用0.5级压力表。压力表量程不应超过试验压力的1.5倍。压力表使用前应进行检定，且不得安装在水泵和进水管上。

9.5 充水前，应对钢管或岔管上的临时支撑件、支托、工卡具、起重设备等进行解除拘束处理；并对管壁上的焊疤、划痕等进行打磨修补。

9.6 充水时，在其最高处应设置排气管阀，加压前必须排气。

9.7 加压时应分级加载，加压速度不宜大于0.05MPa/min。先缓缓升至工作压力并保持30min以上，此时压力表指针应保持稳定，没有颤动现象，对钢管进行检查，情况正常可继续加压；升至最大试验压力保持30min以上，此时压力表指示的压力应无变动；然后下降至工作压力保持30min以上。

9.8 水压试验过程中，钢管应无渗水、混凝土应无裂缝、镇墩应无异常变位和其他异常情况，宜采用声发射检测方法按GB/T 18182规定对重点部位进行安全检测和评定。

9.9 水压试验过程中，出现问题需要处理时，应先将管内压力卸至零压力，再将钢管内水排空后，方可进行焊接、热切割、碳弧气刨或热矫型等作业。

9.10 水压试验完成后，应立即将管内压力卸至钢管内水自重压力，在确认管段上端的排（补）气管阀门打开后，方可进行钢管内水排放作业。

10 包 装、运 输

10.1 瓦片运输应制定运输方案，防止倾倒、散落和变形。

10.2 支承环、加劲环、阻水环、止推环和连接板等附件应绑扎成捆运输，并用油漆标明名称和编号。

10.3 运输成型的管节时，可在管节内加设临时支撑，在管外加设鞍形支架座或加垫木条，保护管节及其坡口免遭损坏。

10.4 钢索捆扎吊运钢管或瓦片时，应在钢索与钢管或瓦片相触部位加设软垫。在吊装和运输中应避免损坏涂层。

11 验 收

11.1 压力钢管制造与安装质量的验收应符合合同文件和本标准的规定。

11.2 制造验收时，施工单位应提供下列资料：

a）压力钢管制造竣工图；

b）钢材、焊接材料、防腐蚀材料等出厂质量证明书及抽查检验或复查检验的报告；

c）设计修改通知单；

d）焊缝无损检测报告；

e）参与制造的焊工、无损检测人员和防腐蚀操作工有效资格证书复印件；

f）焊接工艺评定报告、生产性产品焊接试板检验报告；

g）焊接工艺规程；

h）焊后消应处理记录及测试报告等；

i）防腐蚀检测资料；

j）制造时最终检查及试验的记录（报告）；

k）重大缺欠处理记录和有关会议纪要等。

11.3 安装验收时，施工单位应提供下列资料：

a）压力钢管工程竣工图；

b）钢材、焊接材料、防腐蚀材料等出厂质量证明书及抽查检验或复查检验的报告；

c）设计修改通知单；

d）焊缝无损检测报告；

e）参与安装的焊工、无损检测人员和防腐蚀操作工有效资格证书复印件；

f）焊接工艺评定报告、生产性产品焊接试板检验报告；

g）施工方案、焊接工艺规程；

h）焊后消应处理记录及测试报告；

i）防腐蚀检测资料；

j）安装时最终检查和试验的记录（报告）；

k）重大缺欠处理记录和有关会议纪要等。

附 录 A
（资料性附录）
钢板厚度允许偏差

表 A　钢板厚度允许偏差

单位：mm

公称厚度	负偏差	正偏差（宽度）															
		600~750	>750~1000	>1000~1200	>1200~1500	>1500~1700	>1700~1800	>1800~2000	>2000~2300	>2300~2500	>2500~2600	>2600~2800	>2800~3000	>3000~3200	>3200~3400	>3400~3600	>3600~3800
6~7.5	0.25	0.45	0.55	0.60	0.60	0.75	0.75	0.75	0.80								
>7.5~10	0.25	0.75	0.75	0.85	0.85	0.90	0.90	0.90	1.00	1.15	1.15	1.15					
>10~13	0.25	0.75	0.75	0.85	0.85	0.95	0.95	0.95	1.05	1.25	1.25	1.25	1.55				
>13~25	0.25			0.75	0.75	0.85	0.95	1.15	1.35	1.35	1.55	1.65	1.75				
>25~30	0.25			0.85	0.85	0.95	1.05	1.25	1.45	1.55	1.65	1.75	1.85				
>30~34	0.25			0.95	1.05	1.05	1.15	1.35	1.55	1.65	1.75	1.95	2.05				
>34~40	0.25			1.15	1.25	1.35	1.45	1.55	1.75	1.85	1.95	2.15	2.25				
>40~50	0.25			1.35	1.45	1.55	1.65	1.75	1.95	2.05	2.15	2.35	2.45				
>50~60	0.25			1.65	1.75	1.85	1.95	2.05	2.15	2.15	2.25	2.35	2.55				
>60~80	0.25					2.55	2.55	2.55	2.55	2.65	2.75	2.85	2.85	2.85	2.85	2.95	2.95
>80~100	0.25					2.95	2.95	2.95	2.95	3.05	3.05	3.05	3.15	3.15	3.15	3.15	3.15
>100~120	0.25					3.25	3.25	3.25	3.35	3.45	3.45	3.55	3.55	3.55	3.55	3.55	3.55

1558

附　录　B

（规范性附录）

不锈钢复合钢板焊接工艺评定

B.1　总　　则

B.1.1　本焊接工艺评定适用于轧制法、爆炸轧制法、爆炸法和堆焊法生产的不锈钢复合钢板的焊接工艺评定。

B.1.2　不锈钢复合钢板的焊接工艺评定除按本规定执行外，还应符合本标准6.1的规定。

B.2　焊接工艺评定规则

B.2.1　试件应以不锈钢复合钢板（包括基层和覆层）制备。

B.2.2　经评定合格的焊接工艺适用于焊件（包括母材和焊缝金属）厚度有效范围，应按试件的覆层和基层厚度分别计算。

B.2.3　经评定合格的焊接工艺适用于焊件覆层焊缝金属厚度有效范围的最小值，为试件覆层焊缝金属厚度。

B.2.4　拉伸和弯曲试验时，不锈钢复合钢板的焊接接头（包括基层、过渡层和覆层）都应进行试验。

B.2.4.1　拉伸试样应包括覆层和基层的全厚度。

B.2.4.2　当过渡层焊缝和覆层焊缝焊接工艺评定的主要变量不同时应取4个侧弯试样；当过渡层焊缝和覆层焊缝焊接工艺评定的主要变量相同时尽量取侧弯试样，也可以取2个背弯试样和2个面弯试样。背弯试验时基层焊缝金属受拉伸。弯曲试验尺寸应符合表B的规定。

B.2.5　冲击试验只检验基层的焊接接头，试样缺口位置应按分别开在基层的焊缝区和热影响区。

表 B 弯曲试验尺寸

弯曲试样类别	试样厚度 S (mm)	弯心直径 (mm)	支座面距离 (mm)	弯曲角度 (°)
侧弯试样	10	40	63	180
面弯、背弯试样	S	4S	6S+3	

B.2.6 力学性能试验的合格指标应符合下列规定：

a）拉伸试验：每个试样的抗拉强度 R_m 应符合 GB/T 8165 的规定。

b）弯曲试验：试样弯曲到规定的角度后，拉伸面上任何方向不得有长度大于 3mm 的任一裂纹或缺欠，试样的棱角开裂不计。对轧制法、爆炸轧制法、爆炸法生产的不锈钢复合钢板，其侧弯试样的复合界面由于未结合缺欠引起的分层和裂纹，允许重新取样试验。

c）冲击试验：每个区 3 个试样为一组的常温冲击吸收功平均值应符合设计文件规定，且不小于 27J，允许有 1 个试样的冲击吸收功低于规定值，但不低于规定值的 70%。

水利水电工程
钢闸门制造、安装及验收规范

GB/T 14173—2008

2008-11-04发布　　　　　　　2009-01-01实施

目　　次

前　　言

本标准代替 GB/T 14173—1993《平面钢闸门　技术条件》和 GB/T 814—1989《弧形闸门通用技术条件》，并参考合并编入了 SL 37—1991《偏心铰弧形闸门技术条件》、SL/T 57—1993《平面链轮闸门技术条件》及 DL 5018—2004《水电水利工程钢闸门制造安装及验收规范》相关内容。

本标准与原标准相比主要有如下变化：

——适用范围扩展应用到所有水利水电工程及其他工程钢闸门的制造、安装及验收；

——增加了钢板表面质量及其表面缺欠的修正要求；

——要求焊接工艺评定按 GB/T 19866 及 GB/T 19868.4、GB/T 19869.1 的规定进行；

——对于使用新材料、水头大于等于 80m 或结构复杂的闸门，提出宜增加无损检测检查比例的要求；

——增加了焊缝表面无损检测验收等级的规定；

——增加了当机加工后需要保持尺寸公差时应采取消除应力处理的要求；

——增加了当结构尺寸有稳定要求时宜采用整体消除应力热处理或振动时效处理而不宜采用局部热处理的规定；

——对组合焊缝的质量标准进行了修改；

——对铸钢件和锻件进行了质量等级分类；

——增加了一、二类铸钢件表面无损检测检查的要求；

——规定了锻件的制造和验收技术要求应符合 JB/T 6397 或 JB/T 6396 的要求；

——增加了一类锻件的主轨表面无损检测检查的要求；

——规定充压式、压紧式水封弧形闸门门叶面板加工后，面板板厚局部允许偏差应不小于图样尺寸；

——增加有关工程塑料合金材料的要求。

本标准附录 B 为规范性附录，附录 A、附录 C、附录 D 为资料性附录。

本标准由水利部提出。

本标准由水利部综合事业局负责归口。

本标准起草单位：水利部水工金属结构质量检验测试中心、二滩水电开发有限责任公司、江河机电装备工程有限公司。

本标准主要起草人：张亚军、铁汉、毋新房、王兆成、张小阳、王安、梅燕、郭云峰、李义茂、李文明、熊剑鸣、朱国纲、孟庆奎、何配排、李世刚、王翠萍、胡木生。

本标准由水利部水工金属结构质量检验测试中心负责解释。

本标准所代替标准的历次版本发布情况为：

——GB/T 814—1989；

——GB/T 14173—1993。

1 范　　围

本标准规定了水利水电工程钢闸门（包括拦污栅，下同）制造、安装及验收的技术要求。

本标准适用于水利水电工程和其他工程钢闸门的制造、安装及验收。

2 规范性引用文件

下列文件中的条款通过本标准的引用而成为本标准的条款。凡是注日期的引用文件，其随后所有的修改单（不包括勘误的内容）或修订版均不适用于本标准，然而，鼓励根据本标准达成协议的各方研究是否可使用这些文件的最新版本。凡是不注日期的引用文件，其最新版本适用于本标准。

GB/T 228　金属材料　室温拉伸试验方法

GB/T 229　金属材料　夏比摆锤冲击试验方法

GB/T 232　金属材料　弯曲试验方法

GB/T 699　优质碳素结构钢

GB/T 700　碳素结构钢

GB/T 983　不锈钢焊条

GB/T 985　气焊、手工电弧焊及气体保护焊焊缝坡口的基本形式与尺寸

GB/T 986　埋弧焊焊缝坡口的基本形式和尺寸

GB/T 1184—1999　形状和位置公差　未注公差值

GB/T 1231　钢结构用高强度大六角头螺栓、大六角螺母、垫圈技术条件

GB/T 1591　低合金高强度结构钢

GB/T 1800.2—1998　极限与配合　基础　第 2 部分：公差、偏差和配合的基本规定

GB/T 1801—1999　极限与配合　公差带和配合的选择

GB/T 2970　厚钢板超声波检验方法

GB/T 2975　钢及钢产品　力学性能试验取样位置及试样制备

GB/T 3077　合金结构钢

GB/T 3098.1　紧固件机械性能　螺栓、螺钉和螺柱

GB/T 3098.2 紧固件机械性能 螺母 粗牙螺纹

GB/T 3098.6 紧固件机械性能 不锈钢螺栓、螺钉和螺柱

GB/T 3098.15 紧固件机械性能 不锈钢螺母

GB/T 3323 金属熔化焊焊接接头射线照相

GB/T 3398 （所有部分） 塑料 硬度测定

GB/T 4237 不锈钢热轧钢板和钢带

GB/T 4842 氩

GB/T 5117 碳钢焊条

GB/T 5118 低合金钢焊条

GB/T 5216 保证淬透性结构钢

GB/T 5293 埋弧焊用碳钢焊丝和焊剂

GB/T 5616 无损检测 应用导则

GB/T 5680 高锰钢铸件

GB/T 6402 钢锻件超声检测方法

GB/T 6414 铸件 尺寸公差与机械加工余量

GB/T 6654 压力容器用钢板

GB/T 7233 铸钢件超声探伤及质量评级方法

GB/T 7659 焊接结构用碳素钢铸件

GB/T 8110 气体保护电弧焊用碳钢、低合金钢焊丝

GB/T 8165 不锈钢复合钢板和钢带

GB/T 8923—1988 涂装前钢材表面锈蚀等级和除锈等级

GB/T 9443 铸钢件渗透检测

GB/T 9444 铸钢件磁粉检测

GB/T 9445 无损检测 人员资格鉴定与认证

GB/T 11345 钢焊缝手工超声波探伤方法和探伤结果分级

GB/T 11352 一般工程用铸造碳钢件

GB/T 12470 埋弧焊用低合金钢焊丝和焊剂

GB/T 13819 铜合金铸件

GB/T 14408 一般工程与结构用低合金铸钢件

GB/T 14977 热轧钢板表面质量的一般要求

GB/T 16253 承压钢铸件

GB/T 17854 埋弧焊用不锈钢焊丝和焊剂

GB/T 19866 焊接工艺规程及评定的一般原则

GB/T 19867.1 电弧焊焊接工艺规程

GB/T 19868.2 基于焊接经验的工艺评定

GB/T 19868.4 基于预生产焊接试验的工艺评定

GB/T 19869.1 钢、镍及镍合金的焊接工艺评定试验

HG/T 2537 焊接用二氧化碳气体

JB/T 4730.4 承压设备无损检测 第4部分：磁粉检测

JB/T 4730.5 承压设备无损检测 第5部分：渗透检测

JB/T 5926 振动时效效果 评定方法

JB/T 6061 无损检测 焊缝磁粉检测及验收等级

JB/T 6062 无损检测 焊缝渗透检测及验收等级

JB/T 6396 大型合金结构钢锻件 技术条件

JB/T 6397 大型碳素结构钢锻件 技术条件

JGJ 82 钢结构高强度螺栓连接的设计施工及验收规程

SL 35 水工金属结构焊工考核规则

SL 36 水工金属结构焊接通用技术条件

SL 105 水工金属结构防腐蚀规范

3 一 般 规 定

3.1 技 术 资 料

3.1.1 闸门及埋件制造前，应具备下列资料：

a）设计图样、施工图样和技术文件，设计图样包括闸门及埋件总图，施工图样包括闸门及埋件装配图及零件图。

b）主要钢材、焊材及防腐蚀材料质量证书。

c）标准件和非标准协作件质量证书。

3.1.2 闸门及埋件安装前应具备下列资料：

a）设计图样、施工图样和技术文件。

b）闸门出厂合格证。

c）闸门制造验收资料和出厂检验资料。

d）闸门制造竣工图或能反映闸门出厂时实际结构尺寸的图样。

e）发货清单、到货验收文件及装配编号图。

f）安装用控制点位置图。

3.1.3 闸门及埋件制造与安装应按图样和有关技术文件进行，如有修改应有设计修改通知书。

3.2 材 料

3.2.1 闸门使用的钢材应符合图样规定，其性能应分别符合 GB/T 699、GB/T 700、GB/T 1591、GB/T 3077、GB/T 4237、GB/T 6654、GB/T 8165 等标准的规定，并应具有出厂质量证书。标号不清或对材质有疑问时应予复验，复验符合有关标准后方可使用。

3.2.2 钢板性能试验取样位置及试样制备应符合 GB/T 2975 的规定，试验方法应符合 GB/T 228、GB/T 229、GB/T 232 的规定。

3.2.3 钢板表面质量及其表面缺欠的修正应符合 GB/T 14977 的规定。钢板如需超声波检测，则应按 GB/T 2970 标准执行，超声波检测的位置、比例及合格标准由供需双方确定。

3.2.4 焊接材料（焊条、焊丝、焊剂、保护气体）应具有出厂质量证书。标号不清或对材质有疑问时应予复验，复验合格方可使用。焊条的化学成分、力学性能和扩散氢含量等各项指标应符合 GB/T 5117、GB/T 5118 或 GB/T 983 等标准的规定；埋弧焊用焊丝和焊剂应符合 GB/T 5293、GB/T 12470 或 GB/T 17854 等标准的规定；气体保护焊用焊丝应符合 GB/T 8110 等标准的规定；气体保护电弧焊用二氧化碳气体应符合 HG/T 2537 优等品的规定；氩气应符合 GB/T 4842 的规定。

3.3 基准点和测量工具

3.3.1 闸门出厂检验、制造验收和安装验收所用的量具和仪器，应经计量检定机构检定合格并在有效期内，主要量具和仪器的精度应达到下述规定：

a）钢卷尺精度应不低于一级；

b）经纬仪的精度应不低于 DJ_2 级；

c）水准仪的精度应不低于 DS_3 级；

d）全站仪的测角精度应不低于 $1''$，测距精度应不低于 $1mm + 2 \times D \times 10^{-6} mm$，$D$ 为测量距离，单位 mm。

3.3.2 对于闸门制造、安装过程中所用的量具和仪器，使用单位应自行定期检定或送计量检定机构检定，并提供修正值，在使用时根据修正值进行数据修正。

3.3.3 用于测量高程和安装轴线的基准点及安装用的控制点均应准确、牢固、明显和便于使用。

3.4 标志、包装及运输

3.4.1 闸门应有标志，标志内容应包括：

——制造厂名；

——产品名称；

——生产许可证标志及编号；

——产品型号或主要技术参数；

——制造日期；

——闸门重心位置及总重量。

3.4.2 闸门门叶应分节编号，加工面应有可靠保护；埋件可成捆包装并用钢架拴紧；附件应成套装箱。

3.4.3 闸门起吊时应防止构件损坏或变形；装车时应摆放平稳、位置适中、加固可靠；超长、超宽件运输应悬挂危险警示牌，注意保护道路、桥梁、通信、电力等设施安全。

4 焊 接

4.1 焊接工艺规程及焊接工艺评定

4.1.1 闸门在制造与安装前，施焊单位应根据结构特点及其质量要求制定焊接工艺规程。电弧焊焊接工艺规程的主要内容和具体格式见 GB/T 19867.1。

4.1.2 未经评定过的焊接工艺规程应按 GB/T 19866 的规定进行焊接工艺评定。有关各种焊接工艺评定方法的应用说明参见附录 A。

4.1.3 一、二类焊缝应通过焊接工艺评定试验进行焊接工艺的评定，进行评定试验的方法按照 GB/T 19869.1 的规定进行。

4.1.4 三类焊缝的工艺评定可参照以前的焊接经验来进行工艺评定，但应有文件证实其以前曾焊制了满足要求并相同的接头和材料种类。评定方法按 GB/T 19868.2 的规定进行。

4.1.5 当实际焊接接头的某些条件（如：尺寸、拘束度、热传导效应等）对焊缝性能影响较大，采用标准试件无法有效地验证焊接工艺规程的正确性时，应使用预生产焊接试验进行评定。评定的方法按照 GB/T 19868.4 的规定进行。

4.1.6 焊接工艺评定报告应包括所有变量（主要变量和非主要变量）以及相关标准规定的评定范围。

4.1.7 施焊单位应以工艺评定报告为依据，形成用于生产的焊接工艺规程。

4.2 焊 工 资 格

4.2.1 从事水利水电工程闸门一、二类焊缝焊接的焊工应持有按照 SL 35 考试合格，由水利水电行业主管部门签发的水工金属结构焊工考试合格证书。从事其他行业工程闸门一、二类焊缝焊接的焊工应符合国家或相应行业有关焊工资质的规定。

4.2.2 焊工焊接的钢材种类、焊接材料、焊接方法和焊接位置等均应与焊工本人考试合格的项目相符。

4.3 焊接的基本规定

4.3.1 焊缝按其重要性分为三类，合同文件及图样另有规定者，按合同文件及图样的规定。

  a）一类焊缝：

    1）闸门主梁、边梁、臂柱的腹板及翼缘板的对接焊缝。

    2）闸门及拦污栅吊耳板、拉杆的对接焊缝。

    3）闸门主梁腹板与边梁腹板连接的组合焊缝（对接焊缝与角焊缝）或角焊缝；主梁翼缘板与边梁翼缘板连接的对接焊缝。

    4）转向吊杆的组合焊缝或角焊缝。

    5）人字闸门端柱隔板与主梁腹板及端板的组合焊缝。

  b）二类焊缝：

    1）闸门面板的对接焊缝。

    2）拦污栅主梁和边梁的腹板及翼缘板的对接焊缝。

    3）闸门主梁、边梁、支臂的翼缘板与腹板的组合焊缝或角焊缝。

    4）闸门吊耳板与门叶的组合焊缝或角焊缝。

    5）主梁、边梁与门叶面板相连接的组合焊缝或角焊缝。

    6）支臂与连接板的组合焊缝或角焊缝。

  c）三类焊缝：

  不属于一、二类焊缝的其他焊缝都为三类焊缝，设计有特殊要求者按设计要求。

4.3.2 水利水电工程闸门的焊接应符合 SL 36 的有关规定；其他行业工程闸门的焊接应符合国家或相应行业焊接规程的有关规定。

4.3.3 闸门上的焊缝除图样上有特殊标示外，均为接头全长连续的焊缝。

4.4 焊 缝 检 验

4.4.1 所有焊缝均应进行外观检查，外观质量应符合表1的规定。

表 1 焊缝外观质量要求　　　　单位为毫米

序号	项目		允许缺欠尺寸		
			一类焊缝	二类焊缝	三类焊缝
1	裂纹		不允许		
2	焊瘤		不允许		
3	飞溅		清除干净		
4	电弧擦伤		不允许		
5	未焊透		不允许	不加垫板单面焊允许值≤0.5δ且≤1.5，每100mm焊缝长度内缺欠总长度≤25	≤0.1δ且≤2每100mm焊缝长度内缺欠总长度≤25
6	表面夹渣		不允许		深≤0.2δ，长≤0.5δ且≤20
7	咬边		深≤0.5	深≤1	深≤1.5
8	表面气孔		不允许	每米范围内允许3个φ1.0气孔，且间距≥20mm	每米范围内允许5个φ1.5气孔，且间距≥20mm
9	焊缝边缘直线度	焊条电弧焊气体保护焊	在焊缝任意300mm长度内≤3		
		埋弧焊	在焊缝任意300mm长度内≤4		
10	对接焊缝	未焊满	不允许		
11		焊缝余高	焊条电弧焊气体保护焊	平焊0～3，立焊、横焊、仰焊0～4	
			埋弧焊	0～3	
12		焊缝宽度	焊条电弧焊气体保护焊	盖过每侧坡口宽度2～4，且平滑过渡	
			埋弧焊	开坡口时盖过每侧坡口宽度2～7，且平滑过渡；不开坡口时盖过每侧坡口宽度4～14，且平滑过渡	

表1（续）

序号	项 目		允许缺欠尺寸		
			一类焊缝	二类焊缝	三类焊缝
13	角焊缝	角焊缝厚度不足（按焊缝计算厚度）	不允许	$\leqslant 0.3+0.05\delta$ 且 $\leqslant 1$，每 100mm 焊缝长度内缺欠总长度$\leqslant 25$	$\leqslant 0.3+0.05\delta$ 且$\leqslant 2$，每 100mm 焊缝长度内缺欠总长度$\leqslant 25$
14		焊脚 ｜ 焊条电弧焊 气体保护焊	$K<12$：$0\sim3$，$K\geqslant12$：$0\sim4$		
		焊脚 ｜ 埋弧焊	$K<12$：$0\sim4$，$K\geqslant12$：$0\sim5$		
15	焊脚不对称		差值$\leqslant1+0.1K$		

注 1：δ——板厚，K——焊脚。

注 2：在角焊缝检测时，凹形角焊缝以检测角焊缝厚度不足为主，凸形角焊缝以检测角焊缝焊脚为主。

4.4.2 无损检测人员应按照 GB/T 9445 的要求进行培训和资格鉴定合格，取得全国通用资格证书并通过相关行业部门的资格认可。各级无损检测人员应按照 GB/T 5616 的原则和程序开展与其资格证书准许项目相同的检测工作，质量评定和检测报告审核应由 2 级及 2 级以上的无损检测人员担任。

4.4.3 焊缝内部质量检测可选用射线或超声波检测，焊缝表面检测可选用渗透检测或磁粉检测。当无损检测人员应用其中一种检测方法，不能对所发现的缺欠进行定性和定量时，应采用其他无损检测方法进行复查。

4.4.4 同一焊缝部位或同一焊接缺欠，使用两种及两种以上的无损检测方法进行检测时，按各自标准分别评定合格时为合格。

4.4.5 焊缝无损检测长度占全长的百分比应不少于表 2 规定，合同、图样或设计文件另有规定时，按合同、图样和设计文件的规定执行。

表 2　焊缝无损检测比例

钢种	板厚/mm	射线检测/%		超声波检测/%	
		一类	二类	一类	二类
碳素钢	＜38	15	10	50	30
	≥38	20	10	100	50
低合金钢	＜32	20	10	50	30
	≥32	25	10	100	50

4.4.6　局部无损检测部位应包括全部丁字焊缝及每个焊工所焊焊缝的一部分。

4.4.7　使用新材料、水头大于或等于 80m 或结构复杂的闸门，宜增加无损检测检查比例，增加的比例按合同文件或图样的规定。

4.4.8　焊缝局部无损检测发现存在裂纹、未熔合或不允许的未焊透等危害性缺欠时，应对该条焊缝进行全部检测。如发现存在其他不符合质量要求的缺欠，应在其延伸方向或可疑部位作补充检测，补充检测的长度应大于等于 200mm，经补充检测仍发现存在不符合质量要求的缺欠，应对该整条焊缝进行全部检测。

4.4.9　射线检测按 GB/T 3323 进行，射线透照技术等级为 B 级，一类焊缝不低于Ⅱ级合格，二类焊缝不低于Ⅲ级合格。超声波检测按 GB/T 11345 进行，检验等级为 B 级，一类焊缝Ⅰ级为合格，二类焊缝不低于Ⅱ级为合格。焊缝表面无损检测按 JB/T 6061 或 JB/T 6062 进行，验收等级为 2 级。

4.4.10　对有延迟裂纹倾向的钢材，无损检测应在焊接完成 24h 后进行。

4.4.11　T 形接头的对接和角接的组合焊缝，合同文件和图样上无特殊规定时，一类焊缝的组合焊缝应为完全焊透焊缝，翼板上的焊脚应大于 1/4 腹板板厚，见图 1 a)、b)；合同文件和图样未明确规定时，二类焊缝的组合焊缝可为部分焊透焊缝，未焊透深度不应大于腹板板厚的 25%，且不大于 4mm，双面坡口时其翼板方向焊脚应大于 6mm，见图 1 c)，单面坡口时其翼板方向焊脚应大于 8mm，见图 1 d)。

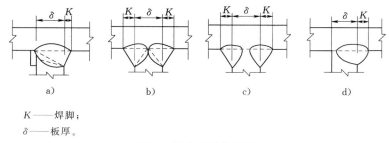

K——焊脚；
δ——板厚。

图 1 组合焊缝的焊脚

4.4.12 翼板厚度大于或等于 36mm 时，一、二类焊缝中的角焊缝，应进行焊缝表面无损检测，检测比例宜不小于 10%。

4.5 焊缝缺欠返工

焊缝发现有超标缺欠时，应进行返工。返工的要求应符合 SL 36 及国家有关焊接标准的规定。

4.6 焊后消除应力处理

4.6.1 闸门、埋件的合同文件及图样有要求时，应进行消除应力处理。

4.6.2 有稳定结构尺寸要求的部件，宜采取整体消除应力热处理或振动时效处理，不宜采用局部热处理。

4.6.3 消除应力热处理的温度应按合同文件及图样的规定，如无规定时，经淬火＋回火处理的钢，热处理加热温度应低于母材供货状态的回火温度 50℃ 且不大于 590℃，其他钢的加热温度为 600℃～650℃。

4.6.4 消除应力热处理应符合以下要求：

a）焊件入炉时，炉内温度应低于 300℃。

b）炉温升至 300℃后，加热速度不应超过 $\left(220 \times \dfrac{25}{\delta_{max}}\right)$℃/h，

且小于等于 220℃/h。式中 δ_{max} 为最大板厚，单位为毫米（mm）。

c) 炉温达到热处理温度后，应根据板厚进行保温，保温时间不应少于表 3 的规定。对有稳定结构尺寸要求的部件进行消应处理时，保温时间应根据最厚部件的厚度确定。保温期间，各部温差不得超过 50℃。

表 3 焊后热处理时的保温时间

板厚 δ/mm	保温时间/h
≤6	0.25
>6～50	$0.04 \times \delta$
>50	$2 + 0.25 \times \dfrac{\delta-50}{25}$

4.6.5 在 300℃ 以上进行冷却时，冷却速度不应超过 $\left(260 \times \dfrac{25}{\delta_{max}}\right)$℃/h，且小于等于 260℃/h。式中 δ_{max} 为最大板厚，单位为毫米（mm）。炉温降至 300℃ 以下后，可在静止的空气中冷却。

4.6.6 有再热裂纹倾向的低合金钢焊接接头和高强钢焊件，不宜采用焊后热处理，宜采用振动时效法进行消除应力处理。

4.6.7 热处理后，应提供热处理曲线及消除应力的效果及硬度测定记录。

4.6.8 振动时效法进行消除应力处理后，应按 JB/T 5926 的规定进行消除应力效果的评价，并提供消除应力的效果报告。

5 螺 栓 连 接

5.1 螺 孔 制 备

5.1.1 螺栓孔应配钻，或用钻模钻孔，螺栓孔应具有 GB/T 1800.2—1998 中 IT14 级精度要求。

5.1.2 为防止构件钻孔时出现位移，应先将最远处孔制作销钉孔，销钉孔数量应不低于全部孔数的 10%，且不少于 2 个。打入销钉后再钻制其他螺孔。销钉直径与孔径应符合 GB/T 1801—1999 中 H7/k6 的配合要求。

5.1.3 构件配钻后，螺栓与螺栓孔的极限偏差应符合表 4 的规定。

表 4　螺栓与螺栓孔的极限偏差　　　单位为毫米

序号	名　称		公称直径及极限偏差						
1	螺栓	公称直径	12	16	20	(22)	24	(27)	30
		极限偏差	±0.43		±0.52			±0.84	
2	螺栓孔	直径	13.5	17.5	22	(24)	26	(30)	33
		极限偏差	+0.43 0		+0.52 0			+0.84 0	
3	中心线倾斜度		应不大于板厚的 3%，且单层板不得大于 2.0，多层板叠组合不得大于 3.0						

5.1.4 使用高强度螺栓连接的构件表面，应保证抗滑移系数值达到有关标准要求。闸门制作和安装单位应按附录 B 的规定分别进行高强度螺栓连接摩擦面的抗滑移系数试验和复验。抗滑移系数试验用的试件应由制造厂加工，试件与所代表的钢结构构件应为同一材质、同批制作、采用同一摩擦面处理工艺和具有相同的表面状态，并应用同批同一性能等级的高强度螺栓连接副。在同一环境条件下存放。现场处理的构件摩擦面应单独进行摩擦面

抗滑移系数试验，其结果应符合设计要求。

5.2 螺 栓 制 备

5.2.1 普通螺栓与高强度螺栓，根据连接件工作特性、布置条件，按不同强度等级选用，并应符合表5的规定，其螺母及垫圈按相应的强度级别组合选用。普通螺栓、螺母应符合 GB/T 3098.1、GB/T 3098.2 的要求，不锈钢螺栓、螺母应符合 GB/T 3098.6、GB/T 3098.15 的要求。螺栓、螺母和垫圈都应妥善保管，防止锈蚀和丝扣损伤。

表5　螺栓的选用

螺栓的强度级别			螺母的强度级别			螺栓与螺母按强度级别组合	
级别	MPa	推荐材料牌号	级别	MPa	推荐材料牌号	螺母	螺栓
4.6	400	15、Q235	4	400	10、Q215	4	4.6、4.8
4.8		10、Q215	4				
5.6	500	26、35	5	500	10、Q215	5	5.6、5.8
5.8		15、Q235	5				
6.8	600	35	6	600	15、Q235	6	6.8
* 8.8	800	35、45、40B	8	800	35	8H	8.8S
* 10.9	1000	20MnTiB、35VB	10	1000	35、45、15MnVB	10H	10.9S

注："＊"为高强度螺栓。

5.2.2 高强度大六角螺栓应符合 GB/T 1231 的规定，高强度连接副应注明规格，分箱保管，使用前严禁任意开箱。

5.2.3 高强度大六角螺栓连接副在施工前按出厂批号复验扭矩系数，试验方法与结果应符合 GB/T 1231 的规定。

5.3 螺 栓 紧 固

5.3.1 钢结构连接用的普通螺栓的最终合适紧度宜为螺栓拧断力矩的 50%～60%，并应使所有螺栓拧紧力矩保持均匀。

5.3.2 高强度螺栓连接副的施拧顺序和初拧复拧扭矩应符合设计要求和 JGJ 82 的规定。

5.3.3 初拧力矩宜为终拧施工力矩值的 50%，终拧到规定力矩。拧紧螺栓应从中部开始对称向两端进行。

5.3.4 不同等级的高强度螺栓规定的施工预紧力、施工扭矩及检查扭矩的计算公式可参照第 B.2 章。

5.3.5 检验所用的扭矩扳手应在使用前进行标定，其扭矩精度误差应不大于 3%，并在使用过程中定期复验。

5.3.6 经检验合格的高强度连接副，应按设计要求涂漆防锈，并在连接处缝隙及时用腻子封闭。

6 防 腐 蚀

6.1 防腐蚀的基本规定

6.1.1 防腐蚀操作工应具有行业主管部门颁发的防腐蚀操作工资质证书并在有效期内,所从事的工作应与本人考试合格的项目相符。

6.1.2 防腐蚀施工的质检人员应具有行业主管部门颁发的防腐蚀质检人员资质证书并在有效期内。

6.1.3 防腐蚀施工前,施工单位应编写防腐蚀工艺规程。

6.1.4 防腐蚀材料应具有出厂质量证明。标号不清或对材质有疑问时应予复验,复验符合有关标准后方可使用。

6.2 表 面 预 处 理

6.2.1 表面预处理应符合 SL 105 或国家有关标准的规定。

6.2.2 闸门表面预处理后,基体金属表面清洁度不应低于 GB/T 8923—1988 中规定的 Sa2 $\frac{1}{2}$ 级,表面粗糙度值及质量评定应符合 SL 105 或国家有关标准的规定。

6.2.3 闸门埋件露出混凝土的钢表面预处理要求同闸门表面,埋入混凝土部分表面处理清洁度不应低于 GB/T 8923—1988 中规定的 Sa1 级。

6.3 表 面 防 护

6.3.1 表面涂料保护、金属热喷涂保护及牺牲阳极保护应符合 SL 105 或国家有关标准的规定。

6.3.2 设计图样和有关技术文件无特殊要求时,闸门埋件露出混凝土的钢表面防护要求同闸门表面。埋入混凝土部分防护要求应符合 SL 105 或国家有关标准的规定。

6.4 表面防腐蚀的检测

6.4.1 在防腐蚀施工过程中，应对每道工序进行检测并做好检测记录，在前道工序合格后方可进行下道工序。

6.4.2 表面预处理及表面防护的质量检测应按 SL 105 或国家有关标准的规定。

7 闸 门 制 造

7.1 零件和单个构件制造

7.1.1 制定零件和单个构件的制造工艺时，应预留焊接收缩量、机械加工部位的切削余量。

7.1.2 用钢板或型钢下料而成的零件，其未注公差尺寸的应符合表 6 规定。

表 6　零件的极限偏差　　　　　　　　单位为毫米

基本尺寸	极限偏差		基本尺寸	极限偏差	
	切割	刨（铣）边缘		切割	刨（铣）边缘
≤1000	±2	±0.5	>2000～3150	±2.5	±1.5
>1000～2000	±2.5	±1	>3150	±3	±2

7.1.3 切割钢板或型钢，其切断口表面形位公差及表面粗糙度要求：

a）钢板或型钢切断面为待焊边缘时，切断面应无对焊缝质量有不利影响的缺欠；断面粗糙度 $Ra \leqslant 50\mu m$；长度方向的直线度公差应不大于边棱长度的 0.5/1000，且不大于 1.5mm；厚度方向的垂直度公差：当板厚 $\delta \leqslant 24mm$ 时，不大于 0.5mm；$\delta > 24mm$ 时，不大于 1mm。若局部存在少量较深的割痕时，可采用电焊方法进行焊补，但焊补应遵守本标准有关焊接的规定，焊补后应磨平。

b）钢板或型钢切断面为非焊接边缘时，切断面应光滑、整齐、无毛刺；长度方向的直线度公差应不大于表 6 中尺寸公差的一半；厚度方向的垂直度公差应不大于厚度的 1/10，且不大于 2mm。

7.1.4 焊缝坡口的基本形式和尺寸应符合 GB/T 985 和 GB/T 986 的有关规定。

7.1.5 钢板零件的边棱之间平行度和垂直度公差为表6相应尺寸公差的一半。

7.1.6 零件经矫正后，钢板的平面度、型钢的直线度、角钢肢的垂直度、工字钢和槽钢翼缘的垂直度和扭曲应符合表7的规定。

表7　零件形位公差　　　　单位为毫米

序号	名称	简图	公差		
1	钢板、扁钢的局部平面度 t		在1m范围内 $\delta \geqslant 4$：$t \leqslant 2$ $\delta > 4 \sim 12$：$t \leqslant 1.5$ $\delta > 12$：$t \leqslant 1$		
2	角钢、工字钢、槽钢的直线度	—	长度的1/1000但不大于5		
3	角钢肢的垂直度 Δ		$\Delta \leqslant b/100$		
4	工字钢、槽钢翼缘的垂直度 Δ		$\Delta < b/30$ 且 $\Delta \leqslant 2$		
5	角钢、工字钢、槽钢扭曲 e		型钢长度 L	型钢高度 H	
				$\leqslant 100$	> 100
			$\leqslant 2000$	$e \leqslant 1$	$e \leqslant 1.5$
			> 2000	$e = \dfrac{0.5}{1000}L$	$e = \dfrac{0.75}{1000}L$
			$e \leqslant 2$		

7.1.7 单个构件的尺寸极限偏差和形位公差应符合表8的规定。

表 8 构件尺寸极限偏差和形位公差　　　单位为毫米

序号	名　称	简　图	极限偏差或公差
1	构件宽度 b		
2	构件高度 h		± 2
3	腹板间距 c		
4	翼缘板对腹板的垂直度 a		$a \leqslant b_1/150$，且不大于 2
			$a \leqslant 0.003b$，且不大于 2
5	腹板对翼缘板的中心位置的偏移 e		不大于 2
6	腹板的局部平面度 $\triangle$		每米范围内不大于 2
7	扭曲	—	长度不大于 3m 的构件，应不大于 1，每增加 1m，递增 0.5，且最大不大于 2
8	正面（受力面）弯曲度	—	构件长度的 1/1500，且不大于 4
9	侧面弯曲度	—	构件长度的 1/1000，且不大于 6

1587

7.1.8 零件和单个构件变形，可以采用机械方法或局部火焰加热方法矫正。若采用局部火焰加热矫正，应控制加热区的温度不超过 650℃（呈暗红色）。

7.2 铸钢件和锻件

7.2.1 铸钢件和锻件根据零件的受力情况、重要性程度及工作条件分为 4 类，合同文件及图样另有规定者，按合同文件及图样的规定。

    a）一类铸钢件和锻件：

        ——门叶面积×水头＞1000m³ 的平面闸门的主轮、主轮轴、吊耳轴、节间连接轴、铸锻件主轨；

        ——门叶面积×水头＞1000m³ 的弧形闸门的支铰、支铰轴；

        ——人字闸门的顶、底枢零件及支枕垫块。

    b）二类铸钢件和锻件：

        ——门叶面积×水头≤1000m³ 的平面闸门的主轮、主轮轴、节间连接轴、铸锻件主轨；

        ——门叶面积×水头≤1000m³ 的弧形闸门的支铰、支铰轴。

    c）三类铸钢件和锻件：

        平面滑动闸门的主滑块及滑块座。

    d）四类铸钢件和锻件：

        除以上 3 类之外的铸钢件及锻件。

7.2.2 除本标准另有规定外，铸钢件的化学成分和力学性能等技术要求、试验方法和检验规则应分别符合 GB/T 11352 或 GB/T 14408 的规定；焊接结构用铸钢的牌号及其铸件的技术条件应符合 GB/T 7659 的规定；承受压力铸钢的牌号及其铸件的技术条件应符合 GB/T 16253 的规定；承受冲击负荷下耐磨损高锰钢的牌号及其铸件的技术条件应符合 GB/T 5680 的规定。

7.2.3 铸钢件应按批提供出厂质量合格证书，内容包括：订货合同号、铸件名称及设计图号、铸钢牌号、熔炼炉号、批号、热处理类型、各项检验结果及标准编号。

a) 凡同一牌号、同一炉次浇注及同炉热处理者为一批。

b) 质量合格证书中应包括化学成分和力学性能试验的实测数据。

c) 力学性能应提供 R_m、R_{eL}（$R_{p0.2}$）、A、Z 的实测数据。设计有要求时提供硬度的实测数据。对于低温、冲击工作条件下的铸钢件还应提供冲击功（夏比 V 型缺口试验 Akv）的数据，冲击试验的试验温度应按设计规定。

7.2.4 铸钢件的尺寸和机械加工余量的数值、确定方法及检验评定规则应符合 GB/T 6414 的规定。

7.2.5 铸钢件的表面质量：

a) 铸钢件表面应清理干净，修整飞边与毛刺，去除补贴、粘砂、氧化铁皮及内腔残余物。

b) 浇冒口的残根应清除干净、平整。

c) 铸钢件表面不应有裂纹、冷隔和缩松等缺欠，加工面上允许存在机械加工余量范围内的表面缺欠。

7.2.6 一、二类铸钢件应按 GB/T 7233 进行超声波检测，一类铸钢件的主要受力部位质量等级应符合 2 级标准，其余部位质量等级应符合 3 级标准；二类铸钢件的主要受力部位应符合 3 级标准，其余部位质量等级应符合 4 级标准。一、二类铸钢件应作100％外观目视检查，其主要受力部位的加工面应按 GB/T 9443 或 GB/T 9444 进行表面无损检测，一类铸钢件检查比例不低于50％，二类铸钢件检查比例不低于 20％，不得有裂纹。同一批的主轨可对该批 30％的主轨进行抽查，其他部位对有疑问处应进行检查。当检查发现有裂纹缺欠时，应进行 100％检查。

7.2.7 铸钢件有超标缺欠时，可用焊接方法进行修补，合同或图样另有规定时按其规定执行。

7.2.8 铸钢件焊补前应将缺欠全部清除干净，露出致密金属表面，坡口面应修整圆滑，不得有尖角存在；对于裂纹类缺欠，在清除裂纹前为防止裂纹扩展，应开止裂孔，并采用磁粉检测或渗透检测方法对焊补区坡口进行检验，以证实缺欠被全部清除。

7.2.9 铸钢件焊补前应进行预热，焊补后应进行消除应力热处理。

7.2.10 焊补应遵照本标准有关焊接的规定。

7.2.11 当焊补坡口深度超过壁厚的 20% 或 25mm 或坡口面积大于 65cm² 时，被认为是重大焊补。重大焊补应征得设计同意和监理批准；重大焊补应有焊补技术记录，及时、正确、真实地记录焊补过程的实际情况。

7.2.12 铸钢件在最终性能热处理之后不得再进行焊补。

7.2.13 锻件用的钢棒、钢锭或钢坯应是镇静钢，其制造和验收技术要求应符合 JB/T 6397 或 JB/T 6396 的要求。要求保证淬透性的锻件的牌号、技术要求、试验方法及检验规则应符合 GB/T 5216 的要求。

7.2.14 锻件用钢应具有出厂合格证书，合格证书应包括化学成分及力学性能试验的实测数据。每批锻件应由同一图样锻成，也可由不同图样锻造但形状和尺寸相近的锻件组批。各类锻件的试验要求见表 9。

表 9 锻件的检验项目

锻件级别	试验项目及检验数量				组批条件
	化学成分	硬度	拉伸（R_m、R_{eL} 或 $R_{p0.2}$、A、Z）	冲击（AKV）	
一	每一炉号	100%	100%	100%	逐件检验
二	每一炉号	100%	每批抽 2%，但不少于 2 件	每批抽 2%，但不少于 2 件	同钢号，同热处理炉次
三	每一炉号	100%	—	—	同钢号，同热处理炉次

1590

表 9（续）

锻件级别	试验项目及检验数量				组批条件
	化学成分	硬度	拉伸（R_m、R_{eL} 或 $R_{p0.2}$、A、Z）	冲击（AKV）	
四	每一炉号	每批抽 2%，但不少于 2 件	—	—	同钢号、同热处理炉次

注1：按百分比计算检验数量后，不足1件的余数应算为1件。

注2：一、二类锻件的硬度值不作为验收的依据。

7.2.15 锻件表面不应有裂纹、缩孔、折叠、夹层及锻伤等缺欠。需机械加工的表面若有缺欠，其深度不应超过单边机械加工余量的 50%。

一、二类锻件应按照 GB/T 6402 进行超声波检测，一类锻件的质量等级应符合 2 级标准，二类锻件的质量等级应符合 3 级标准。一类锻件应按 JB/T 4730.4 或 JB/T 4730.5 进行表面无损检测检查，主要受力部位检查比例不低于 50%，其他部位对有疑问处进行检查。不允许任何裂纹和白点，紧固件和轴类零件不允许任何横向缺陷显示，其他部件和材料Ⅲ级合格。当检查发现有超标缺欠时，应进行 100% 检查。

7.2.16 有白点的缺欠应予报废，且与该锻件同一熔炉号、同炉热处理的锻件均应逐个进行检查。

7.2.17 焊补应遵照本标准有关焊接的规定。

7.3　埋　件　制　造

7.3.1 除本标准另有规定者外，预埋在各类闸室中的钢结构件，包括底槛、主轨、副轨、反轨、止水座板、门楣、侧轮导板、侧轨、铰座钢梁和具有止水要求的胸墙及钢衬护制造的允许公差应符合表 10 的规定。

表 10 具有止水要求的埋件公差 单位为毫米

序号	项 目	公 差	
		构件表面未经加工	构件表面经过加工
1	工作面直线度	构件长度的 1/1 500 且不大于 3	构件长度的 1/2000 且不大于 1
2	侧面直线度	构件长度的 1/1000 且不大于 4	构件长度的 1/1000 且不大于 2
3	工作面局部平面度	每米范围内不大于 1,且不超过 2 处	每米范围内不大于 0.5,且不超过 2 处
4	扭曲	长度不大于 3m 的构件,不应大于 1;每增加 1m,递增 0.5,且最大不大于 2	—

注 1：工作面直线度,沿工作面正向对应支承梁腹板中心测量。
注 2：侧面直线度,沿工作面侧向对应隔板或筋板处测量。
注 3：扭曲系指构件两对角线中间交叉点处不吻合值。

7.3.2 没有止水要求的胸墙和钢衬护制造的允许公差应符合表 11 的规定。

表 11 没有止水要求的埋件公差 单位为毫米

序号	项 目	公 差
1	工作面直线度	构件长度的 1/1500 且不大于 3
2	侧面直线度	构件长度的 1/1 500 且不大于 4
3	工作面局部平面度	每米范围内不大于 3
4	扭曲	长度不大于 3m,不应大于 2,每增加 1m,递增 0.5,且不大于 3

注 1：工作面直线度,沿工作面正向对应支承梁腹板中心测量。
注 2：侧面直线度,沿工作面侧向对应隔板或筋板处测量。
注 3：扭曲系指构件两对角线中间交叉点处不吻合值。

7.3.3 平面链轮闸门主轨承压凹槽及承压板加工按 GB/T 1800.2—1998 应不低于 IT8 级精度要求,凹槽底面的直线度应符合表 12 的规定。

当设计要求对主轴承压板进行表面热处理时，热处理工艺应保证表面硬度及硬度分布满足要求。

承压板装配在主轨上之后，接头的错位应不大于0.1mm，主轨承压面的直线度允许公差应符合表12的规定。

表12　平面链轮闸门主轨凹槽和承压面公差　单位为毫米

主轨长度	公　　差	
	主轨凹槽底面	主轨承压面
≤1000	0.15	0.20
>1000～2500	0.20	0.30
>2500～4000	0.25	0.40
>4000～6300	0.30	0.50
>6300～10000	0.40	0.60

7.3.4 采用充压式、压紧式水封的弧形闸门，埋件的止水座基面的曲率半径极限偏差为±2mm，其偏差方向应与门叶面板外弧的曲率偏差方向一致；其他型式弧形闸门侧止水座板和侧轮导板的中心线曲率半径极限偏差为±3mm。

7.3.5 底槛和门楣的长度极限偏差为−4mm～0mm，如底槛不是嵌于其他构件之间，则极限偏差为±4mm，胸墙的宽度极限偏差为−4mm～0mm，对角线相对差应不大于4mm。

7.3.6 焊接主轨的不锈方钢、止水板与主轨面板组装时应压合，局部间隙应不大于0.5mm，且每段长度不超过100mm，累计长度不超过全长的15%。

7.3.7 铸钢主轨支承面（踏面）宽度尺寸极限偏差为±3mm。

7.3.8 当止水板在主轨上时，任一横断面的止水面与主轨轨面的距离 c 的极限偏差为±0.5mm，止水板中心至轨面中心的距离 a 的极限偏差为±2mm，止水板与主轨轨面的相互关系见图2。

7.3.9 当止水板在反轨上时，任一横断面的止水板与反轨工作面的距离 c 的极限偏差为±2mm，止水板中心至反轨工作面中

心的距离 a 的极限偏差为±3mm，止水板与反轨工作面的相互关系见图3。

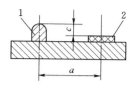

1——主轨；

2——止水板。

图2　止水板与主轨轨面的相互关系

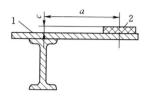

1——反轨工作面；

2——止水板。

图3　止水板与反轨工作面的相互关系

7.3.10　护角如兼作侧轨，其与主轨轨面（或反轨工作面）中心距离 a 的极限偏差为±3mm，其与主轨轨面（或反轨工作面）的垂直度公差应不大于1mm（见图4）。

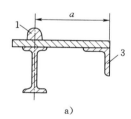
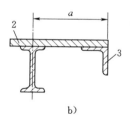

a)　　　　　　　　　　b)

1——主轨；

2——反轨；

3——护角。

图4　护角与主轨（反轨）的相互关系

7.3.11　支铰的铰链和铰座平面的平面度公差、铰链轴孔和铰座轴孔的同轴度公差应符合 GB/T 1184—1999 中 B 级精度要求，其表面粗糙度 $Ra \leqslant 25\mu m$；铰链与支臂的连接螺孔宜采用模板套钻。

7.3.12　分节制造的埋件，应在制造厂进行预组装，组装可以立拼，也可以卧拼，但不应以外力强制组装。

7.3.13 组装时，相邻构件组合处的错位允差为：

    a）经过机加工的工作面应不大于 0.5mm。

    b）未经机加工的应不大于 2mm。

    c）链轮门主轨承压面应不大于 0.1mm。

7.3.14 预组装检验合格后，应在埋件的工作面和止水面显著标记中心线，应在节间组合面两侧 150mm 处标定检查线，必要时应设置定位装置，并按本标准有关规定进行编号和包装。

7.4 平面闸门门体制造

7.4.1 除本标准另有规定者外，平面闸门门叶制造、组装的公差或极限偏差应符合表 13 的规定。

表 13 平面闸门门叶的公差或极限偏差   单位为毫米

序号	项 目	门叶尺寸	公差或极限偏差	备 注
1	门叶厚度 b	≤1 000 ＞1 000～3 000 ＞3 000	±3 ±4 ±5	
2	门叶外形高度 H 门叶外形宽度 B	≤5 000 ＞5 000～10 000 ＞10 000～15 000 ＞15 000～20 000 ＞20 000	±5 ±8 ±10 ±12 ±15	
3	门叶宽度 B 和高度 H 的对应边之差	≤5 000 ＞5 000～10 000 ＞10 000～15 000 ＞15 000～20 000 ＞20 000	5 8 10 12 15	
4	对角线相对差 $|D_1-D_2|$	≤5 000 ＞5000～10 000 ＞10 000～15 000 ＞15 000～20 000 ＞20 000	3 4 5 6 7	门叶尺寸取门高或门宽中尺寸较大者

表 13（续）

序号	项 目	门叶尺寸	公差或极限偏差	备 注
5	扭曲	≤10 000 ＞10 000	3 4	
6	门叶横向直线度 f_1		$B/1\ 500$，且不大于 6（凸向背水面时为 3）	通过各横梁中心线测量
7	门叶竖向直线度 f_2		$H/1\ 500$，且不大于 4	通过两边梁中心线测量
8	两边梁中心距	≤10 000 ＞10 000～15 000 ＞15 000～20 000 ＞20 000	±3 ±4 ±5 ±6	
9	两边梁平行度 $\mid L'-L\mid$	≤10 000 ＞10 000～15 000 ＞15 000～20 000 ＞20 000	3 4 5 6	
10	纵向隔板错位		3	
11	面板与梁组合面的局部间隙		1	
12	面板局部平面度	面板厚度 δ： ≤10 ＞10～16 ＞16	每米范围内不大于： 5 4 3	
13	门叶底缘直线度		2	
14	门叶底缘倾斜值 $2C$		3	
15	两边梁底缘平面（或承压板）平面度		2	
16	止水座面平面度		2	

序号	项　目	门叶尺寸	公差或极限偏差	备　注
17	节间止水板平面度		2	
18	止水座板至支承座面的距离		±1	
19	侧止水螺孔中心至门叶中心距离		±1.5	
20	顶止水螺孔中心至门叶底缘距离		±3	
21	底水封座板高度		±2	
22	自动挂钩定位孔（或销）至门叶中心距离		±2	
简图				

7.4.2 滚轮和轴套应按图样要求的配合公差加工。在图样未明确规定时，轴套内孔直径偏差应符合 GB/T 1801—1999 规定的 H8 级精度要求，其圆柱度公差为尺寸公差的 1/2，滚轮踏面圆跳动宜不低于 GB/T 1184—1999 中 9 级精度要求。滚轮组装好后，应转动灵活，无卡滞现象。

7.4.3 滑道支承常用材料——填充四氟乙烯板材、钢基铜塑复合材料、自润滑铜合金、工程塑料合金的物理力学性能与技术要求参见附录 C。

7.4.4 滑道支承夹槽底面与门叶表面的间隙应符合表 14 的规定。

表 14 滑道支承夹槽底面与门叶表面的间隙 单位为毫米

序号	间 隙 性 质	极 限 偏 差	
		接触表面未经加工	接触表面经过加工
1	贯穿间隙 	Δ 应不大于 1，每段长度不超过 200，累计长度不大于滑道全长的 20%	Δ 应不大于 0.3，每段长度不超过 100，累计长度不大于滑道全长的 15%
2	局部间隙 	Δ ≤ 0.5，b ≤ l/10，累计长度不大于滑道全长的 50%	Δ ≤ 0.3，b ≤ l/10，累计长度不大于滑道全长的 25%

7.4.5 平面闸门的滚轮或滑道支承组装时，应以止水座面为基准面进行调整。组装的公差或极限偏差应符合表 15 的规定。

表 15 滚轮或滑道支承组装的公差或极限偏差 单位为毫米

序号	项 目	特征尺寸	公差或极限偏差	备 注
1	滚轮或滑道支承所组平面的平面度	跨度≤10 000	≤2	测量时应在每段滑道两端各测一点
		跨度>10 000	≤3	
2	滑道支承与止水座基准面平行度	滑道长度≤500	≤0.5	
		滑道长度>500	≤1	
3	相邻滑道衔接端的高低差		≤1	
4	滚轮或支承滑道的工作面与止水座面的距离极限偏差		±1.5	同一横断面上
5	反向支承滑块或滚轮的工作面与止水座面的距离极限偏差		±2	

序号	项 目	特征尺寸		公差或极限偏差		备 注
6	滚轮对任何平面的倾斜度			2/1 000		
7	同侧滚轮或滑道的中心线与闸门中心线的极限偏差			±2		
8	滚轮或滑道支承跨度的极限偏差	跨度		滚轮	滑道	
		≤5 000		±2	±2	
		>5 000～10 000		±3	±2	
		>10 000		±4	±2	
9	平面链轮闸门承载走道跨度极限偏差	跨距		±1		
		≤5 000		±1		
		>5 000～10 000		±2		
		>10 000		±3		

7.4.6 闸门吊耳距门叶中心线极限偏差为±1.5mm。闸门吊耳孔在闸门高度、厚度方向中心线与图样给定基准面的极限偏差为±2mm，且相对差不大于2mm。

7.4.7 吊耳、吊杆的轴孔倾斜度应不大于1/1 000。

7.4.8 平面闸门出厂前应进行整体预组装（包括主支承装置、反向支承装置、侧向支承装置及充水装置），预组装应在自由状态下进行。如节间焊接连接的，则节间允许用连接板连接，但不得强制组合。

7.4.9 平面链轮闸门门叶焊接完成之后，为了保证门叶整体形状和几何尺寸的稳定，宜进行消除应力处理。

当设计图样要求对门叶进行机加工时，应满足下列要求：

a）相应平面之间距离极限偏差为±0.5mm。

b）门叶两侧与承载走道相接触的表面平面度应不大于0.3mm。

c）平行平面的平行度应不大于0.3mm。

d）各机械加工面的表面粗糙度 $Ra \leqslant 25\mu m$。

e）加工后的梁系翼缘板厚应符合设计要求，局部极限偏差 $-2mm$。

7.4.10 平面链轮闸门的主要零部件（滚轮、承载走道、非承载走道）的制造应满足下列要求：

a）主要零部件尺寸公差可参照 GB/T 1800.2—1998 中按 IT6～IT8 级选用，表面粗糙度 $Ra \leqslant 3.2\mu m$。

b）当设计要求对承载走道进行表面热处理时，热处理工艺应保证表面硬度和硬度分布满足要求。

7.4.11 平面链轮闸门链条组装好后，应活动灵活、无卡滞现象。门叶水平放置时，每个链轮与承载走道面应接触良好，接触长度不应小于链轮长度的 80%，局部间隙应小于 0.1mm。门叶处在工作位置时，应检查链轮与下部端走道之间的距离（下驰度）并满足设计的要求。

7.4.12 平面链轮闸门反轮、侧轮及止水橡皮的组装应以承载走道上的链轮所确定的平面和中心为基准进行调整与检查。

7.4.13 预组装后，平面闸门组合处的错位应不大于 2mm，但平面链轮闸门组合处的错位应不大于 1mm。

7.4.14 检查合格后，应明显标记门叶中心线、边柱中心线及对角线测控点，在组合处两侧 150mm 作供安装控制的检查线，设置可靠的定位装置并进行编号和标志。

7.5 弧形闸门门体制造

7.5.1 除本标准另有规定者外，弧形闸门门叶制造、组装的允许公差与极限偏差应符合表 16 的规定。

7.5.2 采用充压式、压紧式水封弧形闸门门叶面板加工后的外弧的曲率半径极限偏差为 $\pm 2mm$，其偏差方向应与埋件的止水座基面的曲率半径偏差方向一致；门叶面板加工后的板厚应不小于图样尺寸，其表面粗糙度 $Ra \leqslant 25\mu m$，形状公差应符合表 17 的规定。

表 16　弧形闸门门叶的公差或极限偏差　　单位为毫米

序号	项　目	门叶尺寸	公差或极限偏差		备　注
			潜孔式	露顶式	
1	门叶厚度 b	≤1 000 >1 000~3 000 >3 000	±3 ±4 ±5	±3 ±4 ±5	
2	门叶外形高度 H 和外形宽度 B	≤5 000 >5 000~10 000 >10 000~15 000 >15 000	±5 ±8 ±10 ±12	±5 ±8 ±10 ±12	
3	对角线相差 $|D_1-D_2|$	≤5 000 >5 000~10 000 >10 000	3 4 5	3 4 5	在主梁与支臂组合处测量
4	扭曲	≤5 000 >5 000~10 000 >10 000	2 3 4	2 3 4	在主梁与支臂组合处测量
		≤5 000 >5 000~10 000 >10 000	3 4 5	3 4 5	在门叶四角测量
5	门叶横向直线度	≤5 000 >5 000~10 000 >10 000	3 4 5	6 7 8	通过各主、次横梁或横向隔板的中心线测量
6	门叶纵向弧度与样板的间隙		3	6	通过各主、次纵梁或纵向隔板的中心线，用弦长3m的样板测量
7	两主梁中心距		±3	±3	
8	两主梁平行度 $|L'-L|$		3	3	
9	纵向隔板错位		2	2	
10	面板与梁组合面的局部间隙		1	1	

表 16（续）

序号	项 目	门叶尺寸	公差或极限偏差		备 注
			潜孔式	露顶式	
		板厚 δ：	每米范围不大于		
11	面板与样尺的间隙	＞6～10 ＞10～16 ＞16	5 4 3	6 5 4	
12	门叶底缘直线度		2	2	
13	门叶底缘倾斜值 2C		3	3	
14	侧止水座面平面度		2	2	
15	顶止水座面平面度		2		
16	侧止水座面至门叶中心距离		±1.5	±1.5	
17	侧止水螺孔中心至门叶中心距离		±1.5	±1.5	
18	顶止水螺孔中心至门叶底缘距离		±3		
简图					

注：当门叶宽度、两边梁中心距及其直线度与侧止水有关时，其偏差值应符合图样规定。

表 17 形 状 公 差　　　　　　　　单位为毫米

序号	项　目	特征尺寸	公　差
1	门叶横向直线度	≤1 000	0.5
		>1 000~1 600	0.8
		>1600~2 500	1
		>2 500~4 000	1.2
		>4 000~6 300	1.5
		>6 300~10 000	2
2	各组合面的平面度	≤630	0.25
		>630~1 000	0.3
		>1 000~1 600	0.4
		>1 600~2 500	0.5

7.5.3 弧形闸门吊耳的位置及吊耳孔中心线的极限偏差应符合 7.4.6 的规定。

7.5.4 支臂（见图 5）制造与组装的极限偏差应符合下列规定：

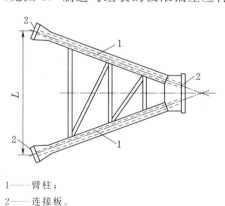

1——臂柱；
2——连接板。

图 5　支臂示意图

　　a）臂柱下料时，应留出焊接收缩和调整的余量，在弧形闸门整体组装时再修正，以使其长度最后能满足铰链轴孔中心至面板外缘曲率半径的要求。

　　b）臂柱作为单个构件制造的极限偏差应符合表 8 的规定。

c）支臂开口处弦长 L 的极限偏差应符合表 18 的规定。

表 18　支臂开口处弦长极限偏差　　　单位为毫米

序号	支腿开口处弦长 L	极限偏差
1	≤4 000	±2
2	>4 000～6 000	±3
3	>6 000	±4

d）直支臂的侧面扭曲应不大于 2mm，反向弧形闸门支臂两侧对水平面的垂直度应不大于支腿开口处弦长 $L/1$ 000。

e）斜支臂组装应以臂柱中心线夹角平分线为基准线，臂柱腹板应与门叶主梁腹板形成水平连接，支臂连接板应与基准线垂直，上、下臂柱腹板在垂直于基准线的剖面的扭角应用样板检查，样板间隙应不大于 2mm，臂柱补强板应根据计算扭角大小预折成形，不得强制装配。

7.5.5　弧形闸门出厂前，应进行立体组装检查，其公差或极限偏差除符合本章中的有关规定外，并应符合表 19 的要求。

表 19　弧形闸门组装的公差或极限偏差　　　单位为毫米

序号	项　目	公差或极限偏差	备注
1	两个铰链轴孔的同轴度公差	≤1	
2	每个铰链轴孔的倾斜度	≤1/1 000	
3	铰链中心至门叶中心距离 L_1	±1	
4	臂柱中心与铰链中心的不吻合值 Δ_1	≤2	
5	臂柱腹板中心与主梁腹板中心的不吻合值 Δ_2	≤4	
6	支臂中心至门叶中心距离 L_2	±1.5	在支臂开口处测量
7	支臂与主梁组合处的中心至支臂与铰链组合处的中心对角线相对差 $\lvert D_1 - D_2 \rvert$	≤3	

表 19（续）

序号	项　目		公差或极限偏差	备注
8	在上、下两支臂夹角平分线的垂直剖面上，上、下支臂侧面的位置度公差 $C = |L_3 - L_3'|$		≤5	
9	铰链轴孔中心至面板外缘的半径 R	露顶式弧形闸门	±7	其偏差方向应与埋件的止水座基面的曲率半径偏差方向一致
		潜孔式弧形闸门	±3	
		采用充压式、压紧式水封弧形闸门	±2	
10	铰链轴孔中心至面板外缘的半径 R 两侧相对差	露顶式弧形闸门	≤5	
		潜孔式弧形闸门	≤2	
		采用充压式、压紧式水封弧形闸门	≤1	
11	组合处错位		≤2	
12	支臂两端连接板与门叶、铰链组合面之接触面，臂柱间两连接板的接触面		应有 75％ 以上的面积紧贴，且边缘最大间隙不应大于 0.8mm	连接螺栓紧固后，用 0.3mm 塞尺检查其塞入面积应小于 25％
简图				

I-I 剖面

7.5.6 组装检查合格后，应明显标记门叶中心线，对角线测控点，在组合处两侧150mm作供安装控制的检查线，设置可靠的定位装置，并进行编号和标志。

7.6 人字闸门门体制造

7.6.1 人字闸门门叶制造、组装的公差或极限偏差，应符合表20的规定。

表20　人字闸门门叶的公差或极限偏差　单位为毫米

序号	项　　目	门叶尺寸	公差或极限偏差	备　　注
1	门叶厚度 b	≤1 000 >1 000~3 000 >3 000	±3 ±4 ±5	
2	门叶外形高度 H	≤5 000 >5 000~10 000 >10 000~15 000 >15 000~20 000 >20 000	±5 ±8 ±12 ±16 ±20	
3	门叶外形半宽 $B/2$	≤5 000 >5 000~10 000 >10 000	±2.5 ±4 ±5	
4	对角线相对差 $\mid D_1-D_2 \mid$	≤5 000 >5 000~10 000 >10 000~15 000 >15 000~20 000 >20 000	3 4 5 6 7	按门高或门宽尺寸较大者选取
5	门轴柱、斜接柱正面直线度	≤5 000 >5 000~10 000 >10 000	2.5 4 5	
6	门轴柱、斜接柱侧面直线度		5	
7	门叶横向直线度 f_1		$B/1 500$，且不大于4	通过各横梁中心线测量

1606

表 20 （续）

序号	项 目	门叶尺寸	公差或极限偏差	备 注
8	门叶竖向直线度 f_2		$H/1\,500$，且不大于 6	通过左、右两侧两根纵向隔板中心线测量
9	顶、底主梁的长度相对差	≤5 000 >5 000～10 000 >10 000	2.5 4 5	
10	门叶底面的平面度		2	
11	止水座面平面度		2	
12	面板与梁组合面的局部间隙		1	
13	面板局部不平度	面板板厚 δ： ≤10 >10～16 >16	每米范围内： 6 5 4	
14	门叶底缘倾斜值 $2C$		3	
15	纵向隔板错位		3	
简图				

7.6.2 支、枕垫块出厂前应逐对配装研磨，使其接触紧密，局部间隙应不大于 0.05mm，其累计长度应不超过支、枕垫块长度的 10%。

7.6.3 底枢蘑菇头与底枢顶盖轴套应在厂内组装研刮，并满足下列要求：

a) 在加工时，定出蘑菇头的中心位置并予以标记。

b) 应转动灵活，无卡阻现象。

c) 蘑菇头与轴套接触面应集中在顶部 20°～120°范围内，接触面上的接触点数，在每 25mm×25mm 面积内应不少于 1 个～2 个点。

7.6.4 人字闸门出厂前应进行整体预组装检查，组装时，应以门叶中心线（即安装时的垂直线）和底横梁中心线（即安装时的水平线）为基准线，其偏差应符合表 20 的规定外，并应符合下列要求：

a) 底枢顶盖中心位置度公差应不大于 2mm，底枢顶盖与底横梁中心线的平行度公差应不大于 1mm。

b) 分节制造的人字闸门顶枢轴孔应在工地完成了门叶拼装、焊接之后再进行镗孔或扩孔。整体组装时应作出顶、底枢轴线和顶枢轴孔控制线，并用仪器进行校验。顶、底枢中心同轴度公差应不大于 0.5mm，顶、底枢中心线与门叶中心线平行度公差应不大于 0.5mm。

c) 整体制造的人字门可在工厂对顶枢进行镗孔，顶、底枢孔同轴度公差应不大于 0.5mm，顶、底枢中心线与门叶中心线平行度公差应不大于 0.5mm。

d) 检查合格后，应明显标记门叶和端板中心线及底横梁中心线，在距离节间组合面约 150mm 作供安装控制的检查线，设置可靠的定位装置，并予编号和标志。

8 闸 门 安 装

8.1 埋 件 安 装

8.1.1 预埋在一期混凝土中的锚栓或锚板，应按设计图样制造、预埋，在混凝土浇筑之前应对预埋的锚栓或锚板位置进行检查、核对。

8.1.2 埋件安装前，门槽中的模板等杂物及有油污的地方应清除干净。一、二期混凝土的结合面应凿毛，并冲洗干净。二期混凝土门槽的断面尺寸及预埋锚栓或锚板的位置应复验。

8.1.3 埋件安装前，应对埋件各项尺寸进行复验。

8.1.4 除本标准中另有规定者外，平面闸门埋件安装的公差或极限偏差应符合表21的规定，检测时，构件每米至少应测一点。

8.1.5 平面链轮闸门埋件安装除满足8.1.4规定外，主轨承压面接头处的错位应不大于0.2mm，并应磨成缓坡；孔口两侧主轨承压面应在同一平面之内，其平面度应符合表22的规定。

8.1.6 弧形闸门铰座的基础螺栓中心和设计中心的位置偏差应不大于1mm。

8.1.7 本标准另有规定者外，弧形闸门埋件安装的公差与极限偏差应符合表23的规定，检测时，构件每米至少测一点。

8.1.8 采用充压式、压紧式水封的弧形闸门，埋件的止水座基面中心线至孔口中心线的距离极限偏差为±2mm；埋件的止水座基面的曲率半径极限偏差为±3mm，其偏差方向应与门叶面板外弧的曲率偏差方向一致；埋件的止水座基面至弧形闸门外弧面间隙尺寸极限偏差应不大于1.5mm；潜孔式侧止水座如为不锈钢，其组合错位为0.5mm。

8.1.9 弧形闸门铰座钢梁单独安装时，钢梁中心的里程、高程和对孔口中心线距离的极限偏差为±1.5mm。铰座钢梁的倾斜（见图6），按其水平投影尺寸 L 的偏差值来控制，要求 L 的偏差应不大于 $L/1\,000$。

表21 平面闸门埋件安装的公差或极限偏差

序号	埋件名称		底槛	门楣	主轨 加工	主轨 不加工	侧轨	反轨	止水板	护角兼作侧轨	胸墙 兼作止水 上部	胸墙 兼作止水 下部	胸墙 不兼作止水 上部	胸墙 不兼作止水 下部
1	对门槽中心线 a	工作范围内	±5	+2 −1	+2 −1	+3 −1	±5	+3 −1	+2 −1	±5	+5 0	+2 −1	+8 −1	+2 −1
		工作范围外	±5		+3 −1	+5 −2	±5	+5 −2		±5				
2	对孔口中心线 b	工作范围内	±5		±3	±3	±5	±3	±3	±5				
		工作范围外			±4	±4	±5	±5		±5				

表 21（续）

序号	埋件名称		底槛	门楣	主轨		侧轨	反轨	止水板	护角兼作侧轨	胸墙			
					加工	不加工					兼作止水 上部	兼作止水 下部	不兼作止水 上部	不兼作止水 下部
3	高程	▽	±5	±3										
4	门楣中心对底槛面的距离 h													
5	工作表面一端对另一端的高差	L＜10000	2											
		L≥10000	3											
6	工作表面平面度	工作范围内	2	2		2			2		2	2	4	4
		工作范围外	1	0.5	0.5	1	1	1	0.5	1	1	1	1	1
7	工作表面组合处的错位	工作范围外			1	2	2	2		2				

表 21（续）

埋件名称	底槛	门楣	主轨 加工	主轨 不加工	侧轨、反轨	止水板	护角兼作侧轨	胸墙 兼作止水 上部	胸墙 兼作止水 下部	胸墙 不兼作止水 上部	胸墙 不兼作止水 下部
简图											
表面粗糙度工作范围内表面宽度值 f 允许值　B<100	1	1	0.5	1	2	2	1				
B=100~200	1.5	1.5	1	2	2.5	2.5	1.5			2	
B>200	2		1	2	3	3				2.5	
工作范围外允许增加值			2	2	2	2				3	
										2	

序号 8

注1：L 为闸门宽度。

注2：胸墙下部系指和门楣组合处。

注3：门槽工作范围指门楣高度；静水启闭闸门为孔口高；动水启闭闸门为承压主轨高度。

表 22　平面链轮闸门主轨承压面平面度　　单位为毫米

主轨长度	平面度公差
≤1000	0.4
>1000～2500	0.5
>2500～4000	0.6
>4000～6300	0.8
>6300～10000	1

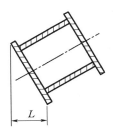

L

图 6　铰座钢梁的倾斜

8.1.10　水平钢衬高程极限偏差为±3mm，侧向钢衬至孔口中心线距离极限偏差为＋6mm～－2mm，表面平面度公差为4mm，垂直度公差为高度的1/1 000且不大于4mm，组合面错位应不大于2mm。

8.1.11　埋件安装调整好后，应将调整螺栓与锚板或锚栓焊牢，埋件在浇筑二期混凝土过程中不应变形或移位。

8.1.12　埋件工作面对接接头的错位均应进行缓坡处理，过流面及工作面的焊疤和焊缝余高应铲平磨光，凹坑应补焊平并磨光。

8.1.13　埋件安装完，经检查合格，应在5d内浇筑二期混凝土。如过期或有碰撞，应予复测，复测合格，方可浇筑二期混凝土。二期混凝土一次浇筑高度不宜超过5m，浇筑时，应注意防止撞击埋件和模板，并采取措施捣实混凝土，应防止二期混凝土离析、跑模和漏浆。

8.1.14　埋件的二期混凝土强度达到70％以后方可拆模，拆模后应对埋件进行复测，并做好记录。同时检查混凝土尺寸，清除遗留的外露钢筋头和模板等杂物，以免影响闸门启闭。

表 23　弧形闸门埋件安装的公差或极限偏差

序号	埋件名称		底槛	门楣	侧止水板 潜孔式	侧止水板 露顶式	侧轮导板
	简图						
1	里程		±5	+2 −1			
2	高程		±5	±3			
3	门楣中心至底槛面的距离 h		±5				
4	对孔口中心线 b	工作范围内			±2	+3 −2	+3 −2
		工作范围外			+4 −2	+6 −2	+6 −2
5	工作表面一端对另一端的高差	L≥10000	3				
		L<10000	2				

表 23（续）

序号	埋件名称		底槛	门楣	侧止水板		侧轮导板
					潜孔式	露顶式	
6	工作表面平面度		2	2	2	2	2
7	工作表面组合处的错位		1	0.5	1	1	1
8	侧止水板和侧轮导板中心线的曲率半径				±5	±5	±5
	简图		（简图）	（简图）	（简图）		（简图）
9	表面扭曲宽度	工作范围表面宽度 $B<100$	1	1	1	1	2
		$B=100\sim200$	1.5	1.5	1.5	1.5	2.5
		$B>200$	2	2	2	2	3
		工作范围外允许增加值 f	2	2	2	2	2

注 1：L 为闸门宽度。

注 2：安装时，门楣一般为最后固定，故门楣位置可按门叶实际位置进行调整。

注 3：工作范围指孔口高度。

8.1.15 工程挡水前，应对全部检修门槽和共用门槽进行试槽。

8.2 平面闸门门体安装

8.2.1 整体闸门在安装前，应对其各项尺寸进行复测，并符合本标准有关规定的要求。

8.2.2 分节闸门组装成整体后，除应按本标准有关规定对各项尺寸进行复测外，并应满足下列要求：

a）节间如采用螺栓连接，则螺栓应均匀拧紧，节间橡皮的压缩量应符合设计要求。

b）节间如采用焊接，则应采用已经评定合格的焊接工艺，按本标准的有关规定进行焊接和检验，焊接时应采取措施控制变形。

8.2.3 充水阀的尺寸应符合设计图样，其导向机构应灵活可靠，密封件与座阀应接触均匀，并满足止水要求。

8.2.4 止水橡皮的物理力学性能参见附录 D 中有关规定。

8.2.5 止水橡皮的螺栓孔位置应与门叶和止水压板上的螺栓孔位置一致，孔径应比螺栓直径小 1mm。应采用专用空心钻头制孔，不应烫孔，均匀拧紧螺栓后，其端部至少应低于止水橡皮自由表面 8mm。

8.2.6 止水橡皮表面应光滑平直，橡塑复合水封应保持平直运输，不得盘折存放。其厚度极限偏差为 ±1mm，截面其他尺寸的极限偏差为设计尺寸的 2%。

8.2.7 止水橡皮接头可采用生胶热压等方法胶合，胶合接头处不得有错位、凹凸不平和疏松现象；若采用常温粘接剂胶合，抗拉强度应不低于附录 D 中的橡胶水封抗拉强度的 85%。

8.2.8 止水橡皮安装后，两侧止水中心距离和顶止水中心至底止水底缘距离的极限偏差 ±3mm，止水表面的平面度为 2mm。闸门处于工作状态时，止水橡皮的压缩量应符合图样规定，并进行透光检查或冲水试验。

8.2.9 平面闸门应作静平衡试验，试验方法为：将闸门吊离地面 100mm，通过滚轮或滑道的中心测量上、下游与左、右方向的倾斜，平面闸门的倾斜不应超过门高的 1/1 000，且不大于 8mm；平面链轮闸门的倾斜应不超过门高的 1/1 500，且不大于 3mm；当超过上述规定时，应予配重。

8.3 弧形闸门门体安装

8.3.1 圆柱铰和球铰及其他形式支铰铰座安装公差或极限偏差应符合表 24 的规定。

表 24 弧形闸门铰座安装公差或极限偏差　单位为毫米

序号	项　　目	公差与偏差
1	铰座中心对孔口中心线的距离	±1.5
2	里程	±2
3	高程	±2
4	铰座轴孔倾斜	$l/1\,000$
5	两铰座轴孔的同轴度	1

注：铰座轴孔倾斜系指任何方向的倾斜，l 为轴孔宽度。

8.3.2 分节弧形闸门门叶组装成整体后，应按本标准有关规定对各项尺寸进行复测。复测合格后采用评定合格的焊接工艺，按本标准的有关规定进行门叶结构焊接和检验，焊接时应采取措施控制变形。当门叶节间采取螺栓连接时，应遵照螺栓连接有关规定进行紧固和检验。

8.3.3 弧形闸门安装应符合下列规定：

a）支臂两端的连接板若需要在安装时焊接，应采取措施减少焊接变形，以保证焊接后其组合面符合本标准有关要求。

b）抗剪板应和连接板顶紧施焊。

c）连接螺栓应遵照螺栓连接有关规定进行紧固和检验，连接面间隙应符合本标准表 19 的有关规定。

d）铰轴中心至面板外缘的曲率半径 R 的极限偏差：露顶式弧形闸门为 ±8mm，两侧相对差应不大于 5mm；潜孔式弧形闸门为±4mm，两侧相对差应不大于3mm；采用充压式、压紧式水封弧形闸门为±3mm，其偏差方向应与埋件的止水座基面的曲率半径偏差方向一致，埋件的止水座基面至弧形闸门外弧面的间隙公差应不大于3mm，同时两侧半径的相对差应不大于1.5mm。

e）止水橡皮的质量应符合国家或行业有关技术标准的规定，顶、侧止水橡皮安装质量应符合8.2.4～8.2.8的有关规定。

8.4 人字闸门门体安装

8.4.1 底枢装置（见图7）安装应符合下列规定：

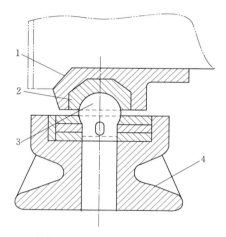

1——底枢顶盖；
2——轴套；
3——蘑菇头；
4——底枢轴座。

图7 底枢装置

a）底枢轴孔或蘑菇头中心的位置度公差应不大于2.0mm，左、右两蘑菇头高程极限偏差±3.0mm，左、右两蘑菇头高程相对差应不大于2.0mm。

b）底枢轴座的水平倾斜度应不大于1/1 000。

8.4.2 门叶安装应以底横梁中心线为水平基准线，以门体中心线为垂直基准线，并在门轴柱和斜接柱端板及其他必要部位悬挂铅垂线进行控制与检查。

门叶安装应按照吊装对位、焊接并检验合格之后再吊装下一节的程序进行。焊接应采用已经评定合格的焊接工艺，并采取有效的防止和监视焊接变形措施，遵照本标准有关焊接规定进行焊接与检验，门叶整体几何尺寸及形位公差应符合表 20 的规定。

8.4.3 顶枢装置（见图 8）安装应符合下列规定：

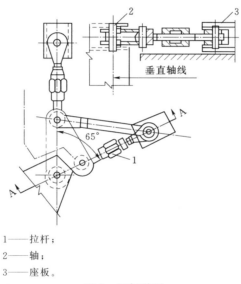

1——拉杆；

2——轴；

3——座板。

图 8 顶枢装置

a) 顶枢埋件应根据门叶上顶枢轴座板的实际高程进行安装，拉杆两端的高差应不大于 1mm。

b) 两拉杆中心线的交点与顶枢中心应重合，其偏差应不大于 2mm。

c) 顶枢轴线与底枢轴线应在同一轴线上，其同轴度公差为 2mm。

d) 顶枢轴孔的同轴度和垂直度应符合 GB/T 1184—1999 的

9级精度，表面粗糙度 $R_a \leqslant 25\mu m$。

8.4.4 支、枕座安装时，以顶部和底部支座或枕座中心的连线检查中间支、枕座的中心，其对称度公差应不大于2mm，且与顶枢、底枢轴线的平行度公差应不大于3mm。

8.4.5 支、枕垫块安装和调整，应符合下列规定：

a) 支、枕垫块安装应以枕垫块安装为基准，枕垫块的对称度公差为1mm，垂直度公差为1mm。

b) 不作止水的支、枕垫块间不应有大于0.2mm的连续间隙，局部间隙不大于0.4mm；兼作止水的支、枕垫块间，不应有大于0.15mm的连续间隙，局部间隙不大于0.3mm；间隙累计长度应不超过支、枕垫块长度的10%。

c) 每对相接触的支、枕垫块中心线的对称度公差：不作止水的应不大于5mm，兼作止水的应不大于3mm。

8.4.6 支、枕垫块与支、枕座间浇注填料应符合下列规定：

a) 如浇注环氧填料，则环氧垫层的厚度应不小于20mm。

b) 如浇注巴氏合金，则当支、枕垫块与支、枕座间的间隙小于7mm时，应将垫块和支、枕座均匀加热到200℃后方可浇注，不应采用氧气-乙炔火焰加热。

8.4.7 旋转门叶从全开到全关过程中，斜接柱上任意一点的最大跳动量：当门宽小于或等于12m时为1.0mm；门宽大于12m小于或等于24m时为1.5mm；门宽大于24m时为2.0mm。

8.4.8 人字门背拉杆调整应在自由悬挂状态下进行，调整背拉杆应符合下列要求：

a) 背拉杆宜分步参照设计预应力值进行调整。

b) 门轴柱和斜接柱的正面直线度、门叶横向直线度不应超过表20的有关规定。

c) 门叶底横梁在斜接柱下端点的位移：顺水流方向±2mm，垂直方向±2mm。

8.4.9 关闭单扇门叶，检查门轴柱支、枕垫块（侧水封与侧止水板）、底水封与底止水板是否均匀接触；关闭两扇门叶，检查斜接柱支垫块间（中间水封与止水板）是否均匀接触。

8.4.10 在无水状态下调试人字闸门时，应充分考虑到环境温差的影响，正确处理门体有关几何尺寸及相互位置的变化。

8.5 闸门试验

8.5.1 闸门安装合格后，应在无水情况下作全行程启闭试验。试验前应检查自动挂脱梁挂钩脱钩是否灵活可靠；充水阀在行程范围内的升降是否自如，在最低位置时止水是否严密；同时还须清除门叶上和门槽内所有杂物并检查吊杆的连接情况。启闭时，应在止水橡皮处浇水润滑。有条件时，工作闸门应作动水启闭试验，事故闸门应作动水关闭试验。

8.5.2 闸门启闭过程中应检查滚轮、支铰及顶、底枢等转动部位运行情况，闸门升降或旋转过程有无卡阻，启闭设备左右两侧是否同步，止水橡皮有无损伤。

8.5.3 闸门全部处于工作部位后，应用灯光或其他方法检查止水橡皮的压缩程度，不应有透亮或有间隙。如闸门为上游止水，则应在支承装置和轨道接触后检查。

8.5.4 闸门在承受设计水头的压力时，通过任意 1m 长度的水封范围内漏水量不应超过 0.1L/s。

9 拦污栅制造和安装

9.1 拦污栅制造

9.1.1 拦污栅埋件制造的公差应符合表 25 的规定。

表 25 拦污栅埋件制造公差　　　单位为毫米

序号	项　目	公　差
1	工作面直线度	构件长度的 1/1 000，且不大于 6
2	侧面直线度	构件长度的 1/750，且不大于 8
3	工作面局部平面度	每米范围不大于 2
4	扭曲	3

9.1.2 拦污栅单个构件制造的极限偏差应符合表 8 的规定。

9.1.3 拦污栅栅体制造的公差或极限偏差应符合表 26 的规定。

表 26 拦污栅栅体的公差或极限偏差　　　单位为毫米

序号	项　目	公差或极限偏差	备注
1	栅体厚度	±4	
2	栅体外形高度	±8	
4	栅体外形宽度	±8	
5	单节栅体高度对应边相对差	≤4	
6	对角线相对差	6	
7	扭曲	4	
8	栅条间距	设计间距的±5%	
9	栅体吊耳中心对栅体中心距	±2	
10	滚轮或滑道支承工作面所组平面的平面度	4	
11	滑块或滚轮跨度	±6	
12	同侧滚轮或滑道支承对栅体中心线的极限偏差	±3	
13	两边梁下端面所组平面的平面度	3	

9.1.4 当拦污栅与检修门共用启闭设备时，栅体吊耳孔则应符合 7.4.6 和 7.4.7 的规定。

9.2 拦污栅安装

9.2.1 活动式拦污栅埋件安装的极限偏差应符合表 27 的规定。

表 27 活动式拦污栅埋件安装的极限偏差　单位为毫米

序号	项　目	极限偏差		
		底槛	主轨	反轨
1	里程	±5		
2	高程	±5		
3	工作表面一端对另一端的高差	3		
4	对栅槽中心线		+3 −2	+5 −2
5	对孔口中心线	±5	±5	±5

9.2.2 倾斜设置的升降式拦污栅埋件，其倾斜角的角度极限偏差为±10。回转式拦污栅按设计图样要求执行。

9.2.3 固定式拦污栅埋件安装时，各横梁工作表面应在同一平面内，其工作表面最高点和最低点的差值应不大于 3mm。

9.2.4 栅体吊入栅槽后，应作升降试验，检查栅槽有无卡滞情况，检查栅体动作和各节的连接是否可靠。

使用清污机清污的拦污栅，其栅体结构与栅槽埋件应满足清污机的运行要求。

10 验 收

10.1 总 则

10.1.1 闸门验收分为制造和安装验收。

10.1.2 闸门制造安装验收是工程验收的一部分，应服从工程验收的需要，并满足工程验收要求。

10.1.3 验收工作由项目法人或委托监理单位主持，各阶段验收的时间、地点及参加验收工作的人员应遵照合同有关规定。

10.2 闸门制造验收

10.2.1 闸门出厂前，应进行闸门制造出厂验收。

10.2.2 闸门制造验收时应具备以下条件：

a）闸门宜在防腐蚀工序前进行验收；

b）门体及埋件应进行预组装，并使其处于主要检测项目能够进行检测的状态；

c）焊接与热处理（如有）工作基本完成，不存在引起其尺寸与精度变化的后续加工工序。

10.2.3 验收前制造单位应提交验收申请报告和验收大纲。

10.2.4 验收时制造单位应提供以下验收资料：

a）闸门设计图样、施工图样、设计文件及有关会议纪要。

b）焊接工艺评定报告及制造工艺文件。

c）主要材料、标准件、外购件及外协加工件的质量证明书。

d）焊缝质量检验报告。

e）对重大缺欠处理记录和报告。

f）闸门和埋件产品质量检查记录。

10.2.5 闸门制造验收的主要工作：

a）检查闸门和埋件制造是否符合设计要求。

b）检查闸门和埋件制造质量是否符合本标准和有关技术标

准的要求。

c）对遗留问题提出处理意见。

10.2.6 验收时监理应提供监理报告。

10.2.7 验收完成后，验收各方形成验收会议纪要。

10.3 闸 门 安 装 验 收

10.3.1 闸门安装完成移交前，应进行闸门安装验收或纳入安装工程单元验收。

10.3.2 闸门安装验收时闸门应安装完毕，并具备试运行条件。

10.3.3 验收前安装单位应提交验收申请报告和验收大纲。

10.3.4 验收时安装方应提供以下验收资料：

a）验收申请报告和验收大纲。

b）闸门设计图样、竣工图、设计文件及有关会议纪要。

c）焊接工艺评定报告及安装工艺文件。

d）焊缝质量检验报告。

e）对重大缺欠处理记录和报告。

f）闸门和埋件安装质量检验记录。

g）闸门平衡试验、充水试验及静水启闭试验报告，试运行记录和资料。

10.3.5 闸门安装验收的主要工作：

a）检查闸门和埋件安装是否符合设计要求。

b）检查闸门和埋件安装质量是否符合本标准和有关技术标准的要求。

c）对遗留问题提出处理意见。

10.3.6 验收时监理应提供监理报告。

10.3.7 验收完成后，验收各方形成验收会议纪要。

附 录 A

（资料性附录）

各种工艺评定方法的应用说明

A.1 应 用 说 明

各种评定方法的应用说明见表 A.1。

表 A.1 评 定 方 法

评 定 方 法	应 用 说 明
焊接工艺评定试验	应用普遍，工艺评定试验不适于实际接头形状、拘束度、可达性的情况除外。
焊接经验	限于过去用过的焊接工艺，许多焊缝在类项、接头和材料方面相似，具体要求参见 GB/T 19868.2。
预生产焊接试验	原则上可以经常使用，但要求在生产条件下制作试件，适合于批量生产。具体要求参见 GB/T 19868.4。

A.2 焊接工艺评定试验

该方法规定了如何通过标准试件的焊接和检验评定焊接工艺。

当焊接接头的性能对应用结构具有关键影响时，一般应采用这种方法来进行焊接工艺的评定。

GB/T 19869.I 规定了钢、镍及镍合金的焊接工艺评定试验方法。

A.3 基于焊接经验的工艺评定

该方法规定了如何通过展示以前合格的焊接能力评定焊接工艺。

制造商可以通过参照以前的经验评定焊接工艺，其条件是：

有真实可信的文件证实其以前曾令人满意地焊制了相同的接头和材料种类。

只有从以前经验中获知焊接工艺确实可靠时，才可用于这种场合。

GB/T 19868.2 规定了利用以前经验进行评定的方法。

A.4 基于预生产焊接试验的工艺评定

该方法规定了如何使用预生产焊接试验评定焊接工艺。

仅对某些焊缝性能在很大程度依靠某些条件（诸如：尺寸、拘束度、热传导效应）的焊接工艺而言，这种方法是可靠的评定方法。

当标准试件的形状和尺寸无法适宜地代表实际焊接的接头（如薄壁管上的附件焊缝）时，可以使用预生产焊接试验做评定。在这种情况下，应制作一个或多个特殊试件以模拟生产接头的主要特征。试验应在生产之前并按生产条件进行。

试件的试验和检验应按有关工艺评定试验标准进行，而且可以按接头性质用特殊试验补充或替代。

GB/T 19868.4 规定了利用预生产焊接试验进行评定的方法。

附　录　B

（规范性附录）
高强度螺栓抗滑移系数和紧固力矩检测

B. 1　高强度螺栓摩擦面抗滑移系数检测规定

B. 1. 1　抗滑移系数试验应采用双摩擦面的两栓拼接的拉力试件。

B. 1. 2　抗滑移系数 μ 按式（B. 1）计算：

$$\mu = \frac{N}{n_f \times \sum P_t} \tag{B. 1}$$

式中　N——由试验测得的滑动荷载，单位为千牛（kN）；

　　　n_f——传力摩擦面面数（取 $n_f = 2$）；

　　　$\sum P_t$——试件产生滑移一侧的高强度螺栓预拉力实测值之和，单位为千牛（kN）。

B. 2　高强度螺栓紧固力矩检测规定

B. 2. 1　高强度螺栓规定的紧固力及紧固力矩见表 B. 1。

表 B. 1　高强度螺栓规定的紧固力及紧固力矩表

公称直径 d /mm	高强度螺栓平均扭矩系数	施工预拉力 P_c /kN		施工扭矩 T_c /(N·m)	
		螺栓性能等级		螺栓性能等级	
		8. 8s	10. 9s	8. 8s	10. 9s
M12	0. 130	45. 0	60. 0	70. 2	93. 6
M16	0. 130	75. 0	110. 0	156. 0	228. 8
M20	0. 130	120. 0	170. 0	312. 0	442. 0
M22	0. 130	150. 0	210. 0	429. 0	600. 6

表 B.1（续）

公称直径 d /mm	高强度螺栓平均扭矩系数	施工预拉力 P_c /kN		施工扭矩 T_c /(N·m)	
		螺栓性能等级		螺栓性能等级	
		8.8s	10.9s	8.8s	10.9s
M24	0.130	170.0	250.0	530.4	780.0
M27	0.130	225.0	320.0	789.8	1 123.2
M30	0.130	275.0	390.0	1 072.5	1 521.0

B.2.2 高强度大六角头螺栓的初拧矩宜为终拧施工扭矩的 50%。

B.2.3 大六角头高强度螺栓检查扭矩可由式（B.2）计算确定：

$$T_{ch} = K \times P \times d \qquad (B.2)$$

式中　T_{ch}——检查扭矩（将已拧紧的高强度螺栓副抽查 10%，将螺母松开约 60°，再重新拧紧，此时测得的扭矩应在 $0.9T_{ch} \sim 1.1T_{ch}$ 范围内），单位为牛米（N·m）；

　　　　K——高强度螺栓连接副的扭矩系数平均值（应在 0.110 ～ 0.150 范围内，其标准偏差应小于 0.011）；

　　　　P——高强度螺栓设计预拉力（$P_c = 1.1P$），单位为千牛（kN）；

　　　　d——高强度螺栓直径，单位为毫米（mm）。

附 录 C

（资料性附录）

支承滑道常用材料

C.1 增强（填充）四氟板材

C.1.1 增强（填充）四氟材料的物理力学性能见表 C.1。

表 C.1 增强（填充）四氟材料的物理力学性能

序号	性能	单位	指标	备注
1	密度	g/cm³	1.20～1.50	
2	抗压强度	MPa	120～180	
3	缺口冲击强度	J/cm²	＞0.7	
4	球压痕硬度	MPa	≥100	GB/T 3398
5	许用线压强	kN/cm	≤80	
6	线胀系数	1/℃	≤7.0×10⁻⁵	
7	吸水率	％	≤0.6	
8	热变形温度	℃	185	

C.1.2 增强（填充）四氟材料滑块的宽度尺寸宜大于夹槽宽度 1％。

C.1.3 滑块表面粗糙度 $Ra \leqslant 3.2 \mu m$。

C.2 钢背铜塑复合材料

C.2.1 钢背铜塑复合材料的物理力学性能见表 C.2。

C.2.2 钢基聚甲醛复合材料的表面应均匀一致，无未溶化的塑料，无裂纹等缺欠。

表 C.2　钢背铜塑复合材料的物理力学性能

序号	性能	单位	复合材料	
			铜球/聚甲醛	铜螺旋/聚甲醛
1	复合层厚度	mm	1.2～1.5	≥3.0
2	抗压强度	MPa	≥250	≥160
3	布氏硬度	MPa	≥300	≥120
4	允许线压强	kN/cm	60	80
5	线胀系数	1/℃	$2.3×10^{-5}$	$2.3×10^{-5}$
6	工作温度	℃	$-40～+100$	$-40～+100$

C.3　自润滑铜合金支承材料

C.3.1　常用自润滑铜合金支承材料的铜合金应符合 GB/T 13819 有关规定的要求，其力学性能应满足表 C.3 的规定。

表 C.3　自润滑铜合金力学性能

铜合金	力学性能			
	抗拉强度 σ_b /MPa	屈服强度 $\sigma_{0.2}$ /MPa	伸长率 δ_s /%	硬度 /HB
锡青铜	≥200	≥90	≥13	≥60
铝青铜	≥630	≥250	≥16	≥157
高强黄铜	≥740	≥400	≥7	≥167

C.3.2　铜基体应无夹杂物、砂眼、缩孔等缺欠，表面粗糙度 $Ra≤3.2\mu m$。

C.3.3　固体润滑剂的化学成分应符合图样规定，表面应颜色一致，无缺损、无剥离、无裂纹。

C.4　工程塑料合金材料

C.4.1　工程塑料合金材料的物理力学性能应符合表 C.4 的规定。

表 C.4 工程塑料合金材料的物理力学性能

序号	性能	单位	指标	备注
1	密度	g/cm³	1.1~1.3	
2	抗压强度	MPa	90~160	
3	冲击强度	kJ/m²	＞60	
4	邵氏硬度	D	＞66	
5	许用线压强	kN/cm	＜83	
6	吸小率	％	0.06	
7	热变形温度	℃	186	
8	摩擦系数		0.05~0.1	

C.4.2 工程塑料合金滑动的宽度尺寸宜大于夹槽宽度 0.8％。

C.4.3 在压入夹槽后的机加工表面粗糙度为 $Ra \leqslant 6.3\mu m$。

C.4.4 工程塑料合金材料是以不同单体共聚高分子为基础，采用合成的稀土金属化合物及多种添加剂改性，通过特殊的合成工艺制造而成的各向同性无界面突变的均质聚合物。

附　录　D

（资料性附录）

橡胶水封的物理力学性能

D.1 橡胶水封的物理力学性能应符合表 D.1 的规定。

表 D.1　橡胶水封的物理力学性能

序号	性　　能		指　标　值			
			I		II	高水头橡胶水封
			SF6674	SF6474	SF6574	
1	密度/(g/cm³)		1.2~1.5	1.2~1.5	1.2~1.5	1.2~1.5
2	含（新）胶量/%		≥60	≥60	≥60	≥60
3	拉伸强度/MPa		≥18	≥13	≥14	≥22
4	邵氏硬度/A		60±5	60±5	60±5	70±5
5	拉断伸长率/%		≥450	≥450	≥400	≥400
6	拉伸弹性模量/MPa	100%	1.6~2.0	1.6~2.0	1.6~2.0	2.0~4.0
		200%	1.8~2.5	1.8~2.5	1.8~2.5	2.5~5.0
7	压缩弹性模量/MPa	20%	5.5~6.0	5.5~6.0	5.5~6.0	5.5~7.5
		30%	5.6~6.0	5.6~6.0	5.6~6.0	5.8~8.0
		40%	6.2~6.8	6.2~6.8	6.2~6.8	6.0~9.0
8	在 -40℃~+40℃		不发生冻裂或硬化			

D.2 橡胶复合水封聚四氟乙烯薄膜厚度应大于 1.0mm，聚四氟乙烯薄膜与橡胶材料的粘合强度，当试样宽度为 25.0mm 时，应不小于 10kN/m。

水利水电工程启闭机制造
安装及验收规范

SL 381—2007

2007-07-14 发布　　　　　2007-10-14 实施

目　　次

前　　言

本标准的附录 A、附录 B 为规范性附录。

本标准批准部门：中华人民共和国水利部。

本标准主持机构：水利部国际合作与科技司。

本标准解释单位：水利部国际合作与科技司。

本标准主编单位：水利部水工金属结构质量检验测试中心。

本标准出版、发行单位：中国水利水电出版社。

本标准主要起草人：张伟平、杜刚民、袁关堂、江宁、关新成、胡木生。

本标准审查会议技术负责人：王英人。

本标准体例格式审查人：曹阳。

引　言

根据水利部水国科（2001）150 号文"关于发布《水利技术标准体系表》"的安排，按照《标准化工作导则　第 1 部分：标准的结构和编写》（GB/T 1.1—2000）的要求，编写本标准。

近年来，我国水利工程建设事业得到快速发展，为了满足水利水电工程启闭机的制造安装技术要求和质量要求的需要，按照水利部水利技术标准体系的规划要求，对水利水电工程启闭机制造、安装及验收制定的产品标准。

本标准编写工作中，参照并借鉴了水利水电行业启闭机制造、安装及验收中的产品质量控制的成熟经验，总结了制造、安装企业在科学创新、技术进步及其经验成果，标准条文力求简约和准确。

1 范　　围

本标准规定了固定卷扬式启闭机、螺杆启闭机、液压启闭机、移动式启闭机的技术要求，试验方法，验收规则和标志、包装、运输与存放的有关要求。

本标准适用于水利水电工程启闭机制造、安装及验收过程中的产品质量评价，并适用于启闭机产品使用许可证、型式试验和水利水电工程安全评价的产品质量检测。

2 规范性引用文件

下列文件中的条款通过本标准的引用而成为本标准的条款，凡是注明日期的引用文件，其随后所用的修改单（不包括勘误的内容）或修订版均不适用于本标准，然而，鼓励根据本标准达成协议的各方研究是否可使用这些文件的最新版本。凡是不注日期的引用文件，其最新版本适用于本标准。

GB/T 191　包装、储运图示标志

GB/T 197　普通螺纹　公差

GB/T 699　优质碳素结构钢技术条件

GB/T 700　碳素结构钢

GB/T 983　不锈钢焊条

GB/T 985　气焊、手工弧焊及气体保护焊坡口基本型式和尺寸

GB/T 986　埋弧焊焊缝坡口的基本型式与尺寸

GB/T 1182　形状和位置公差　通则、定义、符号和图样表示法（eqv ISO 1101）

GB/T 1184　形状和位置公差　未注公差值（eqv ISO 2768－2）

GB/T 1228　钢结构用高强度大六角头螺栓（neq ISO 7412）

GB/T 1229　钢结构用高强度大六角螺母（neq ISO 4775）

GB/T 1230　钢结构用高强度垫圈（neq ISO 7416）

GB/T 1231　钢结构用高强度大六角头螺栓、大六角螺母、垫圈　技术条件

GB/T 1348　球墨铸铁件

GB/T 1497　低压电器基本标准

GB/T 1591　低合金高强度结构钢（neq ISO 4950）

GB/T 1800.2　极限与配合　基础　第2部分：公差、偏差

和配合的基本规定

GB/T 1801　极限与配合　公差带与配合的选择（eqv ISO 1829）

GB/T 2970　中厚钢板超声波检验方法

GB/T 3077　合金结构钢（neq DIN EN 10083-1）

GB/T 3098.1　螺栓、螺钉和螺柱的性能等级和材料

GB/T 3098.2　螺母的性能等级和材料

GB/T 3181　漆膜颜色标准样本

GB/T 3323　钢熔化焊接接头射线照和质量分级

GB/T 3766　液压系统通用技术条件（eqv ISO 4413）

GB/T 3811　起重机设计规范

GB/T 5014　弹性柱销联轴器

GB/T 5117　碳钢焊条（eqv ANSI/AWS A5.1）

GB/T 5118　低合金钢焊条（neq ANSI/AWS A5.5）

GB/T 5293　埋弧焊用碳钢焊丝和焊剂（eqv ANSI/AWS A5.17）

GB/T 5796.1　梯形螺纹牙型

GB/T 5796.2　梯形螺纹直径与螺距系列

GB/T 5796.3　梯形螺纹基本尺寸

GB/T 5796.4　梯形螺纹公差（eqv ISO 2904）

GB/T 5975　钢丝绳用压板

GB/T 6402　钢锻件超声波检验方法（neq JIS G587）

GB/T 7233　铸钢件超声波探伤及质量评定标准（neq BS 6208）

GB/T 8110　气体保护焊用碳钢、低合金钢焊丝（neq ANSI/AWS）

GB/T 8918　重要用途钢丝绳（ISO 3154：1988，MOD）

GB/T 8923　涂装前钢材表面锈蚀等级和除锈等级（eqv ISO 8501-1）

GB/T 9286　色漆和清漆漆膜的划格试验（eqv ISO 2409）

GB/T 9439　灰铸铁件

GB/T 10089　圆柱蜗杆　蜗轮精度

GB/T 10095　渐开线圆柱齿轮精度

GB/T 11345　钢焊缝手工超声波探伤方法和探伤结果分析

GB/T 11352　一般工程用铸造碳钢件（neq ISO 3755）

GB/T 12470　低合金钢埋弧焊剂（neq ANSI/AWS A5.23）

GB/T 13306　标牌

GB/T 13384　机电产品包装通用技术条件

GB/T 14039　液压传动　油液固体颗粒污染等级代号（eqv ISO 4406）

GB/T 20118　一般用途钢丝绳（ISO/DIS 2408：2002，MOD）

GB 1497　低压电器基本标准

GB 50171　电气装置安装工程盘、柜及二次回路结线施工及验收规范

GB 50205　钢结构工程施工质量验收规范

SL 35　水工金属结构焊工考试规则

SL 36　水工金属结构焊接通用技术条件

SL 41　水利水电工程启闭机设计规范

SL 105　水工金属结构防腐蚀规范

JB/T 5926　振动时效效果　评定方法

JB/T 6061　焊缝磁粉检验方法和缺陷磁痕的分级

JB/T 6062　焊缝渗透检验方法和缺陷痕迹的分级

JB/T 8854.1　GCLD型鼓形齿式联轴器

JB/T 10375　焊接构件振动时效工艺参数选择及技术要求

3 术语和定义

下列术语和定义适用于本标准。

3.1

启闭机 hoist for floodgate

水利、水电工程专用的永久设备，实现闸门的开启和关闭、拦污栅的起吊与安放。

注：按启闭机类型分为固定卷扬式启闭机、螺杆启闭机、液压启闭机、移动式启闭机。

3.2

启闭机规格 specification of hoist

启闭机的规格按设计额定载荷和扬程（行程）表示。

示例：启门力为2000kN、扬程为40m的固定卷扬式启闭机或移动式启闭机其规格表示为2000kN-40m，启门力为2000kN、闭门力为1000kN、行程为6m的液压启闭机其规格表示为2000kN/1000kN-6m，启门力为2000kN、持住力为3000kN、行程为40m的启闭机其规格表示为2000kN//3000kN-40m。

3.3

行程 The extent of hoisting space

启闭机在启、闭闸门和起吊、安放拦污栅时，启闭机吊点运动的距离。

注：对钢丝绳卷扬的启闭机行程，习惯上称为"扬程"。中高扬程是指启闭机扬程大于30m。

3.4

齿轮副侧隙 side clearance of gear wheel

齿轮副在传动中，工作齿面相互接触时，两基圆柱公切面与两非工作面交线之间的最近距离。

3.5

型式试验 testing of product types

型式试验的内容包括检查项目和试验项目，分两个阶段进行：制造厂内主要结构件、主要零部件和主要电控设备组装完毕后的检查或试验；安装现场总装完毕后的检查和试验。

注：本标准规定的型式试验内容是指移动式启闭机安装现场的检查和载荷试验。

3.6

启闭机载荷 load of hoist

启闭机载荷特指闸门在启、闭和拦污栅在起吊、安放的过程中，启闭机起升机构承受的工作载荷。

注：启闭机载荷是随启闭行程变化的量，与闸门及拦污栅的运行方式、摩擦阻力、水力学等有关，是启闭机区别于其他起重设备的特有属性。启闭机载荷分为启门力、闭门力、持住力，单位用 kN 表示。

3.7

抗滑移系数 modulus of resist slippage

连接件上所有高强螺栓终拧后的预拉力与摩擦面产生滑移时所承受外力的比值。

注：抗滑移系数通过试验得到，并与连接面的表面处理有关。

3.8

空载试验 testing of zero load

启闭机在无载荷的状态下，只进行传动机构、运行机构、电气控制的运行试验和模拟操作。

3.9

静载试验 testing of static load

启闭机吊具上的试验载荷，是额定载荷的 1.25 倍。

3.10

动载试验 testing of moving load

启闭机吊具上的试验载荷，是额定载荷的 1.1 倍。

注：启闭机做动载试验时，可只进行起升机构的运行试验。启闭机作为起重机使用时，应按起重机额定载荷的 1.1 倍，进行起升机构、大车机构、小车机构的运行试验。

3.11

额定载荷 load of nominal Rate

在设计水头下，由设计确定的启闭机在特定位置能够满足正常启闭闸门所具备的操作力。

注：对于移动式启闭机不同的工作位置其启升闸门时的额定载荷是不同的。例如带有悬臂端的门式启闭机在悬臂端额定载荷是 Q_1，在跨中额定载荷是 Q_2，因此对带有悬臂端的门式启闭机载荷试验应分别进行。

3.12

运行载荷　load of operation

移动式启闭机在大车、小车移位运行时，吊具上悬挂的载荷。一般为闸门或拦污栅的重量。

3.13

检定　measure for license

依据国家计量检定规程，通过试验评定测量器具的计量特性，确定其是否合格，并满足所进行的全部工作。

4 总　　则

4.1　设　计　原　则

4.1.1　启闭机的设计应符合 SL 41 的要求，技术先进、经济合理、安全可靠、安装维修方便，并符合国家有关规定。

4.1.2　启闭机的运输应符合国家关于铁路和公路运输的有关规定。

4.1.3　启闭机的零部件应系列化、通用化和标准化。

4.1.4　启闭机的工作环境温度应为－25℃～＋40℃。

4.2　技　术　资　料

4.2.1　启闭机制造前应具备下列资料：

a）企业生产启闭机的类型和规格符合水利部颁发的启闭机产品使用许可证；

b）产品设计图样、计算书、技术要求和制造工艺文件；

c）主要材料质量证明书。

4.2.2　启闭机出厂验收前，应具备下列资料：

a）外购件出厂合格证及使用维护说明书；

b）主要零件及结构件的材质证明文件、化学成分、力学性能的测试报告；

c）焊接件的焊缝质量检验记录与无损探伤报告；

d）大型铸、锻件的探伤检验报告；

e）主要零件的热处理试验报告；

f）主要部件的装配检查记录；

g）零部件的重大缺陷处理办法与返工后的检验报告；

h）零件材料的代用通知单；

i）设计修改通知单；

j）产品的预装检查报告；

k）出厂试验大纲；

l）出厂检验报告。

4.2.3 启闭机安装前，应具备下列资料：

　　a）出厂验收资料；

　　b）启闭机产品合格证；

　　c）制造正式图样、安装图样和技术文件、产品使用和维护说明书；

　　d）产品发货清单；

　　e）现场到货交接清单。

4.2.4 启闭机设计计算书、技术文件和图样应经技术成熟、有设计经验或相应设计资质的部门提供或确认。

4.2.5 制造、安装应按设计图样和有关文件进行，如需修改，应取得设计部门的书面同意。

4.3 材　　料

4.3.1 启闭机使用的钢材应符合图样规定；优质碳素结构钢和碳素结构钢应符合 GB/T 699 和 GB/T 700 的有关规定；低合金结构钢和合金结构钢应符合 GB/T 1591 和 GB/T 3077 的有关规定；铸造碳钢应符合 GB/T 11352 的有关规定；灰铸铁应符合 GB/T 9439 的有关规定；球墨铸铁应符合 GB/T 1348 的有关规定。材料应具有出厂质量证书，如无出厂质量证书或钢号不清应予复验，复验并确认合格后方可使用。

4.3.2 钢板如需超声波探伤，应按 GB/T 2970 执行。

4.3.3 焊接材料（焊条、焊丝、焊剂）应具有出厂质量证书。焊条的化学成分、机械性能和扩散氢含量等各项指标应符合 GB/T 5117、GB/T 5118 和 GB/T 983 的规定；焊剂应符合 GB/T 5293 或 GB/T 12470 的规定；气体保护焊用焊丝应符合 GB/T 8110 的规定。

4.4 基准点和测量工具

4.4.1 用于测量高程和安装轴线的基准点及安装用的控制点，

均应明显、牢固和便于使用。

4.4.2 企业用于启闭机制造和安装的量具和仪器，最高计量标准器具或用于出厂检验的计量器具（无计量标准器具时）应经法定计量检定机构检定合格并在有效期内。一般工作计量器具，企业应自行定期检定或送其他计量检定机构检定。

4.4.3 压力表安装前应经校验。

4.5 防 腐

4.5.1 金属结构表面在实施防腐处理前，应彻底清除铁锈、氧化皮、焊渣、油污、灰尘、水分等。

4.5.2 主要结构件的除锈等级应不低于 GB/T 8923 中规定的 Sa2½ 级，使用照片目视对照评定。除锈后，表面粗糙度应达到 $Ra40\sim80\mu m$。

4.5.3 涂漆颜色应符合 GB 3181 规定的颜色，面漆宜涂橘黄色，也可按用户要求涂其他颜色。旋转部位涂大红色，警觉部位宜采用黄色和黑色相间的与水平面成 45°的斜道（如动滑轮侧板）。

4.5.4 底漆、中间漆及面漆的涂层数和每层的漆膜厚度、漆膜总厚度可依据设计要求确定，或参考 SL 105 要求执行。

4.5.5 漆膜附着力应不低于 GB/T 9286 中的一级质量。

4.5.6 涂料涂装宜在环境温度 5℃ 以上时进行，涂装场地应通风良好。当构件中表面潮湿或遇尘土飞扬、烈日直接暴晒等情况下，不应进行涂装。

4.5.7 防腐涂层质量检测方法和质量评定应执行 SL 105 中的规定。

4.6 电 气

4.6.1 起升机构电动机宜采用起重冶金用异步电动机 YZ 型和 YZR 型，也可采用符合设计要求的其他类型电动机，行走机构所用电动机宜采用 Y 系列电动机。

4.6.2 应有短路保护、过流保护、失压保护、零位保护、缺相保护、限位保护、过载保护、紧急开关等装置。

4.6.3 所有电气设备、正常不带电的金属外壳、金属线管、电缆金属外皮、安全照明等均应可靠接地。

4.6.4 机房、电气室、司机室、梯子、走道、工作场所以及工作面均应设置合适的照明。

4.7 焊　　接

4.7.1 焊工资格

4.7.1.1 从事启闭机一、二类焊缝焊接的焊工必须经过 SL 35 要求的考试，具有经水利主管部门签发的焊工考试合格证，并在有效期内。

4.7.1.2 焊工焊接的钢材种类、焊接方法和焊接位置等均应与焊工本人考试合格的项目相符。

4.7.2 焊接的基本规定

4.7.2.1 焊缝坡口应符合 GB/T 985 和 GB/T 986 的规定。

4.7.2.2 焊前进行的焊接工艺评定，应符合 SL 36 的有关规定。

4.7.2.3 焊接前准备、焊材管理、焊接过程质量控制、检验及返工应符合 SL 36 的有关规定。

4.7.3 焊缝按 SL 36 的规定分为三类。

　　a）一类焊缝有：

　　——主梁、端梁、滑轮支座梁、卷筒支座梁的腹板和翼板的对接焊缝；

　　——支腿的腹板和翼板的对接焊缝和支腿与主梁连接的对接缝焊缝；

　　——液压缸的对接焊缝和缸体与法兰的连接焊缝；

　　——活塞杆分段连接的对接焊缝；

　　——卷筒分段连接的对接焊缝；

　　——吊杆、吊耳板的对接焊缝；

　　——设计图样上规定的一类焊缝。

b）二类焊缝有：

　　——主梁、端梁、支座梁、支腿的腹板和翼板的组合焊缝；

　　——主梁与端梁连接的组合焊缝、支腿与主梁连接的组合焊缝、支腿与端板连接的组合焊缝；

　　——吊耳板连接的组合焊缝；

　　——设计图样上规定的二类焊缝。

　　c）不属于一、二类的其他焊缝都为三类焊缝。

4.7.4 所有焊缝均应进行外观检查，外观质量应符合 SL 36 的规定。

4.8　无　损　检　测

4.8.1 无损检测人员资格

　　无损检测人员，应取得通用资格证书和全国水利水电行业无损检测人员资格鉴定与认证委员会颁发的工业部门资格证书。

4.8.2 无损检测仪器设备和检测器材的性能应满足有关标准的要求。

4.8.3 焊缝内部质量检查应符合 SL 36 中的有关规定。

4.8.4 射线探伤应按 GB/T 3323 评定。

4.8.5 超声波探伤应按 GB/T 11345 评定。

4.8.6 焊缝磁粉检测方法及分级应符合 JB/T 6061 的规定。

4.8.7 焊缝渗透检测方法及分级应符合 JB/T 6062 的规定。

4.9　螺　栓　连　接

4.9.1 螺栓、螺钉和螺柱的性能等级应符合 GB/T 3098.1 的规定，螺母的性能等级应符合 GB/T 3098.2 的规定。

4.9.2 高强度大六角头螺栓连接副应符合 GB/T 1228～1231 的规定，扭剪型的高强度螺栓连接副应符合 GB/T 3632 和 GB/T 3633 的规定。

4.9.3 高强度大六角头螺栓的螺孔直径 D_0 宜为 $1.1d$（d 为螺栓公称直径）。

4.9.4 高强度螺栓连接范围内，构件接触面的抗滑移系数应按照 GB 50205 的规定进行高强度螺栓连接摩擦面的抗滑移系数试验和复验，现场处理的构件应单独进行摩擦面抗滑移系数试验，抗滑移系数应满足设计要求。

4.9.5 高强度螺栓安装时，应使用力矩扳手，分别进行初拧和终拧。初拧力矩为规定力矩值的 30%，终拧到规定力矩，拧紧螺栓应从中部开始对称向两端进行。

4.9.6 扭剪型高强度螺栓连接副终拧时，应用专用扳手拧掉梅花头。

4.9.7 高强度螺栓应自由穿入螺栓孔。如需扩孔时，扩孔数量应征得设计部门同意，扩孔后的孔径应不超过 $1.2d$（d 为螺栓公称直径）。高强度螺栓孔不应采用气割扩孔。

4.9.8 高强度大六角头螺栓连接副终拧完成 1h 后、48h 内应进行终拧扭矩抽查，每个被抽查节点按螺栓数抽查 10%，且不应少于 2 个，检查结果应符合 GB 50205 的规定。

4.9.9 力矩扳手应检定合格，并在有效期内使用。

5 固定卷扬式启闭机

5.1 制造技术要求

5.1.1 机架

5.1.1.1 各部件的垫板（如轴承座、电动机座、减速器座、制动器座等）应进行加工，各加工面之间相对高度误差应不大于 1.0mm。

5.1.1.2 翼板和腹板焊接后的允许偏差应符合附录 A 的规定。

5.1.1.3 焊后消除应力处理可采用退火、振动时效等方法。振动时效工艺参数选择和评价应符合 JB/T 10375 和 JB/T 5926 的规定。

5.1.2 钢丝绳

5.1.2.1 钢丝绳应符合 GB/T 8918 的有关规定。

5.1.2.2 钢丝绳出厂、运输、存放时应卷成盘形，表面涂油，两端扎紧并带有标签，注明订货号及规格，无标注的钢丝绳不得使用。

5.1.2.3 钢丝绳禁止接长使用。

5.1.3 滑轮

5.1.3.1 铸铁滑轮材质应不低于 GB/T 9439 中的 HT200，铸钢滑轮材质应不低于 GB/T 11352 中的 ZG 230—450，绳槽两侧加工后的壁厚不得小于设计名义尺寸，绳槽表面粗糙度应不低于 Ra 12.5mm。当滑轮直径大于 600mm 时，宜采用钢板轧制成型的焊接结构。

5.1.3.2 铸造滑轮的轴孔内不应焊补。加工后的轴孔表面允许面积不超过 25mm²，深度不超过 1mm 的缺陷，缺陷数量不超过 3 个，且任何相邻两缺陷的间距不小于 50mm，缺陷边缘应磨钝。

5.1.3.3 绳槽表面或端面的单个缺陷面积在清除到露出良好金

属后不大于 $100mm^2$，深度不超过该处名义上壁厚的 10%，同一个加工面上不多于 2 处，可焊补。焊补后不应进行热处理，但应磨光。

5.1.3.4 滑轮若缺陷超过以上规定，应报废。

5.1.3.5 滑轮上有裂纹时，不应焊补，应报废。

5.1.3.6 装配好的滑轮应能用手灵活转动。

5.1.4 卷筒

5.1.4.1 铸铁卷筒材质应不低于 GB/T 9439 中的 HT200，铸钢卷筒材质应不低于 GB/T 11352 中的 ZG 230—450，卷制焊接卷筒材质应不低于 GB/T 699 中的 Q235B，加工后的各处壁厚不应小于名义厚度。

5.1.4.2 卷筒绳槽底径公差应不大于 GB 1801 中的 h10，对于双吊点中高扬程启闭机，其卷筒绳槽底径公差应不大于 h9。

5.1.4.3 铸铁卷筒和焊接卷筒应经过时效处理，铸钢卷筒应退火处理。

5.1.4.4 铸造卷筒加工面上的局部砂眼、气孔其直径小于 8mm，深度小于 4mm，在每 200mm 长度内不多于 1 处，在卷筒全部加工面上的总数不多于 5 处，允许不焊补。

5.1.4.5 铸造卷筒缺陷在清除到露出良好金属后，单个缺陷面积小于 $300mm^2$，深度不超过该处名义壁厚的 20%，同一断面和长度 200mm 的范围内不多于 2 处，总数量不多于 5 处，允许焊补。焊补后不需进行热处理，但需磨光。

5.1.4.6 卷筒缺陷清除到露出良好金属后，单个缺陷面积大于 $300mm^2$ 或缺陷深度超过该处名义壁厚的 20%，缺陷总数量多于 5 处或同一断面长度 200mm 的范围内多于 2 处，应报废。

5.1.4.7 卷筒上有裂纹时，应报废。

5.1.5 联轴器

5.1.5.1 齿轮联轴器齿面及齿沟不允许焊补，齿面的局部砂眼、气孔等缺陷其长、宽、深都不超过模数的 20%，且数值不大于 2mm，距离齿的端面距离不超过齿宽的 10%，联轴器有这种缺陷的齿数不超过 3 个时，可认为合格，但应将缺陷边缘磨钝。

5.1.5.2 联轴器轴孔表面不允许焊补，轴孔内的单个缺陷面积不超过 25mm²，深度不超过该处名义壁厚的 20%，缺陷数量不超过 2 处，且相邻两缺陷的间距不小于 50mm 时，可认为合格，但应将缺陷的边缘磨钝。

5.1.5.3 联轴器其他部位的缺陷在清除到露出良好金属后，单个面积不大于 200mm²，深度不超过该处名义壁厚的 20%，且同一加工面上不多于 2 个，允许焊补。

5.1.5.4 联轴器缺陷超过上述规定或出现裂纹时，应报废。

5.1.5.5 联轴器铸钢件加工前应进行退火处理。

5.1.5.6 弹性联轴器的组装应符合 GB/T 5014 的规定，齿轮联轴器的组装应符合 JB/T 8854.1 的规定。

5.1.6 制动轮与制动器

5.1.6.1 制动轮外圆与轴孔的同轴度公差应不低于 GB/T 1184 中 8 级；制动轮工作表面的粗糙度应不大于 $Ra1.6\mu m$。

5.1.6.2 制动面的热处理硬度应满足 HRC35～HRC45。

5.1.6.3 加工后的制动面上不允许有砂眼、气孔和裂纹等缺陷，也不允许焊补。

5.1.6.4 轴孔表面不允许焊补，轴孔内的单个缺陷的面积不超过 25mm²，深度不超过 4mm，缺陷数量不超过 2 处，且相邻两缺陷的间距不小于 50mm 时，可认为合格，但应将缺陷的边缘磨钝。如缺陷超过上述规定或出现裂纹时，应报废。

5.1.6.5 其他部位的缺陷在清除到露出良好金属后，单个面积不大于 200mm²，深度不超过该处名义壁厚的 20%，且同一加工面上不多于 2 个，允许焊补。

5.1.6.6 制动轮组装后在松闸状态下，径向跳动公差应不大于 GB/T 1184 中的 T9 级。

5.1.6.7 制动器组装时，制动带与制动轮的实际接触面积不得小于总面积的 75%。

5.1.6.8 制动带与制动闸瓦应紧密地贴合，制动带的边缘应按闸瓦修齐，固定铆钉的头必须埋入制动带厚度的 1/3 以上。

5.1.6.9 制动轮和闸瓦之间的间隙应处于 0.5～1.0mm 之间。

5.1.7 开式齿轮副与减速器

5.1.7.1 开式齿轮副的精度应符合 GB/T 10095 的 9 - 8 - 8 级。检验项目可取：第Ⅰ公差组公法线长度变动值，第Ⅱ公差组周节偏差值，第Ⅲ公差组接触痕迹在齿面展开图上的百分比。

5.1.7.2 减速器齿轮的精度应符合 GB/T 10095 的 8 - 8 - 7 级，检验项目根据设计确定。

5.1.7.3 齿轮齿面的表面粗糙度应不大于 $Ra6.3\mu m$。

5.1.7.4 齿面及齿沟不允许焊补，一个齿面上的砂眼、气孔缺陷其深度不超过模数的 20%，且数值不大于 2mm，且距离齿轮的端面距离不超过齿宽的 10%，在一个齿轮上有这种缺陷的齿数不超过 3 个时，可认为合格，缺陷边缘应磨钝。

5.1.7.5 齿轮轴孔表面不允许焊补，轴孔内的单个缺陷面积不超过 $25mm^2$，深度不超过该处名义壁厚的 20%，缺陷数量不超过 3 处，且相邻两缺陷的间距不小于 50mm 时，可认为合格，但应将缺陷的边缘磨纯。

5.1.7.6 齿轮端面（不包括齿形端面）的单个缺陷面积不超过 $200mm^2$，深度不超过该处名义壁厚的 15%，同一加工面上的缺陷数量不超过 2 处，且相邻两缺陷的间距不小于 50mm 时，允许焊补。

5.1.7.7 开式齿轮副的小齿轮齿面硬度应不低于 HB240，大齿轮齿面硬度应不低于 HB190。两者硬度差应不小于 HB30。

5.1.7.8 中硬齿面和硬齿面齿轮，其齿面硬度应符合设计要求。

5.1.7.9 开式齿轮副接触斑点在齿长方向累计应不小于 50%，齿高方向累计应不小于 40%。

5.1.7.10 齿轮不准采用锉齿或打磨的方法来达到规定的接触面积。

5.1.7.11 开式齿轮副侧隙可按齿轮副法向侧隙测量，开式齿轮副中心距小于 500mm 时，最小法向侧隙应为 0.3～0.6mm，中心距 500～1000mm 时，最小法向侧隙应为 0.4～0.8mm，中心距 1000～2000mm 时，最小法向侧隙应为 0.6～1.0mm。

5.1.7.12 开式齿轮副中心距公差应不大于 GB/T 1800.3 的 IT9 级。

5.1.7.13 自行设计、制造的减速器，应提供减速器的设计计算书、设计图样、工艺文件、零部件和成品的质检合格证。减速器箱体可采用焊接结构件和铸件，减速器箱体加工前应经过时效处理。

5.1.7.14 减速器箱体结合面（包括瓦盖处）均需涂一层液体密封胶，但禁止放置任何衬垫，外流的密封胶必须除净。

5.1.7.15 装配好的减速器，结合面间的间隙，在任何处都不应超过 0.03mm。

5.1.7.16 减速器箱体的轴承孔加工后，减速器箱体结合面不得再行加工或研磨。

5.1.7.17 减速器箱体结合面外边缘的错边量应不大于 2mm。

5.1.7.18 减速器以不低于工作转速无载荷运转时，在壳体剖分面等高线上，距减速器前后左右 1m 处测量的噪声，应不大于 85dB（A）。

5.1.7.19 减速器应在厂内进行空载跑合，时间不少于 10min，完成相应的检验项目。工地安装后，应注入新的润滑油至油尺标定要求位置。

5.1.8 离心式调速器

5.1.8.1 活动锥套和固定锥座圆锥面与轴孔的同轴度公差应不大于 GB/T 1184 中 8 级，配合面表面粗糙度值不大于 $Ra1.6\mu m$。

5.1.8.2 活动锥套材料用铸件时，垂直于轴线断面的壁厚差应不大于 2mm。若用焊接件时，焊缝质量应符合 GB/T 11345 中 BI 级要求。

5.1.8.3 角形杠杆和轴销的螺纹部分应无裂痕、断扣、毛刺等缺陷。

5.1.8.4 摩擦制动带与活动锥面必须紧密贴合，固定螺钉头埋入深度必须符合设计要求。

5.1.8.5 制动带与固定支座锥面装配后的接触面积不得小于75％。

5.1.8.6 装配后，左右锥套的轴向移动应相等，摆动飞球角形杠杆其动作应灵活。

5.1.9 滑动轴承

5.1.9.1 不许有碰伤、气孔、砂眼、裂缝及其他缺陷。

5.1.9.2 油沟和油孔必须光滑。

5.1.9.3 轴颈与衬套的接触面每$10mm^2$范围内不得少于1个接触斑点。

5.1.9.4 轴颈与衬套的顶间隙宜为 0.2mm，侧向间隙宜为 0.1mm。

5.1.10 滚动轴承

5.1.10.1 装配前必须用清洁的煤油清洗，然后用压缩空气吹净。不得用棉纱擦抹，但如果包装纸未破坏、润滑油脂未硬化、防锈油在有效期内，同时轴承又是用于干油润滑时，则轴承可不洗涤，即可进行装配，装配后注入占空腔80％的润滑油脂。

5.1.10.2 已装好的轴承，如不能随即装配，应用干净的油纸遮盖好。

5.1.10.3 轴及轴承的配合面，应先涂一层油脂再进行装配。

5.1.10.4 轴承内圈应紧贴在轴肩或隔套上。

5.1.10.5 轴承座圈端面与压盖的螺栓紧固后端面应均匀贴合。滚动轴承的轴向间隙，按图样上规定进行调整，装配好的轴承，应转动灵活。

5.2 组 装 与 安 装

5.2.1 厂内组装

5.2.1.1 所有零部件必须经检验合格，外购件、外协件应有合格证明文件方可进行组装。

5.2.1.2 厂内应进行机架、电机和减速器、制动器、齿轮副、卷筒等部件的整体组装，滑轮组、吊具、电气控制及操作系统的部件组装。

5.2.1.3 各零部件就位准确后，拧紧所有的紧固螺栓。

5.2.1.4 产品组装后，出厂前应进行试验，试验内容应包括起升机构连续正反转运行的性能、电气控制和传动机构操作的可靠性。空载运行时间不少于 30min。

5.2.1.5 配置高度指示装置和荷载控制装置的启闭机，应提供产品安装、校验及调试说明。

5.2.2 现场安装

5.2.2.1 产品到达现场应进行现场验收，方可进行安装。

5.2.2.2 减速器清洗后应注入新的润滑油，油位不得低于高速级大齿轮最低处的齿高，但不应高于其两倍齿高，其油封和结合面处不得漏油。

5.2.2.3 检查基础螺栓埋设位置及螺栓伸出部分的长度是否符合安装要求。

5.2.2.4 检查启闭机平台，其高程偏差不应超过 ±5mm，水平偏差不应大于 0.5/1000。

5.2.2.5 启闭机的安装应根据起吊中心线找正，其纵、横向中心线偏差不应超过 ±3mm。

5.2.2.6 当吊点在下极限时，钢丝绳留在卷筒上的缠绕圈数应不小于 4 圈，其中 2 圈作为固定用，另外 2 圈为安全圈，当吊点处于上级限位置时，钢丝绳不得缠绕到卷筒绳槽以外。

5.2.2.7 采取双卷筒串联的双吊点启闭机，吊距偏差 ±3mm，当闸门处于门槽内的任意位置时，闸门吊耳轴中心线的水平偏差应满足设计要求，超出设计允许值时，启闭机应提示报警信号或投入纠偏功能。

5.2.2.8 钢丝绳应有序地逐层缠绕在卷筒上，不应挤叠、跳槽或乱槽。

5.2.2.9 无排绳机构的启闭机、螺旋绳槽卷筒、折线卷筒钢丝绳的返回角，应符合设计要求。

5.2.2.10 采用排绳机构的启闭机，应保证其运动协调，折返平顺。

5.2.2.11 高度指示装置的示值精度不低于 1%，应具有可调节定值极限位置、自动切断主回路及报警功能，仪表的显示应具有纠正指示及调零功能，行程检测元件应具有防潮、抗干扰功能。

5.2.2.12 荷载控制装置的系统精度不低于 2%，传感器精度不低于 0.5%，当载荷达到 110% 额定启闭力时，应自动切断主回路和报警。仪表的显示应满足启闭机容量的要求。两个以上吊点时，仪表应能分别显示各吊点启闭力，传感器及其线路应具有防潮、抗干扰性能。

5.2.2.13 减速器、开式齿轮副、轴承，液压制动器等转动部位的润滑应根据使用工况和气温条件，选用合适的润滑油。

5.2.2.14 电气设备安装应符合 GB 50171 中的有关规定。

5.3 试验与检测

5.3.1 试运行试验

在工地现场进行，并完成试验记录和质量检测。试运行试验可结合设备安装调试进行。

5.3.2 电气设备的试验

接电试验前应检查全部接线并符合图样规定，线路的绝缘电阻应大于 0.5MΩ。试验中电动机和电气元件温升不能超过各自的允许值，试验应采用该机自身的电气设备。元件触头有烧灼者应予更换。

5.3.3 无荷载试验

5.3.3.1 启闭机吊具上不带闸门的运行试验，应在全行程内往返 3 次。

5.3.3.2 电动机三相电流不平衡度不超过 10%，电气设备应无异常发热现象。

5.3.3.3 启闭机运行到行程的上下极限位置，主令开关能发出信号并自动切断电源，使启闭机停止运转。

5.3.3.4 所有机械部件运转时，应无冲击声和其他异常声音，钢丝绳在任何部位，均不得与其他部件相摩擦。

5.3.3.5 制动器松闸时闸瓦应全部打开，闸瓦与制动轮的间隙应符合 0.5～1.0mm 的要求。

5.3.3.6 快速闸门启闭机，利用直流松闸时，松闸电流值应不大于名义最大电流值，松闸持续 2min 时电磁线圈的温度应不大于 100℃。

5.3.3.7 所有轴承和齿轮应有良好的润滑，轴承温度不得超过 65℃。

5.3.4 荷载试验

5.3.4.1 启闭机吊具上带闸门的运行试验，宜在设计水头工况下进行。对于动水启、闭的工作闸门启闭机或动水闭静水启的事故闸门启闭机，应在动水工况下闭门 2 次。

5.3.4.2 快速闸门启闭机，应根据设计要求，进行专题研究，进行全行程的快速关闭试验。

5.3.4.3 荷载试验时电动机三相电流不平衡度不超过 10%，电气设备应无异常发热现象，所有保护装置和信号应准确可靠。

5.3.4.4 所有机械部件在运转中不应有冲击声，并检查开式齿轮啮合状态是否满足要求。

5.3.4.5 制动器应无打滑、无焦味和冒烟现象。

5.3.4.6 记录荷载控制装置显示的闸门在启、闭过程中的启、闭力值，绘出行程—启、闭力关系曲线。

5.3.4.7 启闭机快速闭门时间应符合设计要求，快速关闭的最大速度不宜超过 5m/min；电动机（或调速器）的最大转速应不超过电动机额定转速的两倍；离心式调速器的摩擦面温度应不超过 200℃。

5.3.5 试运行试验结束后，机构各部分不得有破裂、永久变形、连接松动或损坏；电气部分应无异常发热现象等影响性能和安全的质量问题。

6 螺 杆 启 闭 机

6.1 制 造 技 术 要 求

6.1.1 螺杆

6.1.1.1 螺杆材料应选择 GB/T 699 中规定的优质碳素结构钢。

6.1.1.2 螺杆应采用梯形螺纹，并符合 GB/T 5796.1～5796.4 中有关牙型、尺寸和公差的规定。

6.1.1.3 螺杆直线度误差在每 1000mm 内不得超过 0.6mm；长度不超过 5m 时，全长直线度误差不超过 1.5mm；长度不超过 8m 时，全长直线度误差不超过 2.0mm。

6.1.1.4 螺距公差应不大于 0.025mm，螺距累积公差在丝杆全长上应不大于 0.2mm。

6.1.1.5 螺纹工作表面粗糙度应不大于 $Ra6.3\mu m$。

6.1.2 螺母

6.1.2.1 螺母应选择性能不低于 HT200 的材料。

6.1.2.2 螺母应采用梯形螺纹，并符合 GB/T 5796.1～5796.4 中有关牙型、尺寸和公差的规定。

6.1.2.3 螺纹工作表面必须光洁，无毛刺，表面粗糙度应不大于 $Ra6.3\mu m$。

6.1.2.4 螺母的螺纹轴线与支承外圆的同轴度及推力轴承接合平面的垂直度均应不低于 GB/T 1184 中的 8 级精度。

6.1.2.5 螺母加工面上不允许有裂纹，螺纹工作面上不允许有缺损。

6.1.3 蜗杆

6.1.3.1 蜗杆材质应不低于 GB/T 699 中的 45 号钢，齿面硬度 HRC35～HRC45，齿面粗糙度应不大于 $Ra3.2\mu m$。

6.1.3.2 蜗杆第Ⅱ、Ⅲ公差组的精度应不低于 GB/T 10089 中 9 级，可分别按第Ⅱ公差检验组的轴向齿距偏差和第Ⅲ公差检验组的齿形公差检验。

6.1.3.3 蜗杆加工面上不允许有裂纹，齿面上不允许有缺损。

6.1.4 蜗轮

6.1.4.1 蜗轮应选择不低于 GB/T 9439 中的 HT200 性能的材料，齿面粗糙度应不大于 $Ra6.3\mu m$。

6.1.4.2 蜗轮第 Ⅰ、Ⅱ、Ⅲ 公差组的精度应不低于 GB/T 10089 中 9 级，可分别按第 Ⅰ 公差检验组的径向跳动、第 Ⅱ 公差检验组的齿距偏差和第 Ⅲ 公差检验组的轴向齿距偏差和第 Ⅲ 公差检验组的齿形公差检验。

6.1.4.3 蜗轮加工面上不允许有裂纹，齿面上不允许有缺损。

6.1.5 机箱和机座

6.1.5.1 机箱和机座不允许有裂缝，也不允许焊补。不应有降低强度和影响外观的缺陷。

6.1.5.2 机箱接合面间的间隙应不超过 0.03mm。

6.2 组 装 与 安 装

6.2.1 厂内组装

6.2.1.1 零部件组装应符合图样及技术标准的要求。

6.2.1.2 手摇部分应转动灵活平稳、无卡阻现象，应设置手电两用机构的电气联锁装置。

6.2.1.3 检查行程开关动作是否灵敏准确。

6.2.1.4 检查机箱接触面是否漏油。

6.2.1.5 电机驱动的启闭机，应通电正反转运行 10min，检查皮带轮、皮带、蜗轮、蜗杆及螺母传动系统是否振动或有其他不正常现象。

6.2.2 现场安装

6.2.2.1 产品到达现场应经检查、开箱验收后，方可进行安装。

6.2.2.2 机箱清洗后应注入新的润滑油，满足油位要求，其油封和结合面处不得漏油。

6.2.2.3 检查基础螺栓埋设位置，螺栓伸出部分的长度应符合安装要求。

6.2.2.4 启闭机平台高程偏差不应超过±5mm，水平偏差不应大于 0.5/1000。

6.2.2.5 机座的纵、横向中心线与闸门吊耳的起吊中心线的距离偏差不应超过±1mm。

6.2.2.6 机座与基础板的局部间隙应不超过 0.2mm，非接触面应不大于总接触面的 20%。

6.3 试验与检测

6.3.1 试运行试验

在工地现场进行，并完成试验记录和质量检测。试运行试验可结合设备安装调试进行。

6.3.2 电气设备的试验要求

接电试验前应检查全部接线并符合图样规定，线路的绝缘电阻应大于 0.5MΩ。试验中电动机和电气元件温升不能超过各自的允许值，试验应采用该机自身的电气设备。元件触头有烧灼者应予更换。

6.3.3 无荷载试验

6.3.3.1 启闭机不带闸门的运行试验，应在全行程内往返 3 次。

6.3.3.2 电动机运行三相电流不平衡度不超过 10%，电气设备应无异常发热现象。

6.3.3.3 启闭机运行到行程的上下极限位置，行程限位开关能发出信号并自动切断电源，使启闭机停止运转。

6.3.3.4 所有机械部件运转时，应无冲击声和其他异常声音。

6.3.4 荷载试验

6.3.4.1 启闭机带闸门的运行试验，宜在设计水头工况下进行，应在动水工况下闭门 2 次。

6.3.4.2 传动零件运转平稳，无异常声音、发热和漏油现象。

6.3.4.3 行程开关动作应灵敏可靠。

6.3.4.4 对于装有荷载控制装置、高度指示装置的螺杆启闭机，应对传感器信号的发送、接收等进行专门测试，保证动作灵敏，指示正确，安全可靠。

6.3.4.5 双吊点启闭机同步升降应无卡阻现象。

6.3.4.6 电机驱动运行应平稳，传动皮带应无打滑现象。

7　液压启闭机

7.1　制造技术要求

7.1.1　缸体

7.1.1.1　缸体结构形式与材料应符合设计要求。

7.1.1.2　缸体、法兰需要环向对接焊接时，焊缝应按 GB/T 11345 中的 BI 级要求，进行 100％超声波无损检测。

7.1.1.3　缸体、法兰锻钢件应按照 GB/T 6402 进行内部质量检测和评定，并应符合 2 级要求。

7.1.1.4　缸体内径尺寸公差应不低于 GB/T 1801 中的 H8。

7.1.1.5　缸体内径圆度公差应不低于 GB/T 1184 中 9 级，内表面母线的直线度公差应不低于 GB/T 1184 中 8 级。

7.1.1.6　缸体法兰端面圆跳动公差应不低于 GB/T 1184 中 9 级，法兰端面与缸体轴线垂直度公差应不低于 GB/T 1184 中 8 级。

7.1.1.7　缸体内表面粗糙度宜选择 $Ra0.4\mu m$。

7.1.2　缸盖

7.1.2.1　缸盖材料应符合设计要求。

7.1.2.2　缸盖配合面的圆柱度公差应不低于 GB/T 1184 中 8 级，同轴度公差应不低于 8 级。

7.1.2.3　缸盖与缸体配合的端盖轴线垂直度公差不低于 GB/T 1184 中 8 级。

7.1.2.4　缸盖锻钢件应按照 GB/T 6402 进行内部质量检测和评定，并应符合 2 级要求。

7.1.2.5　缸盖铸钢件应按照 GB/T 7233 进行内部质量检测和评定，并应符合 2 级要求。

7.1.3　活塞

7.1.3.1　活塞外径公差应不低于 GB/T 1801 中的 f8。

7.1.3.2 活塞外径对内孔的同轴度公差应不低于 GB/T 1184 中 8 级。

7.1.3.3 活塞外径圆柱度公差应不低于 GB/T 1184 中 8 级。

7.1.3.4 活塞端面对轴线的垂直度公差应不低于 GB/T 1184 中 8 级。

7.1.3.5 活塞外圆柱面粗糙度宜选择 $Ra\,0.6\mu m$。

7.1.4 活塞杆

7.1.4.1 活塞杆导向段外径公差应不低于 GB/T 1801 中 f8。

7.1.4.2 活塞杆导向段圆度公差应不低于 GB/T 1184 中 8 级。

7.1.4.3 活塞杆母线直线度公差应不低于 GB/T 1184 中 8 级。

7.1.4.4 活塞杆与活塞接触的端面对轴心线垂直度公差应不低于 GB/T 1184 中 8 级。

7.1.4.5 活塞杆螺纹采用 GB/T 197 中 6 级精度。

7.1.4.6 活塞杆导向段外表面粗糙度宜选择 $Ra\,0.4\mu m$。

7.1.4.7 活塞杆表面如采取堆焊不锈钢，加工后的不锈钢层厚度应不小于 1mm。

7.1.4.8 活塞杆表面如采取镀铬防锈，先镀 0.04～0.06mm 乳白铬，再镀 0.04～0.06mm 硬铬，单边镀层厚度为 0.08～0.10mm。

7.1.5 导向套

7.1.5.1 导向套配合尺寸公差应不低于 GB/T 1801 中的 H9 与 H8。

7.1.5.2 导向套的圆柱度公差应不低于 GB/T 1184 中 8 级。

7.1.5.3 导向套的同轴度公差应不低于 GB/T 1184 中 8 级。

7.1.5.4 导向套的表面粗糙度宜选择 $Ra\,0.4\mu m$。

7.1.6 紧固件根据需要可采用不锈钢材料，也可用表面镀锌或发黑处理。

7.1.7 油箱应采用不锈钢制造，油箱上的空气滤清器应具有除水和干燥功能。

7.1.8 油箱应设置温度计、液位显示和发讯装置。

7.2 厂内组装

7.2.1 液压系统组装应符合 GB/T 3766 的规定。

7.2.2 液压元件均应有产品合格证并具有质量证明书和厂内试压记录。

7.2.3 密封件应有产品合格证并具有质量证明书。

7.2.4 装配的各加工件应有质量检测合格的报告或记录。

7.2.5 各主要零件应用煤油清洗干净,液压元件应根据情况进行分解清洗。

7.2.6 零件装配时不应碰伤、擦毛表面,禁止用铁棍直接敲击零件,各紧固件必须按顺序拧紧。

7.2.7 采用"V"型组合密封时,油封应压缩到设计尺寸,相邻两圈的油封接头应错开 90°以上,并加调整垫片。

7.3 厂内试验

7.3.1 试验用油的油液运动粘度宜为 $20\sim30\text{mm}^2/\text{s}$,试验油温应不大于 25℃,过滤精度应不低于 $20\mu\text{m}$,污染度等级应不低于 GB/T 14039 中规定的 NAS9 级。试验油应具有防锈能力。

7.3.2 试验用压力表精度为 $\pm1.0\%$,量程宜为试验最大压力值的 1.5 倍。

7.3.3 液压缸的出厂试验应做空载往复运动 2 次,不应出现外部漏油及爬行等现象。

7.3.4 液压缸无杆腔液压从零增到活塞杆移动时的启动压力应不大于 0.5MPa。

7.3.5 液压缸的额定压力小于或等于 16MPa 时,试验压力为额定压力的 1.5 倍;大于 16MPa 时,试验压力为额定压力的 1.25 倍;在试验压力下保持 10min 以上,不能有外部漏油、永久变形和破坏现象。

7.3.6 在额定压力下,将活塞停于油缸一端,保压 30min,不得有外部泄漏现象。

7.3.7 在额定压力下，将活塞停于油缸一端，保压 10min，每分钟内泄漏量应不超过 $(D^2-d^2)/200$ml（D 为缸径，单位为 cm，d 为活塞杆直径，单位为 cm）。

7.3.8 油箱应进行渗漏试验。

7.3.9 经过试验合格的液压缸、油箱及管路的所有外露油口，应用耐油塞子封口。

7.3.10 电气设备的电气元件均有产品合格证，外形整洁美观，无损坏现象。

7.3.11 操作机构及其附件应操作灵活，各种辅助开关触点分合正确。

7.3.12 线路的绝缘电阻应不小于 0.5MΩ。

7.4 现场安装

7.4.1 产品到达现场应经检查、开箱验收后，方可进行安装。

7.4.2 液压启闭机机架的横向中心线与实际起吊中心线的距离不应超过±2mm；高程偏差不应超过±5mm。双吊点液压启闭机，支承面的高差不超过±0.5mm。

7.4.3 机架钢梁与推力支座的组合面不应有大于 0.05mm 的通隙，其局部间隙不应大于 0.1mm，宽度方向不应超过组合面宽度的 1/3，累计长度不超过周长的 20%，推力支座顶面水平偏差不应大于 0.2/1000。

7.4.4 吊装液压缸时，应采取防止变形的措施，根据液压缸直径、长度和重量决定支点或吊点个数，所有支点处应采用垫木支撑。

7.4.5 现场安装管路进行整体循环油冲洗，冲洗速度宜达到紊流状态，滤网过滤精度应不低于 10μm，冲洗时间不少于 30min。

7.4.6 调整上下限位点及充水接点，高度指示装置显示的数据能正确表示出闸门所处位置。

7.4.7 现场注入的液压油型号、油量及油位应符合设计要求，液压油过滤精度应不低于 20μm。

7.5 试验与检测

7.5.1 油缸试运转前运行区域内的一切障碍物应清除干净，保证闸门及油缸运行不受卡阻。

7.5.2 滤油芯应清洗或更换，试运转前液压系统的污染度等级应不低于 NAS9 级。

7.5.3 环境温度应不低于设计工况的最低温度。

7.5.4 机架采用焊接固定的，应检查焊缝是否达到要求。对采用地脚螺栓固定的，应检查螺母是否松动。

7.5.5 电器回路中的单个元件和设备均应进行调试，并应符合 GB 1497 的有关规定。

7.5.6 油泵第一次启动时，应将油泵溢流阀全部打开，连续空转 30min，油泵不应有异常现象。

7.5.7 油泵空转正常后，将溢流阀逐渐旋紧使管路系统充油，充油时应排除空气，管路充满油后，调整油泵溢流阀，使油泵在其工作压力的 50%、75% 和 100% 的情况下分别连续运转 5min，系统应无振动、杂音和升温过高等现象，检查阀件及管路有无漏油现象。

7.5.8 调整油泵溢流阀，使其压力达到工作压力的 1.1 倍时动作排油，此时也应无剧烈振动和杂音。

7.5.9 启闭闸门，检验液压缸缓冲装置减速情况和闸门有无卡阻现象，并记录运行水头、闸门全开过程的系统压力值。

7.5.10 手动操作试验无误后，方可进行自动操作试验。

7.5.11 快速关闭闸门试验时，记录闸门提升、快速关闭、持住力、缓冲的时间和当时库水位及系统压力值，其快速关闭时间应符合设计规定。快速关闭闸门试验时，应做好切断油路的应急准备，以防闸门过速下降。

7.5.12 液压启闭机将闸门提起进行沉降试验，并满足以下规定：在 24h 内，闸门因液压缸的内部漏油而产生的沉降量应不大于 100mm；24h 后，闸门的沉降量超过 100mm 时，应有警示信号提示，闸门的沉降量超过 200mm 时，液压系统应具备自动复位的功能。72h 内自动复位次数不大于 2 次。

7.5.13 双吊点液压启闭机，如有自动纠偏功能时，同一台启闭机的两套油缸在行程内任意位置的同步偏差大于设计允许值时，应自动投入纠偏装置。

8 移动式启闭机

8.1 制造技术要求

8.1.1 门架和桥架各构件焊接后的允许偏差，应符合本标准的附录 A 的规定。

8.1.2 滑轮、卷筒、联轴器、制动轮和制动器、齿轮和减速器，制造和装配要求应符合本标准 5.1.2 条～5.1.7 条的各条规定。

8.1.3 滑动轴承和滚动轴承的组装要求应符合本标准的 5.1.9 条和 5.1.10 条的规定。

8.1.4 高度指示装置、荷载控制装置的技术要求应符合本标准 5.2.2.11 条和 5.2.2.12 条的规定。

8.1.5 车轮

8.1.5.1 踏面与轮缘内侧表面需要进行热处理的车轮，硬度应不小于 HB300。工艺试块的淬硬层深度应不小于 15mm，淬硬层深度 15mm 处的硬度应不小于 HB260。

8.1.5.2 铸造车轮加工面上有砂眼、气孔等缺陷时，按下述规定处理。

8.1.5.2.1 轴孔内允许有不超过表面积 10% 的轻度缩松及深度小于 2mm，间距不小于 50mm，数量不大于 3 个的缺陷，但应将缺陷边缘磨钝。

8.1.5.2.2 除踏面和轮缘内侧面部外，缺陷清除后的面积不超过 30mm²，深度不超过壁厚的 20%，且在同一加工面上不多于 3 处，允许焊补，并将焊补处磨光。

8.1.5.3 车轮踏面和轮缘内侧面上，允许有直径小于 2mm，个数不多于 5 处的麻点。

8.1.5.4 车轮不允许有裂纹、龟裂和起皮。

8.1.5.5 铸造车轮应按照 GB/T 7233 进行内部质量检测和评定，并应符合 2 级要求。

8.1.5.6 装配后的车轮，应转动灵活，径向跳动和端面跳动应不低于 GB/T 1184 的 9 级。

8.1.6 自动挂脱梁

8.1.6.1 自动挂脱梁上吊点中心距的偏差±2mm。

8.1.6.2 自动挂脱梁的转动轴和销轴表面应作防腐处理，转动应灵活。

8.1.6.3 机械式自动挂脱梁、卡体与挂体脱钩段之间必须保证一定的间隙。

8.1.6.4 液压式自动挂脱梁的液压装置及水下电气装置应做水密试验。

8.1.6.5 挂脱梁出厂前应作静平衡试验。

8.1.6.6 挂脱梁出厂前应作挂脱闸门的模拟试验。

8.2 组 装 与 安 装

8.2.1 桥架和门架的组装完成后，应按附录 B 的图示进行检测。

8.2.1.1 跨中上拱度 $F = (0.9 \sim 1.4)L/1000$，且最大上拱度应控制在跨度中部的 $L/10$ 范围内（见图 B.1）。

8.2.1.2 桥架对角线差（$|D_1 - D_2|$）应小于 5mm（见图 B.2）。

8.2.1.3 主梁的水平弯曲应小于 $L/2000$，但最大不得超过 20mm，测量位置离上盖板约 100mm 的腹板处（见图 B.2）。

8.2.1.4 悬臂端上翘度 $F_0 = (0.9 \sim 1.4)L_n/350$。上拱度与上翘度应在无日照温度影响的情况下测量（见图 B.3）。

8.2.1.5 主梁上翼缘的水平偏斜应小于 $B/200$（B 为主梁上翼缘宽度，测量位置于长筋板处，见图 B.4）。

8.2.1.6 主梁腹板的垂直偏斜应小于 $H/500$（H 为主梁腹板的高度，测量位置于长筋板处，见图 B.5）。

8.2.1.7 腹板波浪度以 1m 平尺检查，在离上盖板 $1/3H$ 以内的区域应小于 0.7δ，其余区域应小于 1.0δ（δ 为主梁腹板厚度，见附录 A 图 5）。

8.2.1.8 门架支腿从车轮工作面算起到支腿上法兰平面的高度相对差应小于 8mm。

8.2.2 小车轨道

8.2.2.1 小车轨距偏差 ±3mm。

8.2.2.2 小车跨度 T_1、T_2 的相对差，应小于 3mm。

8.2.2.3 同一横截面上小车轨道的标高相对差，应小于 3mm。

8.2.2.4 小车轨道中心线与轨道梁腹板中心线的位置偏差，应小于 0.5δ，δ 为轨道梁腹板厚度。

8.2.2.5 小车轨道在侧向的局部弯曲，在任意 2m 范围内不大于 1mm。

8.2.2.6 小车轨道应与主梁上翼缘板紧密贴合，当局部间隙大于 0.5mm，长度超过 200mm 时，应加垫板垫实。

8.2.2.7 小车轨道接头处的高低差和侧面错位均应小于 1mm，接头间隙应小于 2mm。

8.2.3 大车轨道

8.2.3.1 大车车轮应与轨道面接触，不应有悬空现象。

8.2.3.2 钢轨铺设前，应检查钢轨出厂证明和合格证，合格后方可铺设。

8.2.3.3 吊装轨道前，应确定轨道的安装基准线、轨道实际中心线与基准偏差应小于 2mm。

8.2.3.4 轨距偏差 ±5mm。

8.2.3.5 轨道在侧向的局部弯曲，在任意 2m 范围内不大于 1mm。

8.2.3.6 每条轨道在全行程上最高点与最低点之差小于 2mm。

8.2.3.7 同一横截面上轨道的标高相对差，应小于 5mm。

8.2.3.8 两平行轨道的接头位置应错开，其错开距离应大于前后车轮的轮距。接头处高低差和侧面错位均应小于 1mm，接头间隙应小于 2mm。

8.2.3.9 在轨道上连接的接地线应进行接地电阻的测试，接地电阻应小于 4Ω。

8.2.4 运行机构

8.2.4.1 跨度偏差±5mm，跨度的相对差应小于5mm。

8.2.4.2 车轮的垂直偏斜量应在车轮架空的情况下测量，垂直偏斜量应小于$L/400$mm（L为测量长度）。

8.2.4.3 车轮的水平偏斜应小于$L/1000$（L为测量长度），同一轴线上车轮的偏斜方向应相反。

8.2.4.4 同一端梁下，车轮的同位差：两个车轮时应小于2mm，两个以上车轮时应小于3mm，在同一平衡梁上车轮的同位差不得大于1mm。

8.2.5 电气设备

8.2.5.1 操纵室内的电气设备应无裸露的带电部分，在小车和走台上的电气设备应有护罩或围栏，室外用启闭机应备防雨罩，电气设备周围应留有500mm以上的通道。

8.2.5.2 电阻箱应用支架固定，并采取相应的散热措施，电阻器引出线应予以固定。

8.2.5.3 穿线用钢管应清除内外壁锈渍，毛刺并涂以防锈涂料，管子的弯曲半径应大于其直径的5倍（管子两端不受此限）。出厂时应封住管口并按图编写管号。穿线管只允许锯割并用管箍接头，管内导线不准有接头，管口要有护线套保护。线管、线槽的固定点可焊在金属构件上，但不得焊穿。室外启闭机的钢管管口位置及线槽应能防止雨水直接进入。

8.2.5.4 单个滑线固定器、导电器应满足耐压试验的要求。

8.2.5.5 全部电气设备不带电的外壳应可靠地接地及标明接地标志。若用安装螺栓接地应保证螺栓接触面接触良好。小车与桥架，启闭机与轨道之间应有可靠的电气连接（可利用小车供电的电缆的线芯作为连接大、小车的接地线）。

8.3 试验与检测

8.3.1 厂内检测

8.3.1.1 小车（除钢丝绳、吊具外），支腿与下横梁，支腿与主梁，运行机构等应分别进行预装，检查零部件的完整性和几何尺寸的正确性，并标有预装标记。支腿与主梁如不进行预装，则应采取可靠的工艺方法，保证其几何尺寸的正确性。

8.3.1.2 运行机构将车轮架空的情况下进行空运转试验，起升机构则在不带钢丝绳及吊钩的情况下进行空运转试验。分别开动各机构，作正、反向运转，试验累计时间各 30min 以上，各机构应运转正常。

8.3.2 试运转前的检查

8.3.2.1 检查所有机械部件、连接部件、各种保护装置及润滑系统等的安装、注油情况，其结果应符合设计要求，并清除轨道两侧所有杂物。

8.3.2.2 检查钢丝绳固定压板应牢固，缠绕方向应正确。

8.3.2.3 检查电缆卷筒、中心导电装置、滑线、变压器以及各电机的接线是否正确和是否有松动现象存在，并检查接地是否良好。

8.3.2.4 对于双电机驱动的起升机构，应检查电动机的转向是否正确；双吊点的起升机构应检查吊点的同步性能。

8.3.2.5 检查行走机构的电动机转向是否正确。

8.3.2.6 用手转动各机构的制动轮，使最后一根轴（如车轮轴、卷筒轴）旋转一周，不应有卡阻现象。

8.3.3 试运行

8.3.3.1 起升机构和行走机构应分别在行程内往返 3 次，电动机三相电流不平衡度不超过 10%，电气设备应无异常发热现象，控制器的触头应无烧灼的现象。

8.3.3.2 限位开关、保护装置及联锁装置等动作应正确可靠。

8.3.3.3 大车、小车行走时，车轮不允许有啃轨现象。

8.3.3.4 大车、小车行走时，导电装置应平稳，不应有卡阻、跳动及严重冒火花现象。

8.3.3.5 所有机械部件运转时，均不应有冲击声和其他异常声音。

8.3.3.6 运转过程中，制动闸瓦应全部离开制动轮，不应有任何摩擦。

8.3.3.7 所有轴承和齿轮应有良好的润滑，轴承温度应不超过 65℃。

8.3.3.8 在无其他噪声干扰的情况下，在司机座测量（不开窗）测得的噪声应不大于 85dB（A）。

8.3.3.9 带有挂脱梁的启闭机应做挂脱闸门的试验。

8.3.3.10 双吊点启闭机，应进行闸门吊耳轴中心线的水平偏差检测或双吊点同步的检测。

8.3.4 静载试验

8.3.4.1 静载试验的目的是检验启闭机各部件和金属结构的承载能力。

8.3.4.2 测量主梁实际上拱度和悬臂端的实际上翘度。

8.3.4.3 确定主梁和机架承载最危险断面，布置应力测试点。

8.3.4.4 工地安装现场应具备满足静载试验所需的配重试块，宜采用专用试块。

8.3.4.5 试验过程中可由 75% 的额定载荷逐步增至 125% 的额定载荷，离地面 $100\sim200$mm，停留时间不少于 10min，测量门架或桥架挠度。然后卸去载荷，测量门架或桥架的变形。

8.3.4.6 静载试验中主梁实测的挠度值应小于 $L/700$，悬臂端实测的挠度值应小于 $L_n/350$。

8.3.4.7 静载试验结束后，各部件和金属结构各部分不能有破裂、永久变形、连接松动或损坏等影响性能和安全的质量问题出现。

8.3.5 动载试验

8.3.5.1 动载试验的目的主要是检查机构和制动器的工作性能。

8.3.5.2 在设计的额定载荷起升点，由 75% 的额定载荷逐步增至 110% 的额定载荷，作重复的起升、下降、停车、起升、下降等动作，应延续达 1h。

8.3.5.3 启闭机作为起重机使用时应按起重机的运行工况和额

定起重量，在起升 1.1 倍额定荷载后除做起升、下降、停车试验外，还应做大车、小车的行走运行试验。

8.3.5.4 动载试验过程中检查各机构，应动作灵敏、工作平稳可靠，各限位开关、安全保护联锁装置应动作正确、可靠，各连接处不得松动。

8.3.6 型式试验

型式试验应符合特种设备型式试验细则要求，由国家有关部门审定的有资质的型式试验检测机构承担检测工作。

9 验 收 规 则

9.1 产 品 验 收

9.1.1 由制造厂质检部门按图样和本标准进行检查，填写检验记录，检查合格后方能进行出厂验收。

9.1.2 用户对产品有特殊要求时，应在订货合同中规定，并按规定进行验收。

9.1.3 验收时，制造厂应向用户提供下列技术资料：

　　a) 制造竣工图纸，易损件图，部件装配图及产品维护使用说明书；

　　b) 产品出厂试验报告；

　　c) 主要材料的材质证明文件和复验记录；

　　d) 大型铸、锻件的探伤检验报告和热处理报告；

　　e) 焊缝检验报告及有关记录；

　　f) 设计修改通知单和零件材料代用通知单；

　　g) 缺陷处理记录与检验报告；

　　h) 外购件合格证；

　　i) 外购件型式试验合格证；

　　j) 产品合格证及发货清单。

9.2 安 装 竣 工 验 收

9.2.1 按图样和本标准进行检查，检查合格后方能进行验收。

9.2.2 安装单位除移交制造厂提供全部技术资料外，还应提供下列技术资料：

　　a) 安装竣工图；

　　b) 设计修改通知书；

　　c) 安装尺寸的最后测定记录和调试记录；

　　d) 安装焊缝的检验报告及有关记录；

e）安装重大缺陷的处理记录；

f）出厂验收时，制造厂提供的全部资料；

g）现场试验记录和试验报告。

9.3　质　量　保　证　期

制造厂所供应的产品在用户妥善保管和合理安装及使用的条件下，自设备安装验收合格后起 12 个月内为产品质量保证期。产品在质量保证期内能正常工作，否则，制造厂应无偿给予修理或更换。

10 标志、包装、运输与存放

10.1 标　　志

在启闭机明显部位设置标牌，标牌应符合 GB/T 13306 中的规定，其内容应包括：

　　a）产品规格及名称；

　　b）许可证编号与有效期；

　　c）出厂编号；

　　d）主要技术参数；

　　e）制造日期和制造厂名称。

10.2 包　　装

10.2.1　对于固定在机架上方的零部件，当重量不超限时，一般裸装出厂。裸露运输时应采取安全防护措施和防潮措施，对于液压启闭机，应采取防止缸体、活塞杆及密封件的变形措施。

10.2.2　对于精密零件、电气柜及仪表等的包装，应符合 GB/T 13384 中的规定。

10.2.3　启闭机的随机文件应齐全，并用塑料袋封装，放置随机文件袋的包装箱应标记为第 1 号箱。

10.3 运　　输

启闭机部件敞装或箱装运输时，应符合 GB/T 191 中的规定，安放牢固，采取措施防止变形，并符合陆运、海运及空运的有关规定。对于精密零件、电气柜及仪表等运输，应注意防潮和避振。

10.4 存　　放

10.4.1　产品不宜露天裸放，需长期裸放时应将电动机、制动器、液压泵站、电控柜等液压和电气设备拆卸存放仓库。其主机设备应有防雨、防锈、防风砂等措施。对液压启闭机应采取措施防止缸体、活塞杆及备件的变形和老化，并应置入仓库保存。

10.4.2 产品长期存放时，每年应清洗一次，并涂防锈油。

附 录 A

（规范性附录）

焊接结构件尺寸公差与极限偏差

表 A 焊接结构件尺寸公差与极限偏差

序号	项 目	简 图	偏差允许值（mm）
1	板梁结构件翼板的水平倾斜度； （1）单腹板梁； （2）箱形梁		（1）$c \leqslant b/150 \leqslant 2.0$； （2）$c \leqslant b/200 \leqslant 2.0$ （此值在长筋处测量）
2	梁翼板的平面度		$c \leqslant a/150 \leqslant 2.0$
3	梁腹板的垂直度		$c \leqslant H/500 \leqslant 2.0$ （此值在长筋或节点处测量）
4	梁翼板相对于梁中心线的对称度		$c \leqslant 2.0$
5	梁腹板的平面度		用1m长平尺测量： （1）在距上翼板的 $H/3$ 区域内，c 值 $\leqslant 0.7\delta$； （2）其余区域内，c 值 $\leqslant 1.0\delta$

附　录　B

（规范性附录）

结构件尺寸检测图示

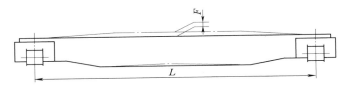

图 B.1

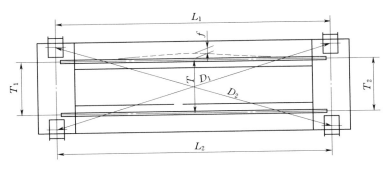

图 B.2

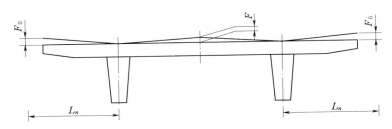

图 B.3

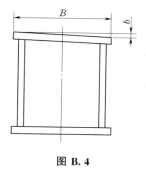

图 B.4

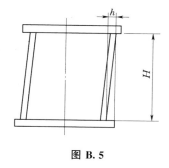

图 B.5

水利泵站施工及验收规范

GB/T 51033—2014

2014 - 08 - 27 发布　　　　2015 - 05 - 01 实施

前　　言

本规范是根据住房城乡建设部《关于印发〈2011 年工程建设标准规范制订、修订计划〉的通知》（建标〔2011〕17 号）的要求，由中国灌溉排水发展中心会同有关单位共同编制完成的。

本规范在编制过程中，编制组吸收了国内外最新科研成果和先进、成熟的施工经验，针对存在的问题以及生产中提出的新要求，重点开展了泵站施工新技术、新材料、新设备和新工艺等的分析研究。同时广泛征求了全国有关设计、科研、施工、管理等部门的专家和技术人员的意见，最后经审查定稿。

本规范共分 10 章和 9 个附录，主要技术内容包括：总则、施工布置、施工测量、地基与基础、泵房施工、进出水建筑物施工、观测设施和施工期观测、金属结构安装及试运行、质量控制和施工安全、泵站施工验收等。

本规范由住房城乡建设部负责管理，由水利部负责日常管理工作，由中国灌溉排水发展中心负责具体技术内容的解释。本规范在执行过程中，请各单位注意总结经验，积累资料，将有关意见和建议反馈给中国灌溉排水发展中心（地址：北京市西城区广安门南街 60 号荣宁园 3 号楼；邮政编码：100054；电子信箱：jskfpxc@163.com），以便今后修订时参考。

本规范主编单位、参编单位、主要起草人和主要审查人：

主编单位：中国灌溉排水发展中心

参编单位：武汉大学

湖北省水利水电规划勘测设计院

安徽省水利水电勘测设计院

黑龙江省水利水电勘测设计研究院

山西省运城市水务局

主要起草人：李端明　石自堂　骆克斌　陈亚辉　乔亚成

王俊武　王　力　秦昌斌

主要审查人：窦以松　郑玉春　储　训　魏迎奇　汤正军

朱华明　郝满仓

目　录

条文说明（略）

1 总　　则

1.0.1　为规范泵站施工及验收行为，统一其技术要求，做到优质安全、经济，保证工期，管理方便，制定本规范。

1.0.2　本规范适用于新建、扩建或改建的灌溉、排水、调（引）水的大中型泵站及安装有大中型主机组的小型泵站的建筑物施工、金属结构安装及验收。

1.0.3　泵站工程施工宜采用经过试验和鉴定的新技术、新材料新设备和新工艺。

1.0.4　泵站工程施工及验收应建立完整的技术档案。技术档案应符合现行国家标准《建设工程文件归档整理规范》GB/T 50328 的规定。

1.0.5　泵站施工及验收除应符合本规范外，尚应符合国家现行有关标准的规定。

2 施 工 布 置

2.1 一 般 规 定

2.1.1 施工布置应根据泵站工程枢纽布置，建筑物型式，施工条件和工程所在地自然、社会状况等因素，对为施工服务的各种临时设施进行统筹规划、合理确定和布置。

2.1.2 主要施工工厂和临时设施的布置应按施工期受洪水的影响程度确定。其防洪标准应按工程设计确定的洪水标准选用。

2.1.3 施工布置应合理利用土地，有利生产，方便生活，注重环境保护，减少水土流失。

2.1.4 房屋建筑和施工临时设施宜永久和临时相结合，减少或避免大量临时设施在主体工程施工过程中的拆迁，减少占用施工场地；也可利用永久建筑物和附近已建工程的原有设施作为施工临时设施。

2.1.5 若场地条件具备布置不同的施工方案，且各方案差异较大时，应进行施工布置方案比选。必要时，应进行专题论证。

2.2 布置方法与要求

2.2.1 施工布置应根据施工需要分阶段形成，并满足各阶段的施工要求。施工场地平整范围宜按施工布置最终要求确定。

2.2.2 施工布置宜先进行施工导流工程布置和主体工程施工分区，再进行施工临时设施、对外交通等的布置。施工布置时，应统筹考虑可利用场地的位置和面积、施工临时建筑与永久设施的结合等因素；生产区宜采取封闭式施工措施，当施工管理区和生活区与生产区相连接时，应采取围栏或栅栏等措施隔离，以确保施工安全。

2.2.3 施工布置可按以下功能分区：

    1 主体工程施工区；

2 施工工厂区；

3 当地材料加工区；

4 仓库、堆场和道路等储运系统；

5 机电设备和金属结构安装场地；

6 存弃渣料堆放区；

7 施工管理和生活区。

2.2.4 主体工程施工区应包括进水建筑物、泵房、出水建筑物等主体工程的施工现场。在工程施工期，应经济合理地解决土石方开挖和回填、砌体和混凝土浇筑的运输道路、基坑排水设施、水电气供应、金属结构和机电设备安装场地和运输道路等。

2.2.5 施工工厂区主要应包括砂石料加工、钢筋加工制作、混凝土生产、供水、供电、供风、通信、机械修配及加工等场地。施工工厂宜布置在服务对象和用户附近，少占耕地，避开不良地质地段，满足防洪、防火、安全、卫生和环保等要求。

2.2.6 当地材料加工区应布置在场地开阔、运输便利和排水条件良好的场地。

2.2.7 仓库和堆场等应有良好的交通条件，布置上应符合国家有关防火、防爆等安全规定。

2.2.8 机电设备和金属结构的安装场地宜布置在其安装部位附近。应合理衔接土建施工与设备安装节点，充分利用土建施工中已建工程和各种设施，经济合理地利用安装场地。

2.2.9 存、弃渣料堆放场应选用易于修建出渣道路的山沟、坡地、荒滩，避免占用耕地和经济林地。堆放场边坡应稳定安全，排水设施良好。临时堆存料场宜选在开挖渣料使用地点附近，并具备较好的开挖、装卸、运输条件。

2.2.10 施工管理区和生活区宜选择在交通及通信方便，邻近施工现场，具备良好的日照、通风、水源和排水条件的场地。其房屋建筑标准应根据当地地形和气象特征、房屋使用年限等条件确定，使用期在 5a 以上的房屋建筑宜选用永久结构，也可采用装配式活动房屋。

2.2.11 应根据施工布置和施工进度要求，合理确定对外和场内交通方案。对外交通方案应确保施工工地与公路、铁路车站、水运港口之间的交通联系，具备承担施工期间外来物资运输任务的能力。场内交通方案应确保施工工地内部各工区、材料堆场、堆弃渣场、各生产生活区之间的交通联系，主要道路与对外交通连接。

3 施 工 测 量

3.1 一 般 规 定

3.1.1 泵站施工测量应按国家现行标准《工程测量规范》GB 50026 和《水利水电工程施工测量规范》SL 52 的有关规定执行。

3.1.2 泵站施工测量应包括下列内容:

    1 根据施工总体布置和有关资料要求布设施工测量控制网;

    2 针对工程施工各阶段的不同要求,进行地形测绘或施工放样及检查;

    3 建筑物外部变形观测点的埋设和施工期的定期观测;

    4 建筑物的几何形体的竣工测量。

3.1.3 施工平面控制网的坐标系统,宜与施工图的坐标系统相一致;也可根据施工需要建立与施工图的坐标系统有换算关系的施工坐标系统。施工高程系统应与施工图的高程系统相一致,并应根据需要与就近国家水准点进行联测。

3.1.4 施工测量主要精度指标应符合表 3.1.4 的规定。

表 3.1.4 施工测量主要精度指标

项　目			精　度　指　标		说　明
分部工程	部　位	内容	平面位置允许偏差(mm)	高程允许偏差(mm)	
混凝土	泵房底板	轮廓点放样	±20	±20	①平面相对于轴线控制点(主泵房中心轴线标志点); ②高程相对于工作基点
	进出水流道和水泵基坑		±10	±10	
	岸墙、翼墙		±25	±20	
	消力池、铺盖		±30	±30	

表3.1.4(续)

项　目		精　度　指　标			说　明
分部工程	部　位	内容	平面位置允许偏差（mm）	高程允许偏差（mm）	
浆砌石	岸墙、翼墙	轮廓点放样	±30	±30	① 平面相对于轴线控制点（主泵房中心轴线标志点）； ② 高程相对于工作基点
	护底、海漫、护坡		±40	±30	
干砌石	护底、海漫、护坡		±40	±30	
土石方开挖			±50	±50	包括土方保护层开挖
泵站机电设备与金属结构安装		安装点	±(1～3)	±(1～3)	相对于建筑物安装轴线和相对水平度
施工期间外部变形观测		水平位移测点	±(3～5)	—	相对于工作基点
		垂直位移测点	—	±(3～5)	

3.1.5 测绘仪器与工具应定期检定，及时维护保养和检查校正。

3.1.6 各种外业手簿的原始记录应做到数据真实、字迹清楚、端正齐全，不得涂改、转抄或事后补记。

3.2　测量方法与要求

3.2.1 施工平面控制网的建立可采用卫星定位测量、导线测量、三角形网测量等方法。主泵房轴线宜作为控制网的一条边。

3.2.2 根据泵站中心线标志，测设轴线控制的标点（简称轴线点），其相邻标点位置的中误差应符合表3.2.2的规定。

表3.2.2　主要轴线点点位中误差限值

轴线类型	相对于邻近控制点点位中误差（mm）
土建轴线	≤10
安装轴线	≤5

3.2.3 平面控制网精度等级，卫星定位测量控制网宜按四等和一级、二级；三角形网测量宜按四等和一级、二级；导线及导线网宜按二级、三级。卫星定位测量控制网、三角形网测量、导线及导线网测量的主要技术要求应按表 3.2.3-1、表 3.2.3-2 和表 3.2.3-3 的规定执行。

表 3.2.3-1　卫星定位测量控制网的主要技术要求

等级	平均边长（km）	固定误差（mm）	比例误差系数（mm/km）	约束点间的边长相对中误差	约束平差后最弱边相对中误差
四等	2	≤10	≤10	≤1/100000	≤1/40000
一级	1	≤10	≤20	≤1/40000	≤1/20000
二级	0.5	≤10	≤40	≤1/20000	≤1/10000

表 3.2.3-2　三角形网测量的主要技术要求

等级	相对中误差		测回数		测角中误差（"）	三角形网测量最大闭合差（mm）
	起始边	最弱边	2″仪器	6″仪器		
四等三角	≤1/100000	≤1/40000	6	—	≤2.5	≤9
一级小三角	≤1/40000	≤1/20000	2	4	≤5.0	≤15
二级小三角	≤1/20000	≤1/10000	1	2	≤10	≤30

表 3.2.3-3　导线及导线网测量的主要技术要求

等级	导线长度（km）	平均边长（m）	测距相对中误差	导线全长相对闭合差	测回数		测角中误差（"）	方位角闭合差（"）
					2″仪器	6″仪器		
二级导线	2.4	100～300（200）	≤1/14000	≤1/10000	1	3	≤8	≤10$\sqrt{n}$
三级导线	1.2	50～150（100）	≤1/7000	≤1/5000	1	2	≤12	≤20$\sqrt{n}$

注：1　表中 n 为测站数；

　　2　当测区测图的最大比例尺为 1:1000 时，二级、三级导线的平均边长及总长可适当放长，但最大长度不应大于表中规定长度的 2 倍；

　　3　测角的 2″、6″级仪器分别包括全站仪、电子经纬仪和光学经纬仪，在本规范的后续引用中均采用此形式。

3.2.4 平面控制点应选埋于通视良好、有利于扩展、方便放样、地基稳定且能较长期保存的地方。平面控制网建立后，应定期进行复测，其精度不应低于本规范第3.2.3条规定的精度。若发现控制点有位移迹象时，应进行复测。

3.2.5 施工水准网的布设，应按由高到低逐级控制的原则进行。联测国家水准点时，应联测2点以上，检测高差应符合要求。

3.2.6 工地水准基点，应设地面明标与地下暗标，且各不应少于1个，其中大型泵站工地宜设置各2个。基点位置应设在不受施工影响、地基坚实、便于保存的地点，埋设深度应在冻土层以下0.5m，并浇灌混凝土基础。

3.2.7 高程控制测量的等级要求，应按表3.2.7的规定执行。

表3.2.7 高程控制测量的等级要求

施 测 部 位	水准测量等级
大型泵站竖向位移水准网布设	二
大型泵站施工水准网布设	二或三
大型泵站竖向位移观测点、中型泵站施工水准网布设	三
进出水混凝土建筑物	四
土石方工程	五

3.2.8 高程测量的各项技术要求，应按表3.2.8的规定执行。

表3.2.8 高程测量的各项技术要求

等级	水准仪型号	视线长度（m）	前后视的距离较差（m）	前后视的距离较差累计（m）	视线离地面最低高度（m）	基、辅分划或黑、红面读数较差（mm）	基、辅分划或黑、红面所测高差较差（mm）	往返较差、附和或环线闭合差	
								平地（mm）	山地（mm）
二	DS1	≤50	≤1.0	≤3.0	0.5	≤0.5	≤0.5	≤4$\sqrt{L}$	—
三	DS1	≤100	≤2.0	≤5.0	0.3	≤1.0	≤1.0	≤12$\sqrt{L}$	≤4$\sqrt{n}$
	DS3	≤75				≤2.0	≤2.0		
四	DS3	≤80	≤3.0	≤10.0	0.2	≤3.0	≤3.0	≤20$\sqrt{L}$	≤6$\sqrt{n}$
五	DS3	≤100	近似相等					≤30$\sqrt{L}$	—

注：n为水准测量单程测站数，每千米多于16站时，按山地计算闭合差；L为水准测量路线长度（km），当成像显著、清晰稳定时，视线长度可按表中规定放长20%。

3.2.9 放样前应检核已有数据、资料和施工图（包括修改通知单）中的几何尺寸，无误后方可作为放样的依据。

3.2.10 泵房底板上部立模的点位放样，宜以轴线控制点直接测放出底板中心线（垂直水流方向）和泵站进出水流道中心线（顺水流方向），其中允许误差应为±2mm。

3.2.11 泵站金属结构预埋件的安装放样点测量精度指标应符合现行行业标准《水利水电工程施工测量规范》SL 52 的规定。

3.2.12 立模、砌（填）筑高程点放样应符合下列规定：

    1 混凝土立模和混凝土抹面层以及金属结构预埋安装使用的高程点，应采用 2 个已知水准点进行测设检查；

    2 软土地基的高程测量时，应计算土壤的沉降值；

    3 主机组及金属构件预埋件的安装高程和泵站上部结构的高程测量，应在泵房底板上建立初始观测基点，采取相对高差进行控制。

3.2.13 竣工测量及归档资料应包括下列内容：

    1 施工控制网（平面、高程）的计算成果；

    2 主要水工建筑物和进出水渠道的平面图、断面图；

    3 实测建筑物过流部位及其他主要部位的竣工测量成果（坐标表、平面图和断面图）；

    4 外部变形观测设施的竣工图表及施工期变形观测资料；

    5 有特殊要求部位的测量资料。

4 地 基 与 基 础

4.1 一 般 规 定

4.1.1 地基与基础工程施工应按下列程序进行：

　　1 整理场地，修筑临时施工道路；

　　2 设置施工平面与高程控制网点，进行测量放样；

　　3 布置基础排水设施；

　　4 开挖基坑，并按设计要求堆放挖出的土石料；

　　5 对需要处理的松软土、膨胀土和湿陷性黄土等地基，按设计要求进行处理。

4.1.2 对需要处理的地基，宜选择有代表性的场地进行施工前现场试验或试验性施工。

4.1.3 凡已处理的地基，应经检验合格后再进行下道工序施工。

4.1.4 有度汛要求的泵站工程，应按施工组织设计要求构筑度汛工程。

4.1.5 施工中发现文物古迹、化石以及测绘、地质、地震和通信等部门设置的永久性标志和地下设施时，均应妥善保护，并及时报请有关部门处理。

4.2 基 坑 排 水

4.2.1 应根据泵站施工区的地形、气象、水文、工程地质条件和排水量大小，进行泵站基坑排水系统规划布置，并与场外排水系统相协调。

4.2.2 基坑排水应包括初期排水与经常性排水。初期排水量应为基坑（或围堰）范围内的积水量、抽水过程中围堰及地下渗水量、可能的降水量等之和；经常性排水应分别计算渗流量、排水时降水量及施工弃水量，但施工弃水量与降水量不应叠加，应以二者中的数值较大者与渗流量之和来确定最大抽水强度，配备相应的设备。

4.2.3 基坑排（降）水，应根据工程地质与水文地质条件，分别选择集水坑或井点等方法。对于无承压水土层，可采用集水坑排（降）水法；对于各类砂性土、砂、砂卵石等有承压水的土层，可采用井点排（降）水法。

4.2.4 集水坑排（降）水应符合下列规定：

1 集水坑和排水沟应设置在基础底部轮廓线以外一定距离处；

2 集水坑和排水沟应随基坑开挖而下降，集水坑底部应低于基础开挖面 1.0m 以下；

3 基坑挖深较大时，应分级设置平台和排水设施；

4 排水设备能力应与需要抽排的水量相适应，并应有一定的备用量。

4.2.5 井点排水可采用轻型井点和管井轻型井点两类。井点类型的选择宜根据透水层厚度、埋深、渗透系数及所要求降低水位的深度、基坑面积大小等因素，通过分析比较确定。

4.2.6 采用井点排水，应根据水文地质资料和降低地下水位的要求进行计算，以确定井点数量、位置、井深、抽水量以及抽水设备型号等。必要时，可做现场抽水试验，确定计算参数。

4.2.7 采用轻型井点的，基坑宽度大于 6m 时，宜采用双排井点或环形井点布置；降深超过 5m 时，宜采用二或三级（层）井点，孔距宜为 0.8m～1.6m，最大不宜超过 3m。

4.2.8 轻型井点施工应符合下列规定：

1 应按敷设集水总管、沉放井点管、灌填滤料、连接管路、安装抽水设备的顺序进行安装；

2 各部件应安装严密、不漏气。集水总管与井点管之间宜用软管连接，集水总管、集水箱宜接近天然地下水位；

3 冲孔直径不应小于 300mm，孔底应比管底低 0.5m以上；

4 在井点管与孔壁之间填入砂滤料时，管口应有泥浆冒出，或向管内灌水时能快速下渗，方为合格；

    5 井点系统安装完毕后应及时试抽，合格后应将孔口以下0.5m范围用黏性土填塞密封。

4.2.9 实际井点数宜为计算数的1.2倍，管井井点总降水位宜低于工程要求值0.5m。

4.2.10 管井井点施工应符合下列规定：

    1 管井可用钻孔法成孔，且宜采用清水固壁；

    2 管井各段应连接牢固，清洗、检查合格后方可使用；

    3 滤网（滤布）应紧固于滤水管上，井管外围应按设计要求回填滤料；

    4 成井后，应及时采用分级自上而下和抽停相间的程序抽水洗井；

    5 试抽时，应调整水泵抽水量，达到预定降水高程。

4.2.11 井点抽水期间，应按时观测水位和流量，并做好记录；还应随时监视出水情况，如发现水质浑浊，应分析原因并及时处理，必要时，可增设观测井。对轻型井点，应观测真空度。

4.2.12 井点排水结束后，应按设计要求进行拆除和填塞，并做好记录。

4.2.13 基坑开挖范围及下层为砂、砂砾石等强透水地层，应按施工组织设计进行基坑截渗处理和排水。根据工程地质条件，基坑截渗可选用置换法、搅拌桩法、高压喷射灌浆法和混凝土截渗墙法等。

4.2.14 当地下水位降低可能对邻近建筑物产生不利影响时，应设置沉降观测点进行监测；必要时，应采取防护措施。

4.2.15 排（降）水应有可靠的电源和备用设备。

4.3 基 坑 开 挖

4.3.1 基坑的开挖断面应满足设计、施工和基坑边坡稳定性的要求。

4.3.2 采用水力冲挖方法施工应符合下列规定

1 水源、电源与排泥场地应满足施工要求；

2 挖土应分区分段、先周边后中间、分层进行，每层深度宜为2m～3m；

3 机组应均匀布设，间距宜为20m；

4 排泥场的围埝应分层夯实。

4.3.3 根据土质、气候和施工条件，基坑底部应留0.1m～0.3m的保护层，待基础施工前再分块依次挖除。

4.3.4 基础底面不得欠挖和超挖，若有局部超挖应回填压实。机械开挖时，宜预留0.2m保护层采用人工开挖，防止基础扰动。

4.3.5 冬期施工时，基础保护层挖除后，应采取防止基础底部受冻的措施。

4.3.6 对开挖后不能满足稳定边坡要求的土基或松软地基，应在开挖前按开挖设计进行基坑支护。

4.3.7 对于岩石地基的基坑开挖，还应按现行行业标准《水工建筑物岩石基础开挖工程施工技术规范》SL 47的有关规定执行。

4.4 地 基 处 理

4.4.1 对淤泥、淤泥质土、湿陷性黄土、素填土、杂填土地基及暗沟、暗塘等浅层地基处理，宜采用换填土层法。换填土层法施工技术要求可按本规范附录A的规定执行。

4.4.2 对正常固结的淤泥、淤泥质土、粉土、饱和松散砂土、饱和黄土和素填土等承载力小于70kPa的地基处理，宜采用搅拌桩法。当用于处理泥炭土、塑性指数大于25的黏土或地下水具有腐蚀性时，应通过试验确定其适用性。搅拌桩法按施工方法不同，分为干法（或称喷粉搅拌法）和湿法（或称深层搅拌法）。地下水的pH值小于4，或硫酸盐含量超过1％的软土，不宜采用干法；湿法应经过凝固试验后，确定采用抗硫酸盐水泥加固地基土的适用性。搅拌桩法施工技术要求可按本规范附录B的规定执行。

4.4.3 砂土、粉土、黏性土和一般填土层等地基加固，宜采用静压注浆法；该方法也可作为泵房和辅助建筑物的地基加固或纠偏的工程措施。静压注浆法施工技术要求可按本规范附录C的规定执行。

4.4.4 砂砾石土、粉土、黏性土、淤泥质土、湿陷性黄土及人工填土等地基的加固或防渗处理，宜采用高压喷射灌浆法。对地下水具有侵蚀性、地下水流速过大和已发生涌水的地基，以及地层土中含有较多漂石、块石的地基及淤泥与泥炭土地基，应通过试验确定采用高压喷射灌浆法的可行性。高压喷射灌浆法也可用于已有泵房建筑物的地基加固、深基坑的侧壁支护和基础防渗帷幕等工程。高压喷射灌浆法施工技术要求可按本规范附录C的规定执行。

4.4.5 钻孔灌注桩包括回转钻孔灌注桩、冲击钻孔灌注桩、扩底钻孔灌注桩、螺旋钻孔灌注桩及旋挖钻孔灌注桩。回转钻孔灌注桩按泥浆排放方式的不同分正循环和反循环，可用于地下水位以下的黏性土、粉土、砂类土及强风化岩等地基的加固处理；冲击钻孔灌注桩除适用上述地层外，还可用于碎石类土和穿透旧基础及大块孤石等地下障碍物的地基的加固处理，但在岩溶发育地区，应慎重使用；螺旋钻孔灌注桩仅可用于地下水位以上的黏性土、粉土、砂土及人工素填土地基的加固处理；旋挖钻孔灌注桩可用于黏性土、粉土、砂土、碎石土、全风化基岩、强风化基岩及人工填土地基的加固处理。钻孔灌注桩施工技术要求可按本规范附录D的规定执行。

4.4.6 钢筋混凝土预制桩可用于泵站工程各类建（构）筑物的基础处理。预制钢筋混凝土方桩施工技术要求可按本规范附录D的规定执行。

4.4.7 开挖困难的淤泥、流沙地基，周围有重要建筑物或受其他因素限制的地基，不允许按一定边坡开挖的土基或松软、破碎岩石地基，以及因桩数较多且不能合理布置的地基，可采用沉井进行地基处理。采用沉井进行地基处理的施工技术要求可按本规范附录 E 的规定执行。

4.5 特殊土地基处理

4.5.1 湿陷性黄土地基的处理应符合下列规定：

1 应根据工程的具体情况，选择合理的处理方法与施工工序。

2 自重湿陷性黄土层上的地基，宜采用预浸水法或挤密法进行处理。

3 预浸水法宜用于处理湿陷性黄土层厚度大于 10m，自重湿陷量的计算值不小于 500mm 的场地。

4 采用预浸水法时，应具备足够的水源，施工前宜通过现场试坑浸水试验确定浸水时间、耗水量和湿陷量等。

5 预浸水法处理地基的施工应符合下列要求：

1）浸水坑边缘至既有建筑物的距离不宜少于 50m，并应防止由于浸水影响附近建筑物和场地边坡的稳定性；

2）浸水坑的边长不得小于湿陷性黄土层的厚度，当浸水坑的面积较大时，可分段进行浸水；

3）浸水坑内的水头高度不宜小于 300mm，连续浸水时间应以湿陷变形稳定为准，其稳定标准应为最后 5d 的平均湿陷量小于 1mm/d。

6 地基预浸水结束后，在基础施工前应进行补充勘察工作重新评定地基土的湿陷性，并采用垫层或其他方法处理上部湿陷性黄土层。

7 对于地下水位以上局部或整片处理，可采用挤密法，桩深可为 5m～15m。

8 挤密法的成孔可选用沉管、冲击、夯扩、爆扩等方法。成孔挤密，应间隔分批进行；局部处理时，应由外向内施工。

9 挤密成孔后应快速回填夯实，并应符合下列要求：

1）孔底在填料前应夯实。孔内填料宜用素土或灰土、砂石料，必要时可用强度高的水泥土等。当防（隔）水时，宜填素土；当提高承载力或减小处理宽度时，宜填灰土、砂石料、水泥土等；填料时，宜分层回填夯实，其压实系数不宜小于0.97。

2）回填料的配合比应符合设计要求，拌和均匀，拌和后及时入孔，不得隔日使用。

3）挤密孔夯填高度宜超出基底设计标高0.2m～0.3m，其上可用其他土料夯至地面，使基底下保留0.5m厚的垫层。

10 挤密法效果检验应包括以下内容：

1）应及时抽样检查孔内填料的夯实质量，其数量不得少于总孔数的2%，每台班不应少于1孔。在全部孔深内，宜每1m取土样测定干密度，检测点的位置应在距孔心2/3孔半径处。孔内填料的夯实质量，也可通过现场试验测定。

2）对重要或大型工程，除上述方法检测外，还应在处理深度范围内分层取样，测定挤密土及孔内填料的湿陷性及压缩性；也可在现场进行静载荷试验或其他原位测试。

11 小范围湿陷性黄土或非自重湿陷性黄土，可用换填垫层、桩基等方法处理。施工方法可按本规范本规范附录A、附录D的有关规定执行。

4.5.2 膨胀土地基的处理应符合下列要求：

1 膨胀土地基上的基础施工应安排在冬旱季节进行，力求避开雨季，否则应采取可靠的防止雨水措施。

2 基坑开挖前应布置好施工场地的排水设施，严禁天然地表水与施工用水流入基坑。

3 临时性生活设施、施工设施（如水池、洗料场、混凝土搅拌站等）应安排在离基坑较远的位置，避免水流进基坑。

4 应防止雨水浸入坡面和坡面土中水分蒸发，避免干湿交替，保护边坡稳定；还可在坡面喷水泥砂浆保护层或用土工膜覆盖地面。

5 基坑开挖至接近基底设计标高时，应留0.3m左右的保护层，待下道工序开始前再挖除保护层。基坑挖至设计标高后，应及时铺水泥浆封闭坑底，或快速浇筑素混凝土垫层保护地基。

待混凝土达到 50％以上强度后及时进行基础施工。

6 应及时分层进行建筑物四周的回填土填筑。回填土料应选用非膨胀土、弱膨胀土及掺有水泥的膨胀土。选用弱膨胀土时其含水量宜为塑限含水量的 1.1 倍～1.2 倍。

4.6 地 基 加 固

4.6.1 基础不均匀沉陷的处理应符合下列要求：

1 首先查明地基的地层构造和工程地质条件，对基础承载力不足，出现不均匀沉陷的泵房，在基础处理前，应根据沉陷观测资料，分析判断沉陷是否稳定；

2 沉陷已接近稳定的基础处理，可采取加固底板、处理边墙的裂缝等措施；

3 对沉陷未稳定的基础处理，应进行专题论证，可选择搅拌桩法、高压喷射灌浆法、钻孔灌注桩法和打入式预制桩法等处理方法。

4.6.2 泵房倾斜的纠偏处理应进行经济技术比较，合理选择拆除重建或泵房纠偏处理等除险加固方案。

4.6.3 泵房纠偏处理可采用下列方法：

1 基土促沉法；

2 基土加固法；

3 结构物顶升法；

4 基础刚度加强法；

5 综合法。

4.6.4 使用基土加固法对泵房进行纠偏处理时，不得因基础加固而对原有地基土产生新的扰动，形成新的附加变形。

4.6.5 地基应力解除法的施工应符合下列要求：

1 钻孔孔位和孔距应按建筑物的平面尺寸、倾斜方向、倾斜率大小以及基础的工程地质特性等进行布置。

2 钻具和孔径应按有效解除应力的需要选择，孔径宜为 $\phi 400mm$，并根据掏土部位确定孔深及套管埋入深度。

3 掏土可使用大型麻花钻或大锅锥，按实测沉降和倾斜检测资料，确定掏土次数、数量及各次掏土时间间隔，掏土量与纠偏量应基本持平。

4 施工期间，应实时进行建筑物沉降、倾斜观测，及时调整施工计划，确保建筑物安全。孔内可采用潜水泵排水，但排水时间不宜过长。

5 拔管应分序进行，并及时用合格的土料回填压实。

4.6.6 在泵房纠偏施工过程中，应使布孔范围内地基土变形均匀，大小控制在允许范围内，并备有应急预案。

5 泵 房 施 工

5.1 一 般 规 定

5.1.1 泵房混凝土施工应按施工方案中拟定的混凝土浇筑要求，备足施工机械和劳力，做好混凝土配合比试验等有关技术准备工作。

5.1.2 泵房水下混凝土宜整体浇筑。对于安装大中型立式机组的泵房工程，可按泵房结构并兼顾进出水流道的整体性进行分层，由下至上分层施工，层面应平整。如出现高低不同的层面时，应设斜面过渡段。

5.1.3 泵房浇筑，在平面上不宜分块。如泵房较长，需分期分段浇筑时，应以永久伸缩缝为界划分浇筑单元。泵房挡水墙围护结构不宜设置垂直施工缝。泵房内部的机墩、隔墙、楼板、柱、墙外启闭台、导水墙等可分期浇筑。

5.1.4 永久伸缩缝止水设施的形式、位置、尺寸及材料的品种规格等，均应符合设计要求。

5.2 钢 筋 混 凝 土

5.2.1 泵房混凝土施工中所使用的模板，可根据结构物的特点，分别采用钢模、木模或其他模板，并应符合下列要求：

  1 所用模板及支架能保证结构和构件的形状、尺寸和相对位置正确；具有足够的强度和稳定性；模板表面平整、接缝严密、不漏浆；制作简单、装拆方便、经济耐用。

  2 钢模所使用的材料宜为 Q235A 级钢，木模所使用的木材宜为Ⅱ、Ⅲ等材，木材湿度宜为18％～23％。

  3 模板、支架及脚手架应按工程结构特点、浇筑方法和施工条件进行设计，并明确材料、制作、安装、检验、使用及拆除工艺的具体要求。

4 设计模板、支架及脚手架时，应选择最不利荷载组合为计算荷载；迎风面的模板及支架，应验算其在风荷载作用下的抗倾稳定性，抗倾系数不应小于1.15。

5 固定在模板上的预埋件和预留孔洞不得遗漏，模板应安装牢固、位置准确，其允许偏差应符合设计要求；设计未提出要求时，预埋件与预留孔洞安装的允许偏差可按表5.2.1-1的规定执行。

表 5.2.1-1　预埋件与预留孔洞安装的允许偏差

项　　目		允许偏差（mm）
预埋钢板中心线位置		±3
预埋管中心线位置		±3
预埋螺栓	中心线位置	±2
	外露长度	0～+10
预留孔中心位置		±3
预留洞	中心位置	±10
	截面内部尺寸	0～+10

6 制作与安装模板的允许偏差应符合设计要求；如设计施工图上未注明时，制作和安装模板的允许偏差可按表5.2.1-2的规定执行。

表 5.2.1-2　制作和安装模板的允许偏差

项　　目		允许偏差（mm）
木模板制作	模板长度和宽度	±3
	相邻两板表面高差	0～+1
	平面刨光模板局部不平（用2m直尺检查）	0～+3
钢模板制作	模板长度和宽度	±2
	模板表面局部不平（用2m直尺检查）	0～+2
	连接配件的孔眼位置	±1

表5.2.1(续)

项　目		允许偏差（mm）
模板安装	轴线位置	0～+5
	截面内部尺寸　底板、基础	0～+10
	截面内部尺寸　墙、墩	±5
	相邻两板表面高差	0～+2
	底模上表面标高	±5
	层高垂直　全高不大于5m	0～+6
	层高垂直　全高大于5m	0～+8
	搁置装配式构件的支承面标高	+2～-5
	门槽、门槛、流道、井筒式泵房及其他有特殊要求的模板制作安装	按设计要求确定

注：一般钢筋混凝土梁、柱的模板允许偏差按现行国家标准《混凝土结构工程施工质量验收规范》GB 50204 的有关规定执行。

7 拆除模板及支架的期限应符合设计要求；设计未提出要求时，可按下列规定执行：

1）不承重的侧面模板，在混凝土强度达到其表面及棱角不因拆模板而损伤时，或墩、墙、柱部位混凝土强度不低于3.5MPa 时，方可拆除；

2）承重模板及支架，拆模时所需混凝土强度应符合表5.2.1-3 的规定；

表 5.2.1-3　拆模时所需混凝土强度

结构类型	结构跨度（m）	设计标准强度的百分率（%）
悬臂梁、悬臂板	≤2	70
	>2	100
梁、板、拱	≤2	50
	>2，≤8	70
	>8	100

1708

3）流道、井筒式泵房及其他体型复杂的构筑物，其模板及支架的拆除应制订专门方案，拆除时间除满足强度达到100％外，且不宜少于21d。

5.2.2 钢筋工程应符合下列规定：

1 钢筋应有出厂质量合格证书，热轧钢筋的机械性能应符合现行国家标准《钢筋混凝土用钢 第2部分：热轧带肋钢筋》GB 1499.2的有关规定。使用前，应按规定抽样做机械性能试验，需要焊接的钢筋应做焊接工艺试验；发现性能异常的钢筋，应做化学成分检验或其他专项检验。

2 钢筋的种类、钢号、直径应符合设计规定，需要代换时，应符合现行行业标准《水工混凝土结构设计规范》SL 191的有关规定。

3 钢筋加工后的形状、尺寸应符合设计要求，其允许偏差应按表5.2.2-1的规定执行。

表5.2.2-1 钢筋加工后的允许偏差

项　　　目	允许偏差（mm）
受力钢筋顺长度方向全长净尺寸	±10
钢筋弯起点位置	±20
箍筋各部分长度	±5

4 钢筋的接头类型选择和焊接要求，应符合现行行业标准《水工混凝土结构设计规范》SL 191的有关规定。

5 钢筋安装位置和保护层的允许偏差，应按表5.2.2-2的规定执行。

表5.2.2-2 钢筋安装位置和保护层的允许偏差

项　　　目	允许偏差（mm）
受力钢筋间距	±10
分布钢筋间距	±20
箍筋间距	±20

表5.2.2(续)

项　　目		允许偏差（mm）
钢筋排距		±5
钢筋弯起点位移		20
受力钢筋的保护层	底板、基础、墩和厚墙	±10
	薄墙、梁和流道	−5～+10
	桥面板、楼板	−3～+5

5.2.3 混凝土的配制应符合下列规定：

1 应按下列原则选用水泥品种：

1）水位变化区或有抗冻、抗冲刷、抗磨损等要求的混凝土，宜选用硅酸盐水泥或普通硅酸盐水泥。

2）水下不受冲刷或厚大构件内部的混凝土，宜选用矿渣硅酸盐水泥、粉煤灰硅酸盐水泥或火山灰质硅酸盐水泥。

3）水上部分的混凝土，宜选用普通硅酸盐水泥或矿渣硅酸盐水泥。

4）受硫酸盐侵蚀的混凝土宜选用抗硫酸盐水泥，受其他侵蚀性介质影响或有特殊要求的混凝土应按有关规定或通过试验选用。

2 细骨料宜采用质地坚硬、颗粒洁净、级配良好的天然砂。砂的细度模数宜为2.3～3.0，含泥量不应大于3%，且不得含有黏土团粒。

3 粗骨料宜采用质地坚硬且粒径分配良好的碎石、卵石，其质量标准应按表5.2.3-1的规定执行。

表5.2.3-1　粗骨料的质量标准

项　　目	指　　标	备　　注
含泥量（%）	≤1	不得含有黏土团块
硫化物及硫酸盐含量（按重量折算成 SO_3 的百分比计）	<0.5	—

表 5.2.4-1（续）

项　目	指标	备　注
坚固性（按硫酸钠溶液法 5 次循环后损失的百分比计）	<3	无抗冻要求的混凝土
针片状颗粒含量（％）	$\leqslant15$	以重量计
超径（％）	<5	以圆孔筛
逊径（％）	<10	检验

4 粗骨料最大粒径的选用，应符合下列要求：

1）不大于结构截面最小尺寸的 1/4；

2）不大于钢筋最小净距的 3/4，对双层或多层钢筋结构，不大于钢筋最小净距的 1/2；

3）不宜大于 80mm，对受侵蚀性介质作用的外部混凝土，不宜大于保护层厚度。

5 拌制和养护混凝土用水，不得含有影响水泥正常凝结与硬化的有害杂质，凡适宜饮用的水，均可使用。采用天然矿化水时，其氯离子含量不得超过 200mg/L，硫酸根离子含量不得超过 2200mg/L，pH 值不得小于 4。

6 在配制混凝土时，可合理掺用外加剂，但其掺量和方法应通过试验确定。

7 应通过计算和试验选定混凝土的配合比，并满足强度、耐久性及施工要求，且经济、合理。

8 混凝土的施工配制强度可按下式确定：

$$f_{cu.o}=f_{cu.k}+1.645\sigma \qquad (5.2.3-1)$$

式中：$f_{cu.o}$——混凝土的施工配制强度，N/mm^2；

$f_{cu.k}$——设计的混凝土强度标准值，N/mm^2；

σ——施工单位的混凝土强度标准差，N/mm^2。

9 混凝土强度标准差应按下列要求确定：

1）当施工单位具有近期的同一品种混凝土强度资料时，可按下式计算确定：

$$\sigma = \sqrt{\frac{\sum\limits_{i=1}^{n} f_{cu,i}^2 - n\mu_{f_{cu}}^2}{n-1}} \qquad (5.2.3-2)$$

式中：$f_{cu,i}$——统计周期内同一品种混凝土第 i 组试件的强度值，N/mm^2；

$\mu_{f_{cu}}$——统计周期内同一品种混凝土 n 组强度的平均值，N/mm^2；

n——统计周期内同一品种混凝土试件的组数，$n \geqslant 25$。

注：1 "同一品种混凝土"系指混凝土强度等级相同且生产工艺和配合比基本相同的混凝土。

2 对预拌混凝土厂和预制混凝土构件厂，统计周期可取 1 个月；对现场拌制混凝土的施工单位，统计周期可根据实际情况确定，但不宜超过 3 个月。

3 当混凝土强度等级为 C20 或 C25 时，如计算得到的 $\sigma < 2.5N/mm^2$，取 $\sigma = 2.5N/mm^2$；当混凝土强度等级高于 C25 时，如计算得到的 $\sigma < 3.0N/mm^2$，取 $\sigma = 3.0N/mm^2$。

2）当施工单位不具有近期同一品种混凝土强度资料时，其混凝土强度标准差 σ 可按表 5.2.3-2 取用。

表 5.2.3-2　　　　混凝土强度标准差 σ 值

混凝土强度等级	低于 C20	C20~C35	高于 C35
σ（N/mm^2）	4.0	5.0	6.0

10 混凝土的水灰比应通过计算和试验确定。按耐久性要求，水灰比最大允许值尚应符合表 5.2.3-3 的规定。

表 5.2.3-3　水灰比最大允许值

混凝土所在部位及环境条件	寒冷地区（最冷月平均气温在 $-3℃$~$-10℃$）	温和地区（最冷月平均气温在 $-3℃$ 以上）
室内不受雨、雪、水流作用部位，泵房内楼层结构	0.65	0.65

表 5.2.3-3（续）

混凝土所在部位及环境条件	寒冷地区（最冷月平均气温在－3℃～－10℃）	温和地区（最冷月平均气温在－3℃以上）
水上受雨、雪作用的露天部位，桥梁结构、屋面、顶盖	0.55	0.60
水位变化地区，受水压作用或受水流冲刷的部位 （1）隔水墙、胸墙等 （2）流道、站墩	0.5 0.5	0.55 0.60
水下受水压作用或受水流冲刷的部位 （1）泵房底板 （2）进出水池、铺盖等	0.6 0.6	0.6 0.6
厚大构件	0.65	0.65
受严重冲刷磨损的部位	0.55	0.55

注：严寒地区（最冷月平均气温低于－10℃）水位变化区的外部混凝土和受侵蚀性介质作用的混凝土，其水灰比最大允许值应按表列值减少 0.03～0.05。

11 混凝土在浇筑地点的坍落度，宜按表 5.2.3-4 选用。

表 5.2.3-4 混凝土在浇筑地点的坍落度

部位及结构情况	坍落度（mm）
底板、基础、进出水池、铺盖、无筋或少筋混凝土	20～40
墩、墙、梁、板、柱等一般配筋，浇捣不太困难	40～60
桥梁、电动机大梁、泵房立柱等配筋较密，浇捣困难	60～80
隔水墙、胸墙、岸墙等薄壁墙，断面狭窄，配筋较密，浇捣困难	80～100
流道、泵井等体形复杂的曲面、斜面结构，配筋特密，浇捣特殊、困难	根据实际需要另行选定

注：配制大坍落度（大于 80mm）混凝土时宜掺用外加剂。

12 拌制混凝土时，各种原材料称量偏差应按表 5.2.3-5 的规定执行，并应通过试验确定拌和时间和加料程序。

表 5.2.3-5　各种原材料称量偏差

材 料 名 称	允许偏差（%）
水、外加剂溶液	±2
水泥、混合材料	±2
骨料	±3

5.2.4　混凝土运输和浇筑应符合下列规定：

1　混凝土运输应符合下列要求：

1）合理选定运输设备和运输能力；

2）运输时间不宜超过 0.5h（搅拌车除外），如混凝土初凝，应另做处理；

3）运输道路应平坦，防止离析和漏浆；

4）混凝土自由下落高度不宜大于 2m，超过时，应采用溜管、串筒或其他缓降措施。

2　混凝土浇筑层允许最大厚度，应按表 5.2.4-1 的规定执行。

表 5.2.4-1　混凝土浇筑层允许最大厚度

捣实方法和振捣器类别		允许最大厚度（mm）
插入式振捣器		振捣器头部长度的 1.25 倍
表面式振捣器	在无筋或少筋结构中	250
	在配筋密集或双层钢筋结构中	150
附着式振捣器		300
人工捣固		150～200

3　浇筑混凝土的允许间歇时间，应按表 5.2.4-2 的规定执行。

表 5.2.4-2　浇筑混凝土的允许间歇时间

浇筑仓面的气温（℃）	允许间歇时间（min）	
	普通硅酸盐水泥、硅酸盐水泥、抗硫酸盐水泥	矿渣硅酸盐水泥、火山灰质硅酸盐水泥、粉煤灰硅酸盐水泥
20～30	90	120

1714

浇筑仓面的气温 （℃）	允许间歇时间（min）	
	普通硅酸盐水泥、硅酸 盐水泥、抗硫酸盐水泥	矿渣硅酸盐水泥、火山灰质硅 酸盐水泥、粉煤灰硅酸盐水泥
10～19	150	180
5～9	180	210

注：1 允许间歇时间指自加水搅拌时起，到覆盖上层混凝土止的时间。
　　2 表列值未考虑掺用外加剂及采用其他特殊施工措施的影响。

5.2.5 混凝土养护应符合下列规定：

1 混凝土面层凝结后应浇水养护，使混凝土表面和模板经常保持湿润状态。早期应遮盖，避免太阳光暴晒。

2 混凝土连续湿润养护的时间，在常温下应按表 5.2.5 的规定执行。

表 5.2.5　混凝土连续温润养护的时间

混凝土的水泥品种	养护时间（d）
硅酸盐水泥、普通硅酸盐水泥	14
火山灰质硅酸盐水泥、矿渣硅酸盐水泥	21
粉煤灰硅酸盐水泥、硅酸盐大坝水泥等	21

3 应做好混凝土养护记录，包括每日浇水次数、气温（含泵房内外温差）等。

5.3 泵 房 底 板

5.3.1 泵房底板地基，应经验收合格后，方能进行底板混凝土施工。

5.3.2 地基面上宜先浇一层素混凝土垫层，垫层厚度及强度应满足设计要求。设计没有明确要求时，其厚度可为 80mm～100mm，混凝土强度不应低于 C15，垫层混凝土面积应大于底板的面积，以免搅动地基土。

5.3.3 模板制作安装的允许偏差，应按本规范表 5.2.1－2 的规定执行。

5.3.4 底板上层、下层钢筋骨架网应使用有足够强度和稳定性的柱掌。柱掌可为钢柱或混凝土预制柱。应架设与上部结构相连接的插筋，插筋与上部钢筋的接头应错开。

5.3.5 制作和安装钢筋的允许偏差，应按本规范表 5.2.2-1 和表 5.2.2-2 的规定执行。

5.3.6 混凝土预制柱应符合下列规定：

   1 柱的结构与配筋应合理；

   2 混凝土的标准强度应与浇筑部位相同；

   3 柱的表面应凿毛，且洗刷干净；

   4 柱在现场使用时，应支承稳定；

   5 应处理好柱周边和柱顶面的混凝土，防止渗透现象发生。

5.3.7 底板混凝土各种原材料的质量，应按本规范第 5.2.3 条的规定执行。

5.3.8 混凝土的水泥用量应满足设计要求，且不宜低于 200kg/m³。

5.3.9 混凝土使用缓凝剂应符合有关规定，并应在工地进行试验。

5.3.10 混凝土浇筑前应全面检查准备工作，经验收合格后，方可开始浇筑。

5.3.11 混凝土应分层连续浇筑，不得斜层浇筑。如浇筑仓面较大，可采用多层阶梯推进法浇筑，其上下两层的前后距离不宜小于 1.5m，同层的接头部位应充分振捣，不得漏振。

5.3.12 在斜面基底上浇筑混凝土时，应从低处开始，逐层升高，并采取措施保持水平分层，防止混凝土向低处流动。

5.3.13 混凝土浇筑过程中，应及时清除黏附在模板、钢筋、止水片和预埋件上的灰浆。混凝土表面泌水过多时，应及时采取措施，设法排去仓内积水，但不得带走灰浆。

5.3.14 混凝土表面应抹平、压实、收光，防止松顶和干缩裂缝。

5.3.15 二期混凝土施工应符合下列要求：

1 浇筑二期混凝土前，应对一期混凝土表面凿毛清理，洗刷干净；

2 二期混凝土宜采用细石混凝土，其强度等级应高于或等于同部位的一期混凝土；

3 二期混凝土在保证达到设计标准强度70％以上时，方能继续加荷安装。

5.4 泵房楼层结构

5.4.1 楼层混凝土结构施工缝的设置应符合下列规定：

1 墩、墙、柱底端的施工缝宜设在底板或基础先期浇筑的混凝土顶面，其上端施工缝宜设在楼板或大梁的下面，中部如有与其嵌固连接的楼层板、梁或附墙楼梯等需要分期浇筑时，其施工缝的位置及插筋、嵌槽等应同设计单位商定；

2 与板连成整体的大断面梁宜整体浇筑，如需分期浇筑，其施工缝宜设在板底面以下20mm～30mm处，当板下有梁托时应设在梁托下面；

3 有主梁、次梁的楼板，施工缝应设在次梁跨中1/3范围内；

4 单向板施工缝宜平行于板的长边；

5 双向板、多层钢架及其他结构复杂的施工缝位置，应按设计要求留置。

5.4.2 混凝土施工缝的处理应符合下列规定：

1 老混凝土的强度达到2.5MPa后，方能进行上层混凝土的浇筑准备工作；

2 应清除已硬化的混凝土表面的水泥浆薄膜和松弱层，并冲洗干净排除积水；

3 临近浇筑时，水平缝应铺一层厚20mm～30mm的水泥砂浆，垂直缝应刷一层水泥净浆，其水灰比均应较混凝土减少0.03～0.05；

4 应处理好新、老混凝土的结合面。

5.4.3 模板及支架、脚手架应有足够的支承面积和可靠的防滑措施。杆件节点应连接牢固。

5.4.4 上层模板及支架的安装应符合下列要求：

1 下层模板应达到足够的强度或支撑、支架能承受上层、下层全部荷载；

2 采用桁架支模时，其支撑结构应有足够的强度和刚度；

3 上层、下层支架的立柱应对准，并应铺设垫板。

5.4.5 墩、墙、柱的模板，宜用对拉螺栓固定；隔水墙、胸墙、流道及其他有防渗要求的部位，其使用的螺栓不宜加套管。拆模后，应将螺杆两端外露段和深入保护层部分截除，并用与结构同质量的水泥砂浆填实抹光。必要时，螺栓上可加焊截渗钢板。

5.4.6 混凝土的配合比和骨料选择，应根据设计要求和结构物的大小确定，且应符合本规范第5.2.3条的有关规定。

5.4.7 隔水墙、胸墙、水池等有防渗要求的构筑物，其厚度小于400mm应配制防水混凝土。防水混凝土的水泥用量不宜小于300kg/m²，砂率应适当加大，且宜选掺防水外加剂，其配合比应由试验确定。

5.4.8 浇筑较高的墩、墙、柱混凝土时，应使用溜筒、导管等工具，将拌好的混凝土徐徐灌入；对于断面狭窄、钢筋较密的薄墙、柱等结构物，可在两侧模板的适当部位均匀地布置一些便于进料和振捣的扁平窗口。随着浇筑面积的上升，窗口应及时完善封堵。

5.4.9 浇筑与墩、墙、柱连成整体的梁和板时，应在墩、墙、柱浇筑完毕后停歇0.5h～1h，使其初步沉实再继续进行。

5.4.10 浇筑混凝土时，应指派专人负责检查模板和支架，发现变形迹象应及时加固纠正，发现模板漏浆或仓内积水应进行堵浆和处理。

5.5 泵房建筑与装修

5.5.1 泵房建筑与装修施工应符合下列规定：

 1 应在保证原结构安全的前提下，进行建筑与装修施工；

 2 上道工序质量检验合格后，方可进行下道工序施工；

 3 应按设计要求选用工程所使用的构件、材料，并应符合国家现行有关标准的规定；

 4 应防止构件和材料在运输、保管及施工过程中损坏或变质。

5.5.2 装修工程要求预先做样板时，样板完成后应经验收合格方可正式施工。

5.5.3 室外抹灰和饰面工程的施工，应自上而下进行。

5.5.4 室内装修工程的施工，宜在屋面防水工程完工后，并在不致被后续工程所损坏的条件下进行；在屋面防水工程完工前施工时，应采取防护措施。

5.5.5 室内吊顶、隔断的罩面板和装饰等工程，应在室内地面湿作业完工后施工。

5.5.6 泵房建筑与装修工程施工除满足本规范第 5.5.1 条～第 5.5.5 条的规定及设计要求外，还应符合现行国家标准《砌体结构工程施工质量验收规范》GB 50203、《屋面工程质量验收规范》GB 50207、《建筑地面工程施工质量验收规范》GB 50209、《建筑装饰装修工程质量验收规范》GB 50210 的有关规定。

5.6 泵房加固改造

5.6.1 泵房混凝土表层损坏修补应符合下列要求：

 1 在清除表层损坏混凝土时，应保证不破坏破损层以下或周围完好的混凝土、钢筋、管道及观测设备等埋件，还应保证损坏区域附近的建筑物和设备的安全。

 2 应根据损坏面积大小和深度以及施工对周围的影响，选择人工、风镐、机械切割、小型静态爆破、钻排孔人工打楔等凿除方法清除损坏的混凝土。

3 应根据损坏部位和损坏原因，在满足设计提出的抗渗、抗冻、抗侵蚀和抗风化等要求的前提下，选择合适的修补的材料和施工工艺修补损坏混凝土。修补用的混凝土的技术指标不得低于原混凝土，所用水泥不得低于原混凝土的水泥标号。

4 对已碳化的混凝土表面处理可采用防碳化涂料进行表面封闭。封闭前应对表层钢筋锈胀、露筋、破损等病害部位进行修补处理，必要时可再在混凝土表面刮腻子1遍～2遍，以保证表面平整。

5 对水下部位混凝土的修补，应根据具体位置、施工条件，采取临时挡水措施形成无水施工环境，或采用特种修补材料由潜水人员直接在水下进行修补作业。

6 对于重要的或有特殊要求的部位，应通过试验确定修补材料及其配合比。

5.6.2 泵房混凝土裂缝的处理应符合下列要求：

1 宜在低水头或地下水位较低，并适宜于修补材料凝结固化的温度或干燥条件下进行修补。水下修补时，选用相应的材料和方法；对于受气温影响的裂缝，宜在低温季节，开度较大的情况下进行修补；对于不受气温影响的裂缝，宜在裂缝已经稳定的情况下进行修补。

2 应根据裂缝部位、性质和处理要求，选择涂抹、粘贴、嵌补、喷浆等方法处理裂缝的表面。

3 采用灌浆处理裂缝内部时，灌浆压力及灌浆材料可按裂缝的性质、开度、深度及施工条件等具体情况，结合现场试验确定。对宽度大于0.15mm～0.3mm的裂缝，可采用水泥灌浆处理；对于宽度为0.05mm～0.15mm的裂缝，宜采用化学灌浆处理；受温度变化影响（如伸缩缝等）的裂缝，宜采用化学灌浆处理。

4 对于应力破坏产生的裂缝，应先按设计要求加固构件，再处理裂缝。

5.6.3 泵房混凝土渗漏的处理应符合下列要求：

1 应根据裂缝产生的原因及其对结构影响的程度、渗漏量的大小和渗漏点（面）集中或分散等情况，采取表面处理、结构内部处理、结构内部处理结合表面处理等措施，对裂缝渗漏进行处理；

2 应根据渗漏的部位、程度和施工条件等情况，采取灌浆、表面涂层、增加防渗层或相结合的方法，对散渗或集中渗漏部位进行处理。

5.6.4 当采用基础托换、纠偏等方法对泵房进行加固处理，可能对泵房整体安全产生不利影响的，应进行试验或研究，取得技术参数并通过有关各方的同意后方可进行施工。

5.6.5 泵房基础及其下部结构受地下水腐蚀破坏的，加固时应采取相应的防盐碱腐蚀措施。

5.6.6 泵房梁、柱、板等构件的加固改造施工除应满足设计要求外，还应符合现行国家标准《混凝土结构加固设计规范》GB 50367 的有关规定。

5.6.7 泵房梁、柱、板等构件的抗震加固施工除应满足设计要求外，还应符合行业标准《水工建筑物抗震设计规范》SL 203 的有关规定。

5.6.8 泵房上部结构墙体、门窗破损及屋面渗漏等的处理或改造施工除应满足设计要求外，还应符合现行国家标准《砌体结构工程施工质量验收规范》GB 50203、《屋面工程质量验收规范》GB 50207、《建筑地面工程施工质量验收规范》GB 50209、《建筑装饰装修工程质量验收规范》GB 50210 的有关规定。

5.7 特殊气候条件下的施工

5.7.1 在室外日平均气温连续 5d 稳定低于 5℃的冬期冷天施工时，应符合下列规定：

1 应做好冬期施工的各种准备，骨料应在进入冬期前筛洗完毕。

2 混凝土浇筑宜避开寒流到来之时，或安排在白天温度较高时进行。

3 基底保护层土壤挖除后，应及时采取保温措施，并尽快浇筑混凝土；在老混凝土或基岩上浇筑混凝土时，应采取加热等措施处理基面上的冰冻，经验收合格后方可浇筑混凝土。

4 未掺防冻剂的混凝土，其允许受冻强度不得低于 10MPa。

5 配制冬期施工的混凝土，宜选用硅酸盐水泥或普通硅酸盐水泥。

6 冬期浇筑的混凝土中，宜使用引气型减水剂，其含气量宜为 4%～6%。在钢筋混凝土中，不得掺用氯盐；与镀锌钢材或与铝铁相接触部位及靠近直流电源、高压电源的部位，均不得使用硫酸钠早强剂。

7 合理确定混凝土离开拌和机的温度，入仓温度不宜低于 10℃，覆盖混凝土的温度不宜低于 3℃。

8 制备混凝土应先将热水与骨料混合，然后再加水泥，水泥不得直接加热，水及骨料的加热温度不应超过表 5.7.1 的规定。

表 5.7.1 水及骨料的加热允许最高温度（℃）

项　目	水	骨料
标号小于 42.5 的普通硅酸盐水泥，矿渣硅酸盐水泥	80	60
标号等于或大于 42.5 的普通硅酸盐水泥，硅酸盐水泥	60	40

9 拌制混凝土时，骨料中不得带有冰雪及冻团，搅拌时间应适当延长。

10 浇筑前应清除模板、钢筋、止水片和预埋件上的冰雪和污垢，运输器具应有保温措施。

11 当室外气温不低于 −15℃ 时，表面系数不大于 5 的结构，应首先采用蓄热法或蓄热与掺外加剂并用的方法。当采用上述方法不能满足强度增长要求时，可选用蒸汽加热、电流加热或暖棚保温的方法。

12 采用蓄热法养护应按下列要求进行：

1）随浇筑，随捣固，随覆盖；

2）保温保湿材料应紧密覆盖模板或混凝土表面，迎风面宜增设挡风措施；

3）细薄结构的棱角部分，应加强保护；

4）流道、廊道和泵井的端部及其他结构上的孔洞，应暂时封堵。

13 模板和保温层的拆除，除按本规范第 5.2.1 条的规定执行外，还应符合下列规定：

1）混凝土强度应大于允许受冻的临界强度；

2）在混凝土冷却到 5℃后，方可拆除；

3）避免在寒流袭击、气温骤降时拆除，当混凝土与外界温差大于 14℃时，拆模后的混凝土表面应覆盖使其缓慢冷却。

14 冬期施工时应做好下列各项观测记录：

1）室外气温和暖棚内气温每天（昼夜）观测 4 次；

2）水温和骨料温度每天观测 8 次；

3）混凝土离开拌和机温度和浇筑温度每天观测 8 次；

4）混凝土浇筑完毕后的 3d～5d 内，应加强混凝土内部温度的观测；用蓄热法养护的每天观测 4 次，用蒸汽或电流加热法养护的每小时观测 1 次，在恒温期间每 2h 观测 1 次。

5.7.2 在日最高气温达到 30℃ 以上的夏期施工时，应符合下列规定：

1 混凝土离开拌和机的温度应符合温控设计要求，且不得超过 30℃。

2 降低混凝土浇筑温度宜采用下列措施：

1）预冷原材料。骨料应适当堆高，堆放时间应适当延长，使用时由底部取料，并宜采用地下水喷洒骨料、地下水或掺冰的低温水拌制混凝土。

2）宜安排在早、晚或夜间浇筑。

3）混凝土运输工具宜配备隔热遮阳措施；缩短运输时间，加快混凝土入仓覆盖速度。

4）混凝土仓面宜采取遮阳措施，喷洒水雾降低周围温度。

3 应适当加大砂率和坍落度，且宜掺用缓凝减水剂。

4 混凝土浇筑完毕，应及早覆盖养护。

5.7.3 在雨天施工时，应符合下列要求：

1 应掌握天气预报，避免在大雨、暴雨或台风过境时浇筑混凝土；砂石堆料场应排水通畅，防止泥污；运输工具宜采取防雨措施；应采取必要的防台风和防雷击措施；混凝土的浇筑仓面应设防雨棚；应加强检验骨料含水量。

2 无防雨棚的，在小雨中浇筑混凝土时应通过试验调减混凝土用水量；加强仓内外的排水，但不得带走灰浆；及时做好顶面的抹灰收光与覆盖。

3 无防雨棚的仓面，在浇筑混凝土过程中如遇大雨、暴雨，应停止浇筑，并将仓内混凝土振捣好并覆盖。雨后应清理表面软弱层；继续浇筑时，应先铺一层水泥砂浆；如间歇时间超过规定，应按施工缝处理。

5.8 移动式泵房

5.8.1 缆车式泵房的施工应符合下列要求：

1 应按设计要求进行各项坡道工程的施工，并根据设计要求标定各台泵车房的轨道、输水管道的轴线位置。

2 坡轨基础工程施工应符合下列要求：

1）岸坡地基应稳定、坚实，否则应进行加固处理。岸坡开挖后应验收合格，方可进行上部结构物的施工。

2）对坡道附近上下游天然河岸应进行平整，满足坡道面高出上下游岸坡 300mm～400mm 的要求。

3）坡轨工程如果要求延伸到最低水位以下，则应修筑围堰、抽水、清淤，保证能在干燥情况下施工。

4）轨道基础梁钢筋混凝土施工可按本规范第 5.2 节的有关规定执行。

3 坡轨工程的位置偏差应符合设计要求；如设计未作规定

时，可按下列规定执行：

1）岸坡轨道基础梁的中心线与泵车房拖吊中心线的允许偏差应为±3mm；

2）钢轨中心线与泵车拖吊中心线的允许偏差应为±2mm；同一断面处的轨距偏差不应超过±3mm。

4 轨道施工应符合下列规定

1）轨道梁上固定钢轨的预埋螺栓，宜采用二期混凝土施工；

2）轨道螺栓中心与轨道中心线距离的偏差不应超过±2mm。

5 泵车房施工应符合下列要求：

1）泵车房为钢结构的，其施工应符合设计和现行国家标准《钢结构工程施工质量验收规范》GB 50205 的要求，其防腐蚀可按现行行业标准《水工金属结构防腐蚀规范》SL 105 的规定执行；

2）泵车房运行机构的制作与组装，应符合设计要求或国家现行相关标准的规定；

3）泵车房的建筑与装饰可按本规范第 5.5 节的有关规定执行。

6 牵引泵车房的卷扬机房的施工，应符合设计和国家现行相关标准的要求。

7 牵引泵车房的卷扬机及电气设备的安装，应符合本规范第 9.7 节的有关规定。

5.8.2 浮船式泵站船体的建造，可按内河航运船舶建造的有关规定执行。浮船的锚固设施应牢固，承受荷载时不应产生变形和位移。

5.8.3 输水管道施工应符合下列要求：

1 输水管道宜沿岸坡敷设，其管床或镇墩、支墩的施工应按本规范第 6.5 节的规定执行；

2 输水管道的安装应按现行行业标准《泵站安装及验收规范》SL 317 的有关规定执行。

6 进出水建筑物施工

6.1 一般规定

6.1.1 进出水建筑物施工应按进出水建筑物设计及施工特点，布置施工平面，设置测量控制网点。

6.1.2 土石方开挖施工应符合下列要求：

1 根据工程水文地质、周围环境和实际施工条件等要求，合理确定施工方案。

2 根据施工场地的土质、地下水位、冻土层深度及施工方法等确定断面开挖形式。

3 开挖土石方宜从上到下依次进行，挖、填土方宜求平衡；高边坡开挖时，应做好汛期防洪、边坡保护等措施；开挖土质边坡或易于软化的岩质边坡，应采取相应的排水措施；在坡顶或山腰大量弃土时，应确保坡体稳定。

4 渠道淤泥的开挖，应根据不同淤泥的类别，采用相应的人工开挖、清淤机开挖、泥浆泵排淤等方法，在提高施工效率的同时保证施工质量。对淤泥含水量较高同时有回流现象的，所开挖淤泥堆放应距渠道一定距离，以保证渠道安全。

5 冻胀土地区的开挖，应做好地表水和潜水流的排除工作。

6 冬季开挖边坡，应采取措施防止化冻后发生崩塌；雨季开挖边坡，应掌握天气预报，暴雨、大雨天气避免施工，小雨天气施工时应做好排水和其他防护措施，防止雨水集中，冲毁开挖的边坡。

6.1.3 应根据设计及相应施工技术要求，合理确定土石方填筑、砌石、混凝土等工程施工方案。

6.2 引 渠

6.2.1 施工前应掌握工程特性和施工条件，按设计提出的渠线进行测量复核。渠线平面与高程应满足设计要求。

6.2.2 对于填方渠道宜使用黏性土作填料，不得使用淤泥、耕土、冻土、膨胀性土以及有机物含量大于8％的土作填料。当填料内含有碎石土时，其粒径不应大于200mm。若填料的主要成分为易风化的碎石土，应加强地面排水和表面覆盖等措施。应按设计要求做好渠道防渗漏的工程措施；当设计未提出要求时，应按现行国家标准《渠道防渗工程技术规范》GB/T 50600 的规定执行。

6.2.3 填土渠道的质量检验，应随施工进程分层分段进行。以 $200\text{m}^2 \sim 500\text{m}^2$ 内有一个检验点为宜，检验其干密度和含水量。

6.2.4 引渠的砌石（预制块）衬砌，应按本规范附录 G 的规定执行。施工过程中应采取相应保护措施，不得破坏渠坡、渠底。

6.2.5 引渠的混凝土衬砌，宜采用全断面渠道混凝土衬砌机械施工，使渠道混凝土衬砌一次成型，并按设计要求设置和处理伸缩缝。

6.2.6 引渠应与进水建筑物平顺连接；渠道周边表面应平整，表面糙率应符合设计要求。

6.3 前池及进水池

6.3.1 前池、进水池施工宜以泵房进水轮廓为基准，按先近后远、先深后浅、先边墙后护底的原则，在基础验收合格后进行。

6.3.2 两岸连接结构及护底的施工，应分别满足稳定、强度、抗冻和抗侵蚀的要求，其临水面应与泵房边墩平顺连接。

6.3.3 前池、进水池填筑反滤层应在地基检验合格后进行，并应符合下列要求：

　　1 反滤层厚度以及滤料的粒径、级配和含泥量等，均应符合设计要求。

　　2 铺筑时，滤料宜处于湿润状态，应避免颗粒分离，防止杂物或不同规格的料物混入。

3 滤料不得从坡上向下倾倒。

4 各层面均应拍打平整，保证层次清楚，互不混杂。每层厚度不得小于设计厚度的 85%，且各层厚度之和不得小于设计总厚度的 95%。

5 分段铺筑时，应将接头处各层铺成阶梯状，防止层间错位、间断和混杂。

6 前池、进水池的土工布铺设应符合下列要求：

1）铺设应平整、松紧均匀、端锚牢固；

2）连接可采用搭接、对接等方式，搭接长度应根据受力和基土条件确定；

3）铺设和存放均不宜日晒，铺设后应及时覆盖过渡层。

6.3.4 滤层与混凝土或浆砌石护底的交界面应隔离，并应防止砂浆渗入。充水前，排水孔应清理，并灌水检查。孔道畅通后，宜用小石子填满。

6.3.5 前池边墙和进水池两侧翼墙为浆砌石时，其施工应按本规范附录 G 的规定执行。

6.3.6 前池边墙和进水池两侧翼墙为混凝土或钢筋混凝土时，其施工应从材料选择、配合比设计、温度控制、施工安排和质量控制等方面采取综合措施，按本规范第 5.2 节的规定执行。两侧翼墙为钢筋混凝土时，其断面狭窄、配筋较密，捣实困难的混凝土浇筑坍落度应为 80mm～100mm。

6.3.7 前池边墙和进水池两侧翼墙的分缝、防渗与排水等施工应符合设计要求。当设计无明确规定时，可按现行行业标准《水工挡土墙设计规范》SL 379 的有关规定执行。

6.3.8 土方回填应根据结构物的类型、填料性能和现场施工条件，按设计要求施工。未经检验查明的以及不符合质量要求的土料，不得作为回填土。

6.3.9 前池、进水池底面及边坡的砌石（预制块）衬砌，应按本规范附录 G 的规定执行，施工过程中应采取相应的保护措施，不得破坏边坡和池底。

6.4 流　　道

6.4.1 钢筋混凝土流道应防渗、防漏、防裂和防错位。施工时应采取有效的技术措施，提高混凝土质量，防止各种混凝土缺陷的产生，并保证流道型线平顺、各断面面积沿程变化均匀合理，内表面糙率符合设计要求。

6.4.2 进出水流道应分别按已拟定的浇筑单元整体浇筑，每一浇筑单元不应再分块，也不应再分期浇筑。

6.4.3 低温或高温季节及雨季施工时，应按本规范第5.7节的有关规定执行，保证混凝土满足设计规定的强度、抗冻、抗裂等各项指标的要求。

6.4.4 与水相接触的围护结构物，如挡水墙、闸墩等宜与流道次立模、整体浇筑。

6.4.5 浇筑流道的模板、支架和脚手架应做好施工结构设计，计算荷载可按本规范附录F确定。

6.4.6 仓面脚手架应采用桁架、组合梁等大跨度结构。立柱较高时，可使用钢管组合柱或钢筋混凝土预制柱，中间应有足够数量的连杆和斜撑。通过混凝土部位的连杆，可随着新浇混凝土的升高而逐步拆卸。

6.4.7 流道模板宜在厂内制作和预拼，经检验合格后运到施工现场安装。制作和安装模板的允许偏差，应符合设计要求；如无设计规定时，则应符合本规范表5.2.1-2的规定。

6.4.8 钢筋混凝土柱应符合本规范第5.3.4条的规定，钢筋焊接柱的上下两端应设垫板。

6.4.9 流道的模板、钢筋安装与绑扎应作统一安排，互相协调。

6.4.10 模板、钢筋安装完毕，应经验收合格后方能浇筑混凝土。如果安装后长时间没有浇筑，在浇筑之前应再次检查合格后方可浇筑。

6.4.11 混凝土中的水泥宜选择低水化热、收缩性小的品种，不宜使用粉煤灰水泥和火山灰质水泥，亦不宜在水泥中掺用粉煤灰等活性材料。

6.4.12 浇筑混凝土时应采取综合措施，控制施工温度缝的产生。

6.4.13 应作好浇筑混凝土的施工计划安排，明确分工责任制，配足设备和工具，确保工程质量。

6.4.14 在浇筑混凝土过程中，应建立有效的通信联络和指挥系统。

6.4.15 混凝土浇筑应从低处开始，按顺序逐层进行，仓内混凝土应大致平衡上升。仓内应布设足够数量的溜筒，保证混凝土能输送到位，不得采用振捣器长距离赶料平仓。

6.4.16 倾斜面层模板底部混凝土应振捣充分，防止脱空。模板面积较大时，应在适当位置开设便于进料和捣固的窗口。

6.4.17 临时施工孔洞应有专人负责，并应及时封堵。

6.4.18 混凝土浇筑完毕后应做好顶面收浆抹面工作，加强洒水养护，混凝土表面应经常保持湿润状态。应做好养护记录，定时观测室内外温度变化，防止温差过大出现混凝土裂缝。

6.5 输水管道的管床及镇墩、支墩

6.5.1 输水管道的管床基槽施工应符合下列要求：

1 土基开挖施工，应按本规范第 4.3 节的有关规定执行。土坡开挖尺寸应符合设计要求，槽基面设置排水沟；不回填土的管槽面，设置永久性排水系统；有地下水溢出的坡面，做好导渗工作。

2 管床基土为填方时，应分层夯实。避免采用膨胀土作为填土的土料，若采用时，按本规范第 4.5.2 条的有关规定执行。

3 岩石管床的开挖施工可按现行行业标准《水工建筑物岩石基础开挖工程施工技术规范》SL 47 的有关规定执行。

6.5.2 管床基础应修整平直，排除积水，不应欠挖和超挖。若有局部超挖应回填压实至接近天然密实度。遇软弱地基应采取加固措施。

6.5.3 管床护砌坡度应符合设计要求，坡面平顺、无明显凸凹现象。砌石衬砌可按本规范附录 G 的规定执行。

6.5.4 镇墩、支墩基础施工应符合下列要求：

1 基础开挖应按本规范第 6.5.1 条、第 6.5.2 条的规定执行；

2 对有软弱夹层的地基应验算地基内部发生深层滑动的可能，若有可能发生深层滑动，应按有关要求进行处理；

3 软地基上的镇墩底面应在冻土层以下。

6.5.5 镇墩、支墩墩体的施工应符合下列规定：

1 混凝土镇墩、支墩浇筑时，混凝土强度等级应符合设计要求，当设计未作规定时不应低于 C20，还应保证混凝土抗冻等级；每个镇墩、支墩应一次浇筑完成，表面应平整、密实、光滑。

2 砌石镇墩、支墩砌筑时，水泥砂浆强度等级应符合设计要求，当设计未规定时不应低于 M7.5；灰缝应饱满且无通缝现象，表面应平整、密实，原状土与墩体之间应采用砂浆填塞。

3 镇墩、支墩支承面应能与管道外壁接触紧密。

4 镇墩、支墩施工完成后，应加强位移、沉降观测，若发现异常应及时处理。

6.6 出水池及压力水箱

6.6.1 出水池、压力水箱施工宜以泵房出水轮廓为基准，按照先近后远、先深后浅、先边墙后护底的原则进行。

6.6.2 出水池、压力水箱的地基为填方时，应符合下列规定：

1 土料不得使用淤泥、耕土、冻土、膨胀性土以及有机物含量大于 8% 的土；当填料内含有碎石土时，其粒径不应大于 200mm。

2 填土每 300mm～500mm 厚宜为一层，碾压密实，压实系数宜为 0.93～0.96。

3 填土的最大干容重应满足设计要求。当设计未提出要求时，填土为黏性土或砂土的，宜采用击实试验确定；当填土为碎石或卵石土时，其最大干密度可取 19.6kN/m² ～ 21.6kN/m²。

4 按设计要求做好防渗漏的工程措施。当设计未提出要求时，应按现行国家标准《渠道防渗工程技术规范》GB/T 50600 的有关规定执行。

5 填土的质量检验应符合本规范第 6.2.3 条的规定。

6.6.3 出口两侧翼墙为浆砌石时，其施工应按本规范附录 G 的规定执行。

6.6.4 出口两侧翼墙为混凝土或钢筋混凝土时，其施工应按本规范第 6.3.6 条的有关规定执行，还应分别满足稳定、强度、抗渗、抗冻、抗侵蚀、抗冲刷和抗磨损等要求，其临水面与泵房流道出口边墩应平顺连接。

6.6.5 出水池两侧翼墙的分缝、防渗与排水等施工应按本规范第 6.3.7 条的规定执行。

6.6.6 压力水箱为压力水管的输水连接建筑物，其施工应符合下列要求：

1 施工前应按设计要求，编制符合压力水箱施工特点的施工方案。

2 压力水箱基础强度应符合设计要求；若不满足设计要求，应进行加固处理。

3 基坑开挖前，应排除施工面的地表水，并防止地表水注入坑内。

4 基坑地下水位较高时，宜采用深井抽水的措施降低地下水位，防止坑壁的水压过大而失稳坍塌。

5 钢筋混凝土施工应按本规范第 6.4 节的有关规定执行，施工时应保证原材料质量，控制好温度应力。

6.6.7 出水池的防渗和止水缝、伸缩缝、抗震缝等永久缝所用的材料、制品的品种和规格等，均应符合设计要求。

6.6.8 水下混凝土防渗墙工程的施工应符合下列规定：

1 混凝土抗压强度、抗渗标准、弹性模量等应符合设计标准，强度保证率应在 80％以上；

2 对工程质量应如实准确记录；

3 应及时整理资料，并绘制混凝土浇筑指示图等图表。

6.6.9 采用钢筋混凝土板桩或木板桩作防渗板桩时，其施工应按现行行业标准《水闸施工规范》SL 27 的有关规定执行。

6.6.10 出水池护底混凝土或钢筋混凝土施工应按本规范第 5.3 节的有关规定执行。护底宜分块、间隔浇筑；在荷载相差过大的邻近部位，应在浇筑块沉降基本稳定后，再浇筑交接处的另一块体。

6.6.11 在混凝土或钢筋混凝土护底上行驶重型机械、堆放重物，应经过设计单位同意。

6.6.12 出水池底面及边坡的砌石（预制块）衬砌，应按本规范第 6.3.9 条的规定执行。

6.6.13 出水池黏土铺盖的填筑应减少施工接缝，防止止水破坏；还应保证黏土的质量满足设计要求，填筑时碾压夯实，接缝合理，防止晒裂和受冻。若分段填筑时，其接缝的坡度不应陡于 1：3。

6.6.14 用塑料薄膜等高分子材料组合层或橡胶布作防渗铺盖时，应符合下列要求：

1 应防止沾染油污；

2 铺筑应平整，及时覆盖，避免日晒；

3 接缝黏结应紧密牢固，并有一定的叠合段和搭接长度；

4 应加强抽查和试验。

6.7 进出水建筑物加固改造

6.7.1 加固改造前，应收集进出水建筑物的原批准设计资料及竣工图纸，查明建筑物的构造，按加固改造设计要求，确定合理的施工方案。

6.7.2 施工方案在实施前，宜对拟实施的施工方案进行可靠性鉴定或分析其可靠性。

6.7.3 建筑物整体拆除时，应采取必要的工程保护措施，不应危及相邻建筑物的安全；拆除进出水建筑物局部混凝土时，宜采用无振动静态切割方法。

6.7.4 如局部保留原建筑物时，应对保留部分进行质量检测。

6.7.5 施工导流宜利用原有水工建筑物，并应根据所利用水工建筑物的安全度汛和利用原有水工建筑物对施工的影响程度，合理安排施工工期。

6.7.6 新旧混凝土结合部位施工应符合下列要求：

1 清理旧混凝土结合面至密实部位，并将界面凿毛或凿成沟槽。沟槽深度不宜小于 6mm，间距不宜大于箍筋间距或 200mm，同时应除去浮碴、尘土。

2 应对原有和新设受力钢筋进行除锈处理。

3 在旧钢筋混凝土受力钢筋上施焊前，应采取卸荷或支顶措施，并逐根分区分层进行焊接。

4 在浇筑新混凝土前，应将原混凝土拆除后的表面冲洗干净，并采用水泥浆等界面剂进行处理。

5 模板搭设、钢筋安置以及新混凝土的浇筑和养护，应根据泵站进出水建筑物加固改造施工特点，按现行国家标准《混凝土结构工程施工质量验收规范》GB 50204 的相关规定执行。

6.7.7 进出水建筑物混凝土表层损坏的修补、裂缝的处理和渗漏的处理可分别按本规范第 5.6.1 条、第 5.6.2 条、第 5.6.3 条的规定执行。

6.7.8 进出水建筑物的加固应符合下列要求：

1 结构加固用胶，应采用黏结强度高、耐久性好、温度变形较小的刚性胶料。

2 植筋所用的锚固剂，其安全性能指标应按国家现行有关标准执行，其填料宜在工厂制胶时添加。

3 在新浇筑混凝土层内配置竖向，横向钢筋时，钢筋混凝土的净保护层厚度不应小于 5mm。

4 新配置的受力钢筋应与种植钢筋焊接牢固，并符合混凝土结构锚固长度的要求。具体锚固长度应根据施工规范要求，结合锚固剂特性，通过现场锚筋拉拔试验确定。

5 钻孔锚筋时应符合以下要求：

1）根据结构竣工图或用钢筋探测仪探查，摸清原有混凝土结构内钢筋分布情况；

2）按施工图要求在施工面划定钻孔锚固的准确位置、孔径；

3）宜一次钻孔到设计规定的深度，合格后进行下一步施工；

4）植筋前应对锚筋孔进行清理，植筋放入锚筋孔时，应缓慢转动钢筋，使孔与钢筋全面黏合；

5）在锚固剂未达到固结时间前，对锚筋不得施加外力或进行后续施工；

6）应按现行国家标准《混凝土结构加固设计规范》GB 50367 的相关规定对锚固质量进行检验，对锚筋进行拉拔试验。

6 采用碳纤维布加固时，应符合下列要求：

1）混凝土结构表面应处理干净，直到露出坚硬新鲜的界面层；

2）应在混凝土表层界面含水率、环境湿度和温度等符合碳纤维布作业条件时进行施工；

3）应采取必要的干燥、升温措施，提高养护温度加速固化。

7 采用的灌浆树脂材料应符合设计的质量要求，并应有产品合格证及检验报告，严格按产品使用说明书使用。

6.7.9 进出水流道内部加固改造宜采用自密实、自流平、免振捣混凝土施工方法，并应符合下列要求：

1 施工前应按设计要求，并根据试验确定混凝土配合比。混凝土应具有高流动性、抗离析性、间隙通过性和填充性，能在自重下无须振捣而自行填充模板的空间，形成均匀密实的混凝土。

2 绑扎安装钢筋应一次性定位准确；模板应有足够的刚度，接缝、表面应平整，安装过程中应严格控制相关尺寸，定位精确，各块模板之间连接应光滑，控制好钢筋保护层厚度；浇筑混凝土过程中模板不得移位。

3 密实混凝土浇筑应满足混凝土密实性、表面平整度、流道线型等要求。

4 应控制混凝土浇筑时间和浇筑速度，使混凝土均衡上升，有足够的流动时间以充满整个空间。

5 混凝土浇筑后，应无混凝土塑性收缩、沉降产生的缝隙及温度裂缝，并保证混凝土线型、表面平整、无蜂窝麻面、内实外光；混凝土的新老界面黏结强度应满足设计要求。

7 观测设施和施工期观测

7.1 观测设施

7.1.1 观测设备埋设前，应进行率定和现场检查。

7.1.2 观测基点的选择与埋设应符合下列要求：

    1 基点应布置在建筑物两岸、不受沉陷和位移的影响、便于观测的基岩或坚实的土基上，临时观测基点应与永久观测基点相结合；

    2 用于观测水平位移的基准点，应采用带有强制归心装置的观测墩；

    3 用于观测垂直位移的基准点宜采用双金属标或钢管标，且布设不应少于1组，每组不应少于3个固定点。

7.1.3 建筑物变形观测点应设置牢固，有足够的数量，能反映变形特征。

7.1.4 沉降标点应用铜制或钢制镀铜或不锈钢制。施工期可先埋设在底板面层，在工程竣工后、放水前应将水下的沉降标点转接到便于继续观测的上部结构。对附近重要建筑物亦应设立标点进行观测，其沉降标点应布置在重要建筑物的下列部位：

    1 建（构）筑物的主要墙角及沿外墙每10m～15m处或每隔2根～3根柱基上；

    2 沉降缝、伸缩缝、新旧建（构）筑物或高低建（构）筑物接壤处的两侧；

    3 人工地基和天然地基接壤处、建（构）筑物不同结构分界处的两侧；

    4 水塔等高耸构筑物基础轴线的对称部位，且每一构筑物不得少于4个点；

    5 基础底板的四角和中部；

6 当建（构）筑物出现裂缝时，布设在裂缝的两侧。

7.1.5 测压管的埋设应符合下列要求：

1 安装前，应逐节检查，无堵塞；

2 测压管的水平段应设 15% 左右的纵坡，进水口略低，避免气塞，管段应连接严密；

3 测压管的垂直段应分节架设稳固，管身垂直度应符合设计要求，管口应设置封盖；

4 安装完毕，应做注水试验。

7.1.6 水位观测设施的布测位置应符合设计要求。当设计无要求时，宜布设在水流平稳地段，施工围堰处也应设置临时水尺。

7.1.7 滑坡监测变形观测点位的布设应符合下列规定：

1 对已明确主滑方向和滑动范围的滑坡，监测网可布置成十字形或方格形，其纵向应沿主滑方向，横向应垂直于主滑方向；对主滑方向和滑动范围不明确的滑坡，监测网宜布置成放射形。

2 点位应选在地质、地貌的特征点上。

3 单个滑坡体的变形观测点不宜少于 3 个。

4 地表变形观测点宜采用有强制对中装置的墩标，困难地段也应设立固定照准标志。

7.1.8 高边坡监测的点位布设，可根据边坡的高度，按上中下成排布点。

7.1.9 新建泵站工程应根据建（构）筑物温控要求，在建（构）筑物内部布设温度监测设施。温度监测设施的布点数量、位置应满足温控要求。

7.1.10 有关应力、振动等专门性观测项目的观测设备埋设和观测，应按国家现行相关专项规定执行。

7.1.11 观测项目的设施，应有专人负责保（维）护。

7.1.12 所有观测设备的埋设安装、率定、检查等记录、资料均应移交管理单位。

7.2 施工期观测

7.2.1 新建泵站及其附属工程施工期的观测项目和内容，应根据泵站结构及布局、地基条件、地形地貌、基坑深度、开挖断面和施工方法等因素综合确定。观测内容在满足工程需要和设计要求的基础上，可按表 7.2.1 选择。加固改造泵站工程根据加固改造条件也可按表 7.2.1 选择。

表 7.2.1 施工期观测项目

观 测 项 目	主 要 监 测 内 容
高边坡开挖稳定性监测	水平位移、垂直位移、裂缝、渗流、倾斜、挠度
泵站建筑物监测	水平位移、垂直位移、倾斜、挠度、裂缝、扬压力、温度
基坑沉陷监测	垂直位移、地下水位、渗流
临时围堰观测	水平位移、垂直位移、渗流
近施工区滑坡监测	水平位移、垂直位移、深层位移

7.2.2 施工期各项变形观测位移量中误差的精度要求，应符合表 7.2.2 的规定。

表 7.2.2 施工期各项变形监测的精度要求

观测项目	测量中误差（mm）					说 明
	水平位移	垂直位移	挠度	基础倾斜	泵房倾斜	
高边坡开挖稳定性监测	≤3	≤3	—	—	—	岩石边坡
	≤5	≤5	—	—	—	岩石混合或土质边坡
泵站建筑物监测	≤1	≤1	≤0.3	≤1	≤5	中、小型泵站的水平位移和垂直位移的监测精度可放宽一倍执行
临时围堰观测	≤5	≤10	—	—	—	
基坑沉陷监测	—	≤3	—	—	—	
近泵房区滑坡监测	≤3	≤3	—	—	—	岩质滑坡体
	≤6	≤5	—	—	—	岩石混合或土质滑坡体

表7.2.2(续)

观测项目	测量中误差（mm）					说　　明
	水平位移	垂直位移	挠度	基础倾斜	泵房倾斜	
裂缝观测	≤1	—	—	—	—	混凝土构筑物、大型金属构件；混凝土构筑物的表面裂缝测量中误差不应超过0.2mm
	≤3	—	—	—	—	其他构筑物
	≤0.5	—	—	—	—	岩质滑坡地表裂缝
	≤5	—	—	—	—	土质滑坡地表裂缝

注：1 施工区外的大滑坡和高边坡的监测精度可根据设计要求另行确定；
　　2 临时围堰位移量中误差是指相对于围堰轴线，裂缝观测是指相对于观测线，其他项目是指指相对于工作基点；
　　3 垂直位移观测，应采用水准测量；受客观条件限制时，也可采用电磁波测距、三角高程测量。

7.2.3 水平位移观测宜采用视准线法，视准线法技术要求应符合表7.2.3的规定。

表7.2.3　视准线法技术要求

要求精度（mm）	活动觇牌法				小角度法			
	视准线长度（m）	测回数	半测回读数差（mm）	测回差（mm）	视线长度（m）	测角中误差（mm）	半测回读数差（mm）	测回差（mm）
≤3	≤300	3	≤3.5	≤3.0	≤500	1.0	≤4.5	≤3.0
≤5	≤500	3	≤5.0	≤4.0	≤600	1.8	≤3.5	≤2.5

7.2.4 沉降标点埋设后应及时观测初始值。施工期间按不同加载情况定期观测，每次观测时间间隔不宜超过15d。在工程竣工放水前、后应对沉降分别观测1次。

7.2.5 岸墙、翼墙墙身的倾斜观测应在标点埋设后，填土过程中及放水前后进行。

7.2.6 测压管水位与上下游水位应同步观测。

1740

7.2.7 扬压力观测的时间和次数应根据泵站上游水位、下游水位、地下水位、基坑水位的变化情况确定。

7.2.8 基坑周围重要建（构）筑物的变形监测，应在基坑开始开挖或降水前进行初步观测，回填完成后可中止观测。其变形监测应与基坑变形监测同步。

7.2.9 新建泵站工程建（构）筑物内部的温度监测，应按温控要求执行。

7.2.10 仪器监测应与巡视检查相结合。每次巡视检查均应按规定做好现场记录，必要时应附有略图素描或照片。

7.2.11 在建筑物加固改造工程施工中，当加载或卸载对原有建筑物可能造成影响时，应加强对原有建筑物的变形、内力和渗透压力等项目的观测。若出现异常，应及时采取保护措施。

7.2.12 施工期间，所有观测项目均应按时观测，观测数据应及时整理、分析。记录、分析成果等均应移交管理单位。

8 金属结构安装及试运行

8.1 一般规定

8.1.1 闸门、拦污栅、启闭机、清污机等在安装前应具备下列资料：

　　1 施工图，包括各金属结构及设备安装部位的建筑物施工图，闸门、拦污栅、启闭机、清污机等的安装图及总图、装配图、易损件零件图、电气控制原理图等；

　　2 闸门、拦污栅、启闭机、清污机等的制造验收资料和质量证书、外购件合格证和安装使用说明书等；

　　3 主要部件装配检查记录及产品预装检查报告；

　　4 安装用控制点位置图

8.1.2 闸门、拦污栅、启闭机、清污机的安装与埋件预埋，应按设计和有关技术文件进行，如有修改应有设计修改通知书，并经监理认可。

8.1.3 安装闸门、拦污栅、启闭机、清污机与埋件预埋所用的量具和仪器应经法定计量部门检定合格，并在有效期内。主要量具和仪器的精度应符合下列规定：

　　1 钢卷尺精度不应低于一级；

　　2 经纬仪精度不应低于 DJ_2 级；

　　3 水准仪精度不应低于 DS_3 级；

　　4 全站仪的测角精度不应低于 $1''$，测距精度不应低于 $1mm + 2 \times D \times 10^{-6}$。$D$ 为测量距离，单位为 mm。

8.1.4 用于测量高程和安装轴线的基准点及安装用的控制点，应准确、牢固、明显和便于使用。

8.1.5 压力表安装前应进行校验，表面的满刻度应为试验压力的 1.5 倍～2 倍，精度等级不低于 1.5 级。

8.1.6 安装用焊接材料（焊条、焊丝及焊剂）应具有出厂质量证书，其化学成分、机械性能和扩散氢含量等各项指标，应符合国家现行有关标准和设计文件的规定。

8.1.7 焊缝的外观质量和对Ⅰ、Ⅱ类焊缝内部缺陷探伤，应符合现行行业标准《水工金属结构焊接通用技术条件》SL 36的有关规定。发现焊缝有不允许的缺陷时，应按该标准的有关规定进行修补与处理，不得在焊件组装间隙内填入金属材料。

8.1.8 闸门、拍门、拦污栅等构件运输吊装时，宜标出构件重心位置，并应采取措施，防止构件损坏和变形；闸门、拍门及埋件的加工面应采取防碰伤及防锈蚀措施。

8.1.9 启闭机、清污机及自动挂脱梁在运输保管过程中应采取防碰伤及防锈蚀措施，液压启闭机存放时应采取防止油缸体及活塞杆变形措施。设备运至工地后，应入临时仓库妥善保管。

8.1.10 在运输、安装过程中，金属结构件及设备的防腐涂层发生损坏和锈蚀时，应按现行行业标准《水工金属结构防腐蚀规范》SL 105 的有关规定进行修补处理。

8.2 埋 件 安 装

8.2.1 预埋件在一期混凝土中的锚栓或锚板，应符合设计要求，由土建施工单位预埋，并在混凝土开仓浇筑之前会同有关单位对其预埋位置进行检查核对。

8.2.2 埋件安装前，门槽中的模板杂物应清除干净。混凝土的结合面应全部凿毛，凿痕深度宜为 5mm～10mm。二期混凝土的断面尺寸应符合设计要求。

8.2.3 平面闸门埋件安装允许偏差应符合本规范附录 H 的规定。检测时，每米构件不宜少于 1 个测点。

8.2.4 拍门铰座的基础螺栓中心和设计中心位置允许偏差应为 0～1.0mm。

8.2.5 拍门铰座安装允许偏差应符合表 8.2.5 的规定。

表 8.2.5 拍门铰座安装允许偏差

项　　　目	允　许　偏　差
铰座中心对孔中心距离	±1.5mm
里程	±2.0mm
高程	±2.0mm
铰座轴孔倾斜度（任意方向）	0～1/1000
两铰座轴线的同轴度	±1.0mm

8.2.6 拍门门框安装宜采用二期混凝土浇筑。倾斜设置的门框埋件，其倾斜角度允许偏差宜为±10′。

8.2.7 埋件安装调整好后应将调整螺栓与锚板或锚栓焊牢，确保埋件在浇筑二期混凝土过程中不发生变形或位移。若对埋件的加固另有要求时，应按设计要求予以加固。

8.2.8 埋件安装经检查合格，应在 5d～7d 内浇筑二期混凝土。二期混凝土一次浇筑高度不宜超过 5.0m，混凝土振捣应选用小直径插入式振捣器，防止直接振捣埋件、钢筋和模板。

8.2.9 埋件二期混凝土拆模后，应对埋件进行复测，做好记录，并检查混凝土表面尺寸，清除遗留的钢筋和杂物。

8.2.10 埋件工作表面对接接头的错位应进行缓坡处理。工作面的焊疤、焊缝余高以及凹坑应铲平、焊平和磨光。

8.2.11 埋件安装完毕，经检查合格后，挡水前应对全部检修门槽用共用闸门逐孔进行试槽。

8.3　平面闸门安装

8.3.1 整体闸门在安装前应对其各项尺寸进行复查，各项尺寸应符合设计及现行国家标准《水利水电工程钢闸门制造、安装及验收规范》GB/T 14173 的有关规定。

8.3.2 分节闸门组装成整体后除应按现行国家标准《水利水电工程钢闸门制造、安装及验收规范》GB/T 14173 的有关规定执行外，还应满足下列要求：

1 节间如用螺栓连接，应均匀拧紧螺栓，节间止水橡皮的压缩量应符合设计要求；

2 节间如用焊接，可用连接板连接，但不得强制组合，焊接时应采取措施控制变形；

3 组装成整体后，组合处的错位不应大于 2.0mm；

4 组装完毕检查合格后，应在组合处打上明显的标记、编号，并设置可靠的定位装置。

8.3.3 止水橡皮的螺孔位置应与门叶或止水压板上的螺孔位置一致，孔径应比螺孔直径小 1.0mm，不得烫孔。

8.3.4 止水橡皮安装后，两侧止水中心距和顶止水中心至底止水底缘距离的允许偏差应为 ±3.0mm，止水表面的平面度宜为 2.0mm；止水橡皮的压缩量应符合设计要求，其允许偏差应为 +2mm～−1mm。

8.3.5 止水橡皮接头可采用生胶热压等方法胶合，胶合处不得有错位、凸凹不平和疏松现象存在。

8.3.6 平面闸门应作静平衡试验，其倾斜不应超过门高的 1/1000，且不应大于 8.0mm；超过上述规定时，应予配重。

8.3.7 闸门吊装时，应采取防止变形及碰撞的保护措施。

8.4 拍 门 安 装

8.4.1 拍门在安装前应检查其制造重量，制造重量与设计重量误差不应超过 ±5%。当设计文件对拍门转动中心的重心和浮心位置有控制要求时，还应复测重心和浮心位置，满足要求后方可进行安装。

8.4.2 拍门止水橡皮安装应符合本规范第 8.3.3 条、第 8.3.4 条、第 8.3.5 条的规定。

8.4.3 拍门采用金属止水时，止水面应进行机械加工，粗糙度 Ra 值不应大于 3.2μm，安装时应保持接触面密封良好。如设计另有要求时，应满足设计要求。

8.4.4 采用平衡重式拍门，平衡配重块重量应符合设计要求，

1745

其允许误差应为±2%。平衡机构运行不应受任何干扰。

8.4.5 拍门安装后，开启角度偏差应符合设计要求，其中心与流道中心偏差不应大于3.0mm。

8.5 拦污栅安装

8.5.1 活动式拦污栅埋件安装允许偏差应符合表8.5.1的规定。倾斜设置的拦污栅埋件，其倾斜角的角度允许偏差应为±10′。

表8.5.1 活动式拦污栅埋件安装允许偏差

项 目	允许偏差（mm）		
	底坎	主轨	反轨
里程	±5.0	—	—
高程	±5.0	—	—
工作面一端对另一端的高程	0～3.0	—	—
对栅槽中心线	—	+3.0～−2.0	+5.0～−2.0
对孔口中心线	±5.0	±5.0	±5.0

8.5.2 固定式拦污栅埋件安装后，各横梁工作表面最高点和最低点的差值不应大于3.0mm。

8.5.3 使用清污机的拦污栅，其安装精度应符合设计要求；分节拦污栅的栅条连接处应平顺连接，平面及侧向错位不应大于1.0mm。

8.6 闸门、拍门、拦污栅试运行

8.6.1 闸门安装好后应在无水情况下进行全行程启闭试验。启闭前应在止水橡皮处淋水润滑。有条件时，对工作闸门应做动水启闭试验。

8.6.2 闸门、拍门启闭过程中应检查滚轮、拍门铰等转动部位的运行情况，闸门升降、拍门旋转过程中应无卡阻，启闭设备左右两吊点应同步，止水橡皮及拍门缓冲块应无损伤。

8.6.3 快速闸门、拍门安装完成后，应对闸门、拍门的关闭速度进行试验，其关闭时间应满足机组的保护要求。

8.6.4 拦污栅入槽后应做升降试验，检查栅槽有无卡阻情况，栅体动作和各节的连接是否可靠。

8.6.5 闸门在承受设计水头压力时，其止水、允许漏水量应符合表 8.6.5 的规定。

表 8.6.5　闸门止水、允许漏水量

止　水　材　料	每米止水长度的漏水量（L/s）
橡皮	≤0.1
金属	≤0.8

8.7　固定卷扬式启闭机安装及试运行

8.7.1 启闭设备到达施工现场后，应按现行行业标准《水利水电工程启闭机制造安装及验收规范》SL 381 的有关规定，进行全面检查合格后方可进行安装。

8.7.2 应检查启闭机基础螺栓埋设情况，其埋设位置、埋入深度及露出部分的长度应符合设计要求。

8.7.3 应检查启闭机平台高程和水平，其高程的允许偏差应为 ±5.0mm，水平的偏差应小于 0.5/1000。

8.7.4 启闭机的安装应根据启吊中心找正，其纵横向中心线允许偏差应为 ±3.0mm。

8.7.5 缠绕在卷筒上的钢丝绳，当吊点在下限位置时，留在卷筒上的圈数不宜少于 4 圈；当吊点在上限位置时，钢丝绳不得缠绕到卷筒的光筒部分。

8.7.6 双吊点启闭机吊距允许误差宜为 ±3.0mm；钢丝绳拉紧后，两吊轴中心线应在同一水平上，其高差在孔口范围内不应大于 5.0mm。

8.7.7 启闭机电气设备的安装应符合现行国家标准《电气装置安装工程盘、柜及二次回路接线施工及验收规范》GB 50171 的有关规定。

8.7.8 电气设备通电试验前应认真检查全部接线，并应符合设计要求，整个线路的绝缘电阻应大于 0.5MΩ，方可通电试验。试验中各电动机和电气元件温升不应超过各自的允许值，试验应采用该机自身的电气设备。试验中若触头等元件有烧灼现象，应查明原因并予以更换。

8.7.9 启闭机空载试验，应全行程上下升降 3 次。空载试验时，还应对电气和机械部分进行检查和调整，并符合下列要求：

 1 电动机运行平稳，三相电流不平衡度不应超过 10％，并测量电流值；

 2 电气设备应无异常发热现象；

 3 检查和调试限位开关（包括充水平压开度接点），开关动作应准确可靠；

 4 高度指示器和荷重指示器应能准确反映行程和重量，高度指示系统精度不应超过 1％，荷重指示系统精度不应超过 2％；

 5 到达上下极限位置后，主令开关应能发出信号并自动切断电源；

 6 所有机械部件运行时均应无冲击声和其他异常声音，钢丝绳在任何位置不应与其他部件和土建构件相摩擦；

 7 制动闸瓦松闸时应能全部打开，其间隙应符合要求，并应测量松闸电流值；

 8 快速闸门启闭机利用直流电源松闸时，应分别检查和记录松闸的直流电流值和松闸持续 2min 的电磁线圈温度。

8.7.10 启闭机负荷试验，应将闸门在门槽内无水或静水中全行程上下升降 2 次；对于动水启闭的工作闸门或动水闭静水启的事故闸门，应在设计水头动水工况下升降 2 次；对于泵站出口快速闸门，应在设计水头动水工况下，做全行程的快速关闭试验。负荷试验时，还应对电气和机械部分进行检查，并符合下列要求：

 1 电动机运行应平稳，三相电流不平衡度不应超过 ±10％，并测量电流值。

 2 电气设备应无异常发热现象。

3 所用保护装置和信号应准确可靠。

4 所有机械部件在运行中应无冲击声，开放式齿轮啮合工况应符合要求。

5 制动器应无打滑、无焦味和无冒烟现象。

6 荷重指示器与高度指示器的读数应能准确反映闸门在不同开度下的启闭力数值，启闭力允许误差应为 2%。

7 快速闸门启闭机的快速闭门时间不应超过设计规定的时间；快速关闭的最大速度不应超过 5m/min；电动机（或离心调速器）的最大转速不应超过电动机额定转速的两倍。离心式调速器的摩擦面最高温度不应超过 200℃；采用直流电源松闸时，电磁线圈的最高温度不应超过 100℃。

8 试验结束后，机构各部分应无破裂、永久变形、连接松动或损坏。

8.8 移动式启闭机安装及试运行

8.8.1 小车轨道安装允许偏差，应符合本规范附录 J 的规定。

8.8.2 大车轨道安装应符合下列要求：

1 铺设前，应对轨道进行检查，合格后方可铺设。

2 吊装轨道前，应确定轨道的安装基准线。轨道安装允许偏差应符合表 8.8.2 的规定。

表 8.8.2　轨道安装允许偏差

项目名称	基本尺寸（m）	允许偏差（mm）
大车轨道实际中心线与基准线偏差	跨度 L≤10 L>10	±2.0 ±3.0
大车轨距偏差	跨度 L≤10 L>10	±3.0 ±5.0
同跨两平行轨道的标高相对差	跨度 L≤10 L>10	其柱子处 0~5.0 其柱子处 0~8.0
大车轨道接头	左、右、上三面错位	0~1.0
	接头处间隙	0~2.0

表8.8.2(续)

项 目 名 称	基本尺寸（m）	允许偏差（mm）
轨道纵向直线度误差	—	0～1/1500
轨道全行程最高点与最低点之差	—	0～2.0

3 两平行轨道的接头位置应错开，且错开距离不应等于前后车轮的轮距。

4 应全面复查各个螺栓的紧固情况。

5 在吊装桥机（门机）前，应安装好轨道上的车挡；同一跨度的两车挡与缓冲器均要接触，如有偏差应进行调整。

6 大车车轮均应与轨道面接触，无悬空现象。

8.8.3 桥机和门架组装和运行机构安装后的允许偏差，应符合本规范附录 J 的规定。

8.8.4 电气设备安装应符合现行国家标准《电气装置安装工程盘、柜及二次回路接线施工及验收规范》GB 50171 的有关规定。

8.8.5 自动挂脱梁安装应符合下列要求：

1 自动挂脱梁出厂前应做静平衡试验，并检查挂钩装置、液压装置和信号装置等部位，其动作应灵活、准确、可靠，无卡阻或渗漏现象，电缆接线盒不得漏水；

2 自动挂脱梁上的吊点中心距与定位中心距的允许偏差应为±2.0mm；

3 自动挂脱梁安装后，在无水情况下进行挂、脱闸门试验应正常。

8.8.6 采用带自动挂脱梁的移动式启闭机启闭多孔口闸门时，启闭机及自动挂脱梁的安装，应根据各孔口门槽起吊中心找正；其中心线与各孔口起吊中心线，安装后的纵横向允许误差应为±5.0mm。

8.8.7 试运行前应对下列内容进行检查：

1 所有机械部件、连接部件、各种保护装置及润滑系统等的安装、注油情况，其结果应符合要求，并清除轨道两侧所有的杂物；

　　2　钢丝绳端的固定应牢固，在卷筒、滑轮中缠绕方向应正确；

　　3　电缆卷筒、中心导电装置、滑线及各电动机的接线应正确、无松动现象，接地良好；

　　4　对双电动机驱动的起升机构，电动机的转向应正确、转速同步；双吊点的起升机构两侧钢丝绳应调至等长；

　　5　运行机构的电动机转向应正确、转速同步；

　　6　机构的制动轮应无卡阻现象。

8.8.8　空载试运行起升机构和运行机构应分别在全行程内上下往返各 3 次，还应对电气和机械部分进行检查，并应符合下列要求：

　　1　电动机运行应平稳，三相电流平衡误差应小于 10％；

　　2　电气设备应无异常发热现象，控制器的触头应无烧灼现象；

　　3　限位开关、保护装置及联锁装置等动作应正确可靠；

　　4　当大车、小车运行时，车轮应无啃轨现象，导电装置应无卡阻、跳动及严重冒火花现象；

　　5　所有机械部件运行时，应无冲击声和其他异常声音；

　　6　运行过程中，制动闸瓦应处于松闸状态，全部脱离制动轮，其间隙满足要求；

　　7　所有轴承和齿轮应有良好的润滑，轴承温度不应超过 65℃；

　　8　在无其他噪声干扰的情况下，在司机座（不开窗）测得的噪声不应大于 85dB（A）。

8.8.9　检查启闭机构及制动器工作性能的负荷试验，可提升起 1.1 倍额定荷载，做动载试验；同时开动两个机构做重复的启动运行、停车、正转、反转等动作，延续时间应达到 1h。电气和机械部分按本规范第 8.7.9 条规定的项目进行检查，应动作灵敏、工作平稳可靠，各限位开关、安全保护联锁装置、防爬装置动作正确可靠，各零部件无裂纹等损坏现象，各连接处不应松动。

8.9 液压式启闭机安装及试运行

8.9.1 液压启闭机机架的纵横中心线与实际起吊中心线的距离允许误差应为±2.0mm；高程允许偏差应为±5.0mm。双吊点液压启闭机支承面高程允许误差应为±0.5mm。

8.9.2 机架钢梁与推力支座的组合面用0.05mm塞尺检查，不应通过；当允许有局部间隙时，可用0.1mm塞尺检查，插入深度不应大于组合面宽度的1/3，累计长度不应大于周长的20％。推力支座顶面允许水平偏差应为0～0.2/1000。

8.9.3 安装前应检查活塞杆是否变形，在活塞杆竖直状态下，其垂直度允许偏差为0～0.5/1000；油缸内壁应无碰伤和拉毛现象。

8.9.4 吊装液压缸时应根据缸体直径、长度和重量确定支点数量和位置。

8.9.5 活塞杆与闸门（或拉杆）吊耳连接时，当闸门下放到底坎位置，在活塞与油缸下端盖之间应留有50mm的间隙。

8.9.6 管道弯制、清洗和安装应符合现行国家标准《水轮发电机组安装技术规范》GB/T 8564的有关规定，管道设置应减少阻力，管道布局应清晰、合理。

8.9.7 高度指示器和主令开关的上下断开接点及充水接点应进行初调。

8.9.8 试验油过滤精度要求，柱塞泵不应低于20μm，叶片泵不应低于30μm。

8.9.9 试运行前，应对下列项目进行检查和调试，并符合下列要求：

    1 门槽内的一切杂物应清除干净，闸门和拉杆应不受卡阻。

    2 机架固定应牢固。对采用焊接固定的，检查焊缝应达到设计要求；对采用地脚螺栓固定的，检查螺丝应无松动。

    3 对电气回路中的单个元件和设备进行调试，并符合现行国家标准《低压电器基本标准》GB 1497 和《电气装置安装工程盘、柜及二次回路接线施工及验收规范》GB 50171 的有关规定。

8.9.10 油泵第一次启动时，应将油泵溢流阀全部打开，连续空转 30min～40min，油泵不应有异常现象。

8.9.11 油泵空转正常后，应将溢流阀逐渐旋紧向管路系统充油，充油时应排除空气，同时监视压力表读数。管路充满油后，调整油泵溢流阀，使油泵在其工作压力 25％、50％、75％、100％的情况下分别连续运行 15min，应无振动、杂音和温升过高现象。

8.9.12 上述试验完毕后，调整油泵溢流阀，当压力达到工作压力的 1.1 倍时动作排油，此时应无剧烈振动和杂音。

8.9.13 油泵运行噪声应低于 85dB（A）。

8.9.14 油泵阀组的启动阀应在油泵开始转动后 3s～5s 内动作，使油泵带上负荷。否则，应调整弹簧压力或节油孔的孔径。

8.9.15 无水时应先手动操作升降闸门一次，检验缓冲装置减速情况和闸门有无卡阻现象，并记录闸门全开时间和油压值。

8.9.16 调整主令控制器凸轮片，使主令控制器的电气接点接通。断开时闸门所处的位置应符合设计要求，但闸门上充水阀的实际开度应调至小于设计开度 30mm 以上。调整高度指示器，使其指针能正确指出闸门所处的位置。

8.9.17 第一次快速关闭闸门时，应在操作电磁阀的同时做好手动关闭阀门的准备。

8.9.18 闸门提起在 48h 内，闸门因液压系统内泄和外泄而产生的下降量应小于 200mm。

8.9.19 手动操作试验合格后，方可进行自动操作试验。提升和快速关闭闸门试验时，应记录闸门提升、快速关闭、缓冲的时间以及水位和油压值。快速关闭时间应符合设计要求。

8.10 清污机安装及试运行

8.10.1 移动式清污机的轨道安装，应按本规范第 8.8.2 条的规定执行。轨道中心线与拦污栅平面位置基准应为同一放样体系。

8.10.2 移动式清污机的机架及运行机构安装、试运行应符合设计或制造商的技术条件的要求；如无要求时，可按本规范附录 J 和本规范第 8.8.8 条的规定执行。

8.10.3 回转式清污机安装偏差，应符合设计或制造商的技术条件的要求；如无规定时，应符合下列要求：

    1 埋设件允许偏差应符合本规范表 8.5.1 的规定；

    2 安装后的角度允许偏差应为 ±10′；

    3 驱动链轮与牵引链轮的轮齿宽中心线，其允许偏差应为 0～1.5mm；

    4 链条调整到正常工作状态，驱动链轮与链条啮合时，主动边拉紧，从动边下垂应小于 15.0mm；

    5 安装后应进行一次无水状态下的空载试运行，时间不应少于 30min，试验过程中不得出现有影响性能和安全质量问题的现象；

    6 空载试运行合格后方可进行工作试运行，并应在额定过栅流速下连续运行 60min，检查清污机前后水位差不应超过设计水位差。

8.11 金属结构加固改造

8.11.1 加固改造前，应收集和分析需加固改造的金属结构的设计图、竣工图及检测资料等，根据设计文件和国家现行有关标准的要求制订加固改造施工方案，并经监理工程师认可；加固改造中，应严格按施工方案施工，当施工方案需要调整时，应经监理工程师认可。

8.11.2 门叶、栅体等构件的加固除应符合本规范相应条款的规定外，还应满足下列要求：

    1 对原构件的焊接，应核实其材质及焊接性能；当无法确认时，应按现行国家标准《焊接工艺规程及评定的一般原则》GB/T 19866 的规定进行焊接工艺评定。

2 根据原构件的结构特点，应合理安排焊接顺序，控制焊接变形；并应采取保护措施，防止构件上拟保留的零部件受到损伤。

3 焊接施工前，应清除原构件施焊部位的油漆、油污和焊疤等残留物。

4 构件加固改造后，应进行静平衡试验，重新确定构件的重心位置。

5 构件加固改造后，应按设计要求进行防腐处理；当设计未作要求时，应按现行行业标准《水工金属结构防腐蚀规范》SL 105 的有关规定进行防腐处理。

8.11.3 更换埋件的施工应满足下列要求：

1 拆除原埋件时应尽量保留原混凝土中的钢筋，若保留的钢筋不能满足埋件固定强度要求时，宜采用植筋方法增加锚筋数量；

2 混凝土凿除范围应符合设计要求，当设计未作要求时应满足新埋件最小安装空间要求；

3 混凝土凿除施工，应采取措施减少对原土建结构的损伤；

4 新安装的埋件在二期混凝土浇筑前后应进行测量和复测。

9 质量控制和施工安全

9.1 质量控制

9.1.1 施工单位应按现行国家标准《质量管理体系 基础和术语》GB/T 19000 的要求，建立健全的质量保障体系，并结合工程实际情况制订工程施工质量检查验收等制度。

9.1.2 工程施工中，施工单位应逐级对施工质量进行检查。自检合格后，报请监理工程师验查。

9.1.3 工程施工中，应对需要控制部位的中心线、轴线、高程及尺寸等，按本规范的相关要求进行检测和复测，发现不符合质量要求时应及时修正。

9.1.4 施工期间应做好下列各项原始记录：

1 泵站基础的工程地质条件描述；

2 基础处理方法、机械、技术参数等；

3 原材料的材质证明、中间产品的合格证等；

4 现场检测和取样送检报告等；

5 原型观测资料；

6 施工中发生的问题和处理措施；

7 质量检测情况和质量检查人员的意见等。

9.1.5 加固改造施工期间除应做好本规范第 9.1.4 条规定的各项记录外，还应做好下列原始记录：

1 保留及加固处理的结构、构件的现场检测（或检查）资料；

2 设计、施工、监理及质量检查人员对加固改造工程的验收意见等。

9.1.6 隐蔽工程开挖完成后或在下道工序施工前，应按有关规定进行验收。验收时应具备下列资料：

1 施工图及设计变更文件；

2 开挖竣工图，包括平面图和纵横剖面图；

3 施工记录资料。

9.1.7 工程质量检查应依据设计和本规范的有关规定进行，当设计和本规范未作规定时，应依据国家现行有关标准进行。其检查内容主要包括：基础处理工程、土石方工程、砌体工程、混凝土工程、金属结构安装工程等的质量，并应注重检查施工工序和流程。

9.1.8 泵站建筑物施工达到机电设备、金属结构及进出水管道安装条件时，建筑物施工单位应及时向安装单位现场移交与安装有关的中心线、高程等的标点。移交时，应有项目法人（建设单位）的代表或监理工程师在场鉴证。

9.1.9 泵站建筑物及金属结构投入使用前，应符合现行国家标准《泵站技术管理规程》GB/T 30948 中规定的管理要求。

9.2 质量检验及缺陷处理

9.2.1 混凝土组成材料的质量检验应符合下列规定：

1 骨料宜先在料场取样，通过试验选用。到工地后，按一批或每 300t～600t 取样检验 1 次。

2 水泥、混合材和外加剂应有质量合格证书及试验报告单。到工地后，应取样检验。水泥应分品种每一批或每 200t～400t 为 1 个取样单位，混合材应每一批或每 100t～200t 为 1 个取样单位，外加剂浓缩物应每 1t～2t 为 1 个取样单位。袋装水泥储运时间超过 3 个月，散装水泥储运时间超过半年（不包括出品后的静置期），使用前应重新检验。袋装水泥进库前应抽查包重，如重量与标明的不符，则拌和前应另行称量。

3 水质应在开工前进行检验，如水源改变应重新检验。

9.2.2 混凝土在拌和、浇筑过程中的检验应符合下列规定：

1 各种原材料配合比检验，每班不应少于 3 次，衡器应随时校正。

2 砂、小石子的含水量检验，每班不应少于 1 次。气温变化较大或雨天应增加检验次数，并及时调整配料单。

    3   混凝土拌和时间应随时检查。

    4   混凝土在拌制地点和浇筑地点的坍落度检验，每班不应少于2次。在取样成型时，应同时测定坍落度。

    5   外加剂的浓度检验，每班不应少于2次。引气剂还应检验含气量，其变化范围应控制在±0.8%以内。

9.2.3   混凝土的质量检验，应以标准养护条件下试件的抗压强度为主。必要时，还应做抗拉、抗冻、抗渗等试验。抗压试件组数应按下列规定留置：

    1   不同强度等级、不同配合比的混凝土应分别制取；

    2   厚大构件的混凝土应每 $100m^3 \sim 200m^2$ 成型试件为1组；

    3   非厚大构件的混凝土应每 $50m^2 \sim 100m^3$ 成型试件为1组；

    4   每一分部工程成型试件不应少于1组。现浇楼层，每层成型试件不应少于1组；

    5   每一工作班成型试件不应少于1组。

9.2.4   应留置一定数量与结构同等养护条件的试件。

9.2.5   评定混凝土质量的原始资料的统计应符合下列规定：

    1   强度等级和配合比相同的一批混凝土应作为一个统计单位；

    2   不得随意抛弃任一数据；

    3   每组3个试件的平均值应作为一个统计数据；当3个试件强度中的最大值或最小值与中间值之差超过中间值的15%时，可取中间值；当3个试件强度中的最大值和最小值与中间值之差均超过中间值的15%时，该组试件不应作为强度评定的依据。

9.2.6   混凝土强度的评定应符合下列规定：

    1   混凝土强度应分批进行验收，同一验收批的混凝土应由强度等级相同、生产工艺和配合比基本相同的混凝土组成；对现浇混凝土结构构件，尚应按单位工程的验收项目划分验收批。对同一验收批的混凝土强度，应以同批内标准试件的全部强度代表值来评定。

2 当混凝土的生产条件在较长时间内能保持一致，且同一品种混凝土的强度变异性能保持稳定时，应由连续的 3 组试件代表 1 个验收批，其强度应同时符合下列公式的要求：

$$m_{fcu} \geq f_{uc.k} + 0.7\sigma_0 \qquad (9.2.6-1)$$

$$f_{cu.min} \geq f_{cu.k} - 0.7\sigma_0 \qquad (9.2.6-2)$$

当混凝土强度等级不高于 C20 时，尚应符合下式的要求：

$$f_{cu.min} \geq 0.85 f_{cu.k} \qquad (9.2.6-3)$$

当混凝土强度等级高于 C20 时，尚应符合下式的要求：

$$f_{cu.min} \geq 0.90 f_{cu.k} \qquad (9.2.6-4)$$

式中：m_{fcu}——同一验收批混凝土强度的平均值，N/mm^2；

$f_{cu.k}$——设计的混凝土标准值，N/mm^2；

σ_0——验收批混凝土强度的标准差，N/mm^2；

$f_{cu.min}$——同一验收批混凝土强度的最小值，N/mm^2。

验收批混凝土强度的标准差，应根据前一检验期内同一品种混凝土试件的强度数据，按下式确定：

$$\sigma_0 = \frac{0.59}{m} \sum_{i=1}^{m} \Delta f_{cu.i} \qquad (9.2.6-5)$$

式中：$\Delta f_{cu.i}$——前一检验期内第 i 验收批混凝土试件中强度的最大值与最小值之差；

m——前一检验期内验收批总批数。

注：每个检验期不应超过 3 个月，且在该期间内验收批总批数不得小于 15 组。

3 当混凝土的生产条件不能满足本条第 2 款的规定，或在前一检验期内的同一品种混凝土没有足够的强度数据用以确定验收批混凝土强度标准差时，应由不少于 10 组的试件代表 1 个验收批，其强度应同时符合下列公式的要求：

$$m_{fcu} - \lambda_1 S_{fcu} \geq 0.9 f_{cu.k} \qquad (9.2.6-6)$$

$$f_{cu.min} \geq \lambda_2 f_{cu.k} \qquad (9.2.6-7)$$

式中：S_{fcu}——验收批混凝土强度的标准差（当 S_{fcu} 的计算值小

于 $0.06 f_{cu,k}$ 时，取 $S_{fcu} = 0.06 f_{cu,k}$），N/mm^2；

λ_1、λ_2——合格判定系数，按表 9.2.6 采用。

表 9.2.6　合格判定系数

试件组数	10～14	15～24	≥25
λ_1	1.70	1.65	1.60
λ_2	0.90	0.85	0.85

验收批混凝土强度的标准差 S_{fcu} 应按下式计算：

$$S_{fcu} = \sqrt{\dfrac{\sum_{i=1}^{n} f_{cu,i}^2 - n m_{fcu}^2}{n-1}} \qquad (9.2.6-8)$$

式中：$f_{cu,i}$——验收批内第 i 组混凝土试件的强度值，N/mm^2；

　　　n——验收批内混凝土试件的总组数。

　　4　对零星生产的预制构件的混凝土或现场搅拌批量不大的混凝土，可采用非统计法评定。此时，验收批混凝土的强度应同时符合下列公式的要求：

$$m f_{cu} \geqslant 1.15 f_{cu,k} \qquad (9.2.6-9)$$

$$f_{cu,min} \geqslant 0.95 f_{cu,k} \qquad (9.2.6-10)$$

9.2.7　混凝土质量经检验不合格时，应查明原因，采取相应的改进措施。查明原因的方法可采取无损检测、钻孔取样、压水试验等方法。

9.2.8　不影响结构使用性能的混凝土表面缺陷的处理，应在凿洗干净后，用与本体同品种水泥配制水泥砂浆抹面，并加强养护。

9.2.9　影响结构使用性能的混凝土缺陷，应会同有关单位共同研究处理：

　　1　严重的蜂窝或较深的露筋、孔洞，应在清除不密实混凝土并冲洗干净后，先刷一层水泥净浆或化学黏结剂，再用细石混凝土填补捣实，其水灰比宜小于 0.5，且宜掺用适量膨胀剂；

　　2　对不易清理的深层蜂窝、孔洞，应采用压力灌浆修补，压入掺有防水剂的水泥浆，其水灰比例应为 0.7～1.1；

3 钢筋混凝土构件如产生了裂缝，应查明原因，拟定处理方案并经设计单位认可后再进行处理。

9.3 施 工 安 全

9.3.1 施工管理范围内应设置安全警示标志和必要的防护措施安全警示标志应符合国家现行有关标准的要求。

9.3.2 工程施工应按当地水文气象、地质特点制订防止自然灾害的应急预案，储备必要的抢险应急物资。汛期施工，应及时掌握暴雨、洪水情况，做好施工场地防汛、导流及与有关部门的报汛联络等工作。

9.3.3 脚手架搭设、高空作业和构件、物料起吊运输等，应按国家现行有关安全生产的规定执行。

9.3.4 施工机械的使用，应按设备的安全操作规程或使用说明书的规定执行。雨天或湿作业时，还应采取相应安全保护措施。旋转机械外露的旋转体应设置安全防护罩。

9.3.5 高压设备带电期间，应划定危险区，并设置安全线和警示标志，进入该区域的人员应穿绝缘鞋、戴绝缘手套。

9.3.6 在带电设备周围不得使用钢卷尺和带有金属丝的线尺进行测量工作。

9.3.7 遇有电气设备着火时，应切断设备的电源，按消防的有关规定进行灭火。

9.4 施工期环境保护与水土保持

9.4.1 泵站施工应采取必要的措施，防止或减少粉尘、废气、废水、固体废物、噪声、振动和施工照明等对人和环境的危害和污染。

9.4.2 泵站施工应制订施工期的水土保持方案，采取必要的措施，防止和减少施工范围内的水土流失。

9.4.3 泵站施工完成后，施工期形成的裸露土地应及时恢复林草植被，绿化美化区域环境。

10 泵站施工验收

10.0.1 泵站建筑物施工、金属结构安装工程验收可包括分部工程验收、单位工程验收、合同工程完工验收等阶段。复杂工程施工的验收还可增加水下工程验收、隐蔽工程验收等；也可根据情况，简化单位工程验收阶段，或将单位工程（分部工程）验收与合同工程完工验收合并为一个阶段进行验收，但应同时满足相应的验收条件。

10.0.2 泵站建筑物施工、金属结构安装工程的各阶段验收，应按现行行业标准《水利水电建设工程验收规程》SL 223 的规定执行。

10.0.3 泵站建筑物施工、金属结构安装工程的各阶段验收，均为法人验收，应由项目法人（或委托监理单位）主持。验收工作组由项目法人、勘测、设计、监理、施工、主要金属结构及设备制造（供应）商、运行管理（未成立运行管理单位的除外）等单位的代表组成；技术复杂或存在争议问题的阶段验收，还可邀请上述单位以外的专家参加。质量和安全监督机构、法人验收监督管理机关是否参加上述各阶段验收，应根据具体情况，按现行行业标准《水利水电建设工程验收规程》SL 228 的规定执行。

10.0.4 泵站建筑物施工、金属结构安装工程的各阶段验收前，施工单位应进行自验收，合格后方可进行法人验收。

10.0.5 泵站建筑物施工、金属结构安装工程的项目划分、质量评定应按现行业标准《水利水电工程施工质量评定规程》SL 176 的规定执行。未经验收或验收不合格的工程不得进行后续施工、安装工作。

10.0.6 泵站建筑物施工、金属结构安装工程的各阶段验收时，应按现行行业标准《水利水电建设工程验收规程》SL 223 的要求提供相应资料；验收后，应根据验收意见对相应资料进行修改完善，交项目法人存档。

10.0.7 闸门、拍门、拦污栅、启闭机、清污机等金属结构安装工程验收，可分别按安装验收与试运行验收进行，并应符合本规范第 8 章的相关规定。

10.0.8 泵站建筑物施工、金属结构安装、设备安装等工程完成后，应按现行行业标准《泵站安装及验收规范》SL 317 的规定进行泵站机组启动验收，验收合格并具备其他条件和满足相关规定后，方可进行泵站竣工验收。泵站工程竣工验收应按现行行业标准《水利水电建设工程验收规程》SL 223 的规定执行，泵站更新改造工程还应按现行国家标准《泵站更新改造技术规范》GB/T 50510 的规定执行。

附录 A 换 填 土 层 法

A.0.1 换填土层法可适用于淤泥、淤泥质土、湿陷性黄土、素填土、杂填土地基及暗沟、暗塘等浅层处理。

A.0.2 以天然细粒土为材料组成的素土垫层可用于泵站建筑物软土地基的置换，素土垫层应符合下列要求：

1 素土垫层的厚度不宜小于 0.5m，也不宜大于 3m；素土垫层的承载力特征值，在无实测数据的情况下不宜超过 180kPa。

2 素土垫层的物理力学性质参数，宜通过现场试验取得。

3 用于素土垫层的细粒土料，不得混入耕（植）土、淤泥质土和冻土块；不得采用膨胀土、盐渍土及有机质含量超过 5%的土；当含有碎石时，其粒径不宜大于 50mm。用于湿陷性黄土地基的素土垫层，土料中不得夹有砖、瓦、石块和其他粗颗粒材料。不得将混有垃圾和化学腐蚀物质的土作为素土使用。

4 素土垫层施工应符合下列要求：

1）当回填料中含有粒径不大于 50mm 的粗颗粒时，宜使其均匀分布。

2）回填料的含水量宜控制在击实试验的最优含水量 Wop（100 ± 2）%范围内。

3）素土垫层的施工方法、分层铺填厚度、每层压实遍数宜通过试验确定。垫层的分层铺填厚度可取 200mm～300mm，应控制机械碾压速度，压实度应满足设计要求。

4）在进行上部基础施工前，素土垫层应防雨、防冻、防暴晒。

5 对每层土压实后，应进行干重度检验和压实度检测，取样深度应在该层顶面下 2/3 层厚处，取样部位应具有代表性。

6 素土垫层施工完成后，可采用静载荷试验等原位测试手段进行检验。

A. 0. 3 水泥土垫层适用于泵站基础土层平面上分布不均、需调整沉降差、消除或降低湿陷性、充当隔水层、提高地基稳定性等场合。水泥土垫层施工应符合下列要求：

 1 垫层厚度不宜小于 0.3m，也不宜大于 2m。

 2 垫层中水泥与土料的比例可用体积重量比控制，宜采用 5%；土料较湿时，可采用 8%～12%。

 3 垫层用的土料不得混入耕（植）土、淤泥质土和冻土块，有机质含量不得大于 5%，水溶盐含量不应大于 3%；不得采用膨胀土、盐渍土。

 4 用于制作水泥土的土料，结块粒径不应过大；当用人力或小型机械拌和时，土料应过筛使用；当采用搅拌粉碎专用设备时，土块粒径可放宽到不大于 50mm，但应拌和均匀，碾压时土块粒径不应大于 20mm。

 5 水泥土从拌和开始到碾压或夯实结束，不宜超过 24h。拌和好的水泥土，除处于十分干燥状态外，搁置时间不宜超过 12h。

 6 根据土料和施工机械的具体情况，通过现场试验确定水泥土的分层铺填厚度、每层压实遍数；水泥土垫层的回填料含水量宜控制在击实试验的最优含水量 Wop（100±4）% 范围内，水泥土的压实度应满足设计要求。

 7 垫层的取样检验要求与素土垫层相同。应在每层的压实度符合设计要求后铺填上层土，质量不合格时应及时补压或补夯。

 8 垫层检验合格后 3d～5d 内，应采取措施防雨、防暴晒、防冻害。

 9 应通过现场静载荷试验和室内土工试验等方法确定垫层的物理力学性质指标。

附录 B 搅 拌 桩 法

B.0.1 搅拌桩法可适用于正常固结的淤泥、淤泥质土、粉土、饱和松散砂土、饱和黄土和素填土等地基承载力小于 70kPa 的地基处理。当用于处理泥炭土、塑性指数大于 25 的黏土或地下水具有腐蚀性时，应通过试验确定其适用性。搅拌桩法按施工方法不同，分为干法（或称喷粉搅拌法）和湿法（或称深层搅拌法）。地下水的 pH 值小于 4，或硫酸盐含量超过 1% 的软土，不宜采用干法；湿法应经过凝固试验后，确定采用抗硫酸盐水泥加固地基土的适用性。搅拌桩法应符合下列要求：

1 确定加固方案前，应查明地基土层的工程地质条件，包括土层厚度和组成、软土分层厚度和物理力学性质、地下水位、有机质含量、地下水的 pH 值及腐蚀性等；

2 搅拌桩法常用的固化剂是 P.O42.5 级及以上的普通硅酸盐水泥，并可用粉煤灰作为掺和料。

B.0.2 水泥土搅拌桩法施工应满足下列要求：

1 施工前应平整现场，清除地上和地下的障碍物。遇有明沟、池塘及洼地时，应抽水或清淤，回填土料并予以压实。

2 施工前应根据设计要求进行试验性施工，试验桩数量不应少于 3 根。搅拌桩机应配置深度和固化剂用量的计测装置，搅拌头翼片的枚数、长度、高度、倾斜角度、搅拌头的回转数、提升速度等应相互匹配，应保证加固深度范围内任何一点的土体能经过翼片 20 次的有效搅拌。

3 施工时，停浆（粉）面应高出基础底面标高 300mm～500mm，在开挖基坑时，应人工挖除搅拌桩顶端施工质量较差的桩段。

4 应保证搅拌桩机的水平度和导向架的垂直度，搅拌桩的垂直度偏差不应超过 1.0%，桩位偏差不应大于 50mm，成桩直径和桩长的偏差不应小于设计值。

B.0.3 水泥土搅拌桩法施工应遵循下列步骤：

1 搅拌机械就位、调平；

2 预搅下沉至设计加固深度；

3 边喷浆（或喷粉）边搅拌提升直至预定的停浆（粉）面；

4 重复搅拌下沉至设计加固深度；

5 喷浆（或喷粉）搅拌或仅搅拌提升至预定的停浆（粉）面；

6 关闭搅拌机械。

B.0.4 湿法施工应符合下列要求：

1 施工前应确定灰浆泵的输入浆量、灰浆经输浆管到达搅拌机喷浆口的时间和起吊设备提升速度等施工参数，并根据设计要求通过工艺性成桩试验，确定施工工艺。

2 所使用的水泥都应过筛，制备好的浆液不得离析，连续泵送。搅拌浆的罐数、水泥和外掺剂的用量以及泵送浆液的时间等有专人记录；搅拌机喷浆提升的速度和次数应符合施工工艺的要求，有专人记录；当浆液到达出浆口后，应喷浆搅拌 30s，使水泥浆与桩端土充分搅拌后，再开始提升搅拌头。

3 搅拌机预搅下沉时不宜冲水，当遇到较硬土层下沉缓慢时，方可适量冲水，但冲水不应对成桩强度造成影响。

4 施工时因故停浆，宜将搅拌头下沉至停浆点以下 0.5m 处，待恢复喷浆后再喷浆搅拌提升。若停机超过 3h，为防止水泥浆硬结堵管，宜拆卸管路并清洗。

5 当采用壁状加固时，相邻桩的施工时间间隔不宜大于 24h。搭接长度不应小于 200mm，如间隔太长，与相邻桩无法搭接时，应采取局部补桩或注浆等补强措施。

B.0.5 干法施工应符合下列要求：

1 施工前应检查机械设备、送气（粉）管路、阀门的密封性和可靠性。

2 搅拌机械应配置经国家计量认证的具有瞬时检测功能的

粉体计量装置及搅拌深度自动记录仪。

3 当搅拌头达到设计桩底以上 1m 时，应及时开启喷粉机进行喷粉作业。搅拌机的提升速度与搅拌头的转速，应保持每搅拌一周，其提升高度不应超过 15mm 的关系。当搅拌头提升至地面下 0.5m 时，喷粉机应停止喷粉。

4 对地下水位以上的桩，施工时应加水或施工完后在地面浇水，使水泥充分水解。

B.0.6 质量检验应符合下列要求：

1 水泥土搅拌桩的质量控制应贯穿施工的全过程，并应坚持全程的施工监理，施工过程中应随时检查施工记录和计量记录并对照规定的施工工艺，对工程桩进行质量评定。检查重点是：水泥用量、桩长、桩径、制桩过程中有无断桩现象、搅拌提升速度、复搅次数和复搅深度等。

2 水泥土搅拌桩成桩后进行质量跟踪检验，可采用浅部开挖桩头，其深度宜大于 500mm，目测检查搅拌的均匀性，量测成桩直径。检查桩数宜为总桩数的 5%。

3 搅拌桩成桩后 3d 内，可采用轻型动力触探（N10）检查每米桩身的均匀性，采用静力触探测试桩身强度沿深度的变化。检测桩数宜为总桩数的 1%，且不应少于 3 根。

4 竖向承载的水泥土搅拌桩地基承载力检验，应采用多桩复合地基载荷试验和单桩载荷试验。载荷试验宜在成桩 28d 后进行，且每个场地不宜少于 3 个点。

5 经触探和载荷试验怀疑桩身质量有问题时，应在成桩 28d 后，采用双管单动取样器钻取芯样做抗压强度试验。检查桩数宜为总桩数的 0.5%～1%，且不应少于 3 根。

附录 C 灌 浆 法

C. 0. 1 静压注浆可适用于砂土、粉土、黏性土和一般填土层等地基加固，也可作为泵房和辅助建筑物的地基加固或纠偏的工程措施。采用静压注浆法进行基础处理应符合下列要求：

1 静压注浆加固前应搜集地基土层的分布、土的工程性质，分析现有建筑物地基变形的情况以及对上部结构的影响。

2 注浆材料可采用水泥为主的悬浊液，也可选用水泥和硅酸钠（水玻璃）的双液型混合液。在有地下动水流的情况下，应采用双液型浆液或初凝时间短的速凝配方。

3 静压注浆加固已有建筑物时，针对建筑物的不均匀沉降情况，以不同密度进行注浆孔位布置；针对地层的不同性质和所处的深度，确定注浆孔深和采取不同的注浆量。

4 用作防渗的注浆至少设置 3 排注浆孔，注浆孔间距可取 1.0m～1.5m；用于提高土体强度的注浆孔间距可取 1.0m～2.0m。

5 静压注浆宜由上而下在孔内分层多次进行，每次注浆都应在前次浆液达到初凝后进行，注浆点覆盖土层厚度应大于 2m。

6 注浆施工前应进行试验性施工，确定注浆压力和每次注浆量。注浆的流量可取 7L/min～10L/min；对充填型注浆，流量不宜大于 20L/min。劈裂注浆压力应能克服地层的初始应力和抗拉强度，砂土中注浆压力宜取 0.2MPa～0.5MPa，黏性土中注浆压力宜取 0.2MPa～0.3MPa；压密注浆采用水泥砂浆浆液时，坍落度为 25mm～75mm，注浆压力为 1MPa～7MPa。当坍落度较小时，上述两种注浆方法的注浆压力可取上限值。当采用水泥-水玻璃双液快凝浆液时，注浆压力应小于 1MPa。

7 冬季施工时，应采取措施保证浆液不冻结；夏季气温超过 30℃时，应采取措施防止浆液凝固。

8 静压注浆加固已有建筑物时，施工过程中应进行变形测量监控和土体监测，防止超量的抬升和沉降，避免对建筑物上部结构造成影响；施工结束后应继续进行监测和跟踪注浆，直到沉降速率达到规范允许值。

9 对有抗渗要求的注浆，其效果应通过原位渗透试验确定。

10 为提高地基承载力和减少地基变形量的注浆加固，在注浆结束 28d 后进行加固效果检测，采用复合地基载荷试验检验地基承载力的，每个场地不宜少于 3 个点。

C.0.2 高压喷射灌浆可适用于砂砾石土、粉土、黏性土、淤泥质土、湿陷性黄土及人工填土等地基的加固或防渗，也可用于已有泵房建筑物的地基加固、深基坑的侧壁支护、基础防渗帷幕等工程。采用高喷灌浆进行基础处理应符合下列要求：

1 高压喷射灌浆分旋喷灌浆、定喷灌浆及摆喷灌浆三种形式。根据注浆管的结构和喷浆工艺不同，喷浆方法可分为单管法、二管法和三管法。应根据不同的地基特性和设计要求，选用合适的灌浆方法。

2 对地下水具有侵蚀性、地下水流速过大和已发生涌水的地基，以及地层土中含有较多漂石、块石的地基及淤泥与泥炭土地基，应通过试验确定采用高压喷射灌浆的可行性。

3 高压喷射灌浆施工前，应收集场地的工程地质、水文地质和已有建筑物资料，掌握施工技术要求。当对已有建筑物进行加固时，应分析施工过程中地基附加变形对加固建筑物和邻近建筑物的影响。

4 高压喷射灌浆方案确定后，应选择有代表性的地层进行高压喷灌浆现场试验。试验宜采用单孔和不同孔、排距的群孔组成的围井进行，以确定高喷灌浆方法的适用性、有效桩径（或喷射范围）、施工参数、浆液性能要求、适宜的孔距和排距、墙体防渗性能等。

5 用旋喷桩加固的地基，宜按复合地基设计。当用作挡土

1770

结构时，可按旋喷桩独立承担荷载设计。当旋喷桩布置成格栅状的连续体时，可将被围部分的桩和土按重力挡土墙结构设计。

6 旋喷桩桩身材料强度和直径，应根据旋喷桩布置的形式、工程地质条件、施工参数等因素由现场试验确定。

7 高压喷射灌浆的水泥浆液和高压水射流的压力宜大于20MPa，且小于40MPa。使用三管法的水泥浆液压力，宜取0.5MPa～2MPa，气流压力宜取0.6MPa～0.8MPa。根据不同土（石）层，喷浆管的提升速度可在50mm/min～250mm/min的范围选取，并通过现场试验确定。

8 高压喷射灌浆主要材料为水泥，可适当掺入黏土、膨润土、粉煤灰和砂等。根据工程的需要可加入适量的速凝剂、防冻剂等添加剂。应通过试验确定所用掺合料和添加剂的数量。

9 水泥浆液的水灰比应根据工程设计的需要通过试验确定，一般可取1.5：1～0.6：1，水泥浆液应搅拌均匀，随拌随用。余浆存放时间不宜超过4h，当气温在10℃以上时不宜超过3h。

10 灌浆施工时应保持灌浆孔就位准确，浆管垂直。孔深应满足设计要求，孔位偏差不得大于100mm，成孔孔径比喷射管径可大30mm～40mm，孔的倾斜率宜小于1%。

11 灌浆正式施工前应进行地面试喷，检查机械设备和管路运行情况，并调准喷射方向和摆动角度，合格后方可正式施工。每一施工台班应详细记录浆液材料的用量、配比，水、气、浆的工作压力和设备运行情况；记录每一孔的灌浆过程，包括孔深、地下障碍物、洞穴、涌水漏水等，并采集灌浆试样。

12 当喷头下降至设计深度时，应先按确定的参数进行原位喷射，待浆液返出孔口、情况正常后方可开始提升喷射。高压喷射灌浆宜全孔自下而上连续作业，需中途拆卸喷射管时，搭接段应进行复喷，复喷长度不得小于0.2m。

13 高压喷射灌浆过程中如出现流量不变而压力突然下降时，应检查各部位泄漏情况；不冒浆或断续冒浆时，应查明原因，若系空穴、通道引起，则应继续灌浆至冒浆为止，当灌入一定浆量后仍不冒浆，可提出灌浆管，待浆液凝固后重新灌浆。

14 喷射灌浆完毕，固结体顶部出现稀浆层、凹槽、凹穴时，可将灌浆管插入孔口以下 2m ～ 3m 处，用 0.2MPa ～ 0.3MPa 的灌浆压力将密度为 $1.7kN/m^3$ ～ $1.8kN/m^3$ 的水泥浆液由下而上进行二次灌浆，置换出稀浆液和填满凹穴。

15 采用旋喷桩加固原有建筑物时，施工过程中应对原有建筑物进行沉降监测，对基础底部和桩头之间因浆液凝固析水而造成的脱空现象，应及时进行回填灌浆，确保桩头与基础之间的紧密接触。

16 灌浆体的质量检验，可采用开挖检查和钻孔取芯做抗压试验、静载荷试验等方法。检验时间在灌浆结束后28d进行，对防渗体应做压水或围井抽水试验。

17 质量检验的位置应选择在承载最大的部位、施工中有异常现象的部位、对成桩质量有疑虑的地方，并进行随机抽样检验。

附录 D 桩 基 础

D.0.1 钻孔灌注桩包括回转钻孔灌注桩、冲击钻孔灌注桩、扩底钻孔灌注桩、螺旋钻孔灌注桩及旋挖钻孔灌注桩。回转钻孔灌注桩按泥浆排放方式的不同分正循环和反循环，可适用于地下水位以下的黏性土、粉土、砂类土及强风化岩的地基处理。冲击钻孔灌注桩除适用上述地层外，还适用于碎石类土和穿透旧基础及大块孤石等地下障碍物的地基处理，在岩溶发育地区应慎重使用。螺旋钻孔灌注桩可适用于地下水位以上的黏性土、粉土、砂土及人工素填土的地基处理；旋挖钻孔灌注桩可适应于黏性土、粉土、砂土、碎石土、全风化基岩、强风化基岩及人工填土的地基处理。采用钻孔灌注桩进行基础处理应符合下列要求：

1 钻孔灌注桩桩径不宜小于 400mm，软土地区不宜小于 550mm。地下水位以上浇注混凝土时，桩身混凝土强度不应低于 C20，保护层厚度不应小于 35mm；水下浇注时，混凝土强度等级不应低于 C25，保护层厚度不应小于 50mm。

2 钻孔灌注桩应选择有利于质量提高的施工工艺，正式施工前宜进行试成孔，以便选择合适的成桩工艺。

3 钻孔灌注桩以泥浆护壁成孔时，钻孔内泥浆面应始终保持高于地下水位以上。除能自行造浆的土层外，泥浆宜选用塑性指数高的黏性土制备，或选用膨润土，必要时可增添外加剂提高泥浆的性能。制备泥浆性能指标应符合表 D.0.1-1 的要求。

表 D.0.1-1 制备泥浆性能指标

项目	性能指标	检验方法
比重	1.1~1.2	泥浆比重计
黏度	10s~25s	漏斗法
含砂率	<5%	—

项目	性能指标	检验方法
胶体率	＞95％	量杯法
失水量	＜30ml/30min	失水量仪
泥皮厚度	1mm/30min～3mm/30min	
pH 值	7～9	pH 试纸

注：当穿越松散砂类土层时，泥浆比重可适当用高值。

4 钻孔灌注桩成孔施工偏差应符合表 D.0.1-2 的规定。

表 D. 0. 1-2 钻孔灌注桩成孔施工偏差

项 目	偏 差
孔的中心位置偏差	单排桩不应大于 100mm，群桩不应大于 150mm
孔径偏差	＋100mm～－50mm
孔斜率	＜1%
孔深	不得小于设计孔深

5 当钻孔灌注桩孔深达到要求后，应及时进行第一次清孔。在下放钢筋笼及导管安装完毕后，灌注混凝土之前，进行第二次清孔。清孔应满足下列要求：

1）用原土造浆清孔时，泥浆密度应为 10.5kN/m^3～11kN/m^3；用泥浆循环清孔时，泥浆密度应为 11.5kN/m^3～12.5kN/m^3。

2）二次清孔沉渣允许厚度应根据上部结构变形要求和桩的性能确定。对于摩擦端承桩、端承摩擦桩，沉渣厚度不宜大于 50mm；对于作支护的纯摩擦桩，沉渣厚度宜小于 100mm。

3）二次清孔结束后，应在 30min 内浇注混凝土。若超过 30min，应复测孔底沉渣厚度；若沉渣厚度超过允许厚度时，则应利用导管清除孔底沉渣至合格，方可灌注混凝土。

6 钻孔灌注桩钢筋笼的制作应符合设计要求，主筋净距应大于混凝土粗骨料粒径 3 倍以上；加劲箍筋宜设在主筋外侧，主筋不宜设弯钩；钢筋笼的内径应比导管接头外径大 100mm 以上。钢筋笼上应设保护层混凝土垫块或护板，每节钢筋笼不应少于 2 组，每组 3 块；钢筋笼顶端应固定，防止移动和上浮；钢筋笼的安放应吊直扶稳，对准桩孔中心，缓慢放下。如两段钢筋笼应在孔口焊接，宜用两台焊机相对焊接，以保证钢筋笼顺直，缩短成桩时间。

7 钢筋笼的焊接搭接长度应符合表 D.0.1-3 的规定，焊缝宽度不应小于 0.7d，高度不应小于 0.3d，焊条根据钢筋材质合理选用。

表 D.0.1-3　钢筋笼的焊接搭接长度

钢筋级别	焊缝形式	搭接长度
Ⅰ 级	单面焊	8d
	双面焊	4d
Ⅱ 级	单面焊	10d
	双面焊	5d

注：d 为钢筋直径。

8 钻孔灌注桩所用混凝土应符合下列规定：

1）混凝土的配合比和强度等级应按桩身设计强度等级经配合比试验确定，且强度宜留有 20% 的余量；水泥等级，水上部分不应低于 32.5MPa，水下部分不应低于 42.5MPa，且在同一根桩内应用一种品牌等级的水泥。混凝土坍落度宜取 160mm～220mm，并保持混凝土的和易性。

2）粗骨料宜选用 5mm～35mm 粒径的卵石或碎石，最大粒径不应超过 40mm，并要求级配连续；卵石或碎石应质量好、强度高，针片状、棒状的含量应小于 3%，微风化的应小于 10%，中等风化、强风化的不得使用，含泥量应小于 1%。

3）细骨料宜选用以长石和石英颗粒为主的中、粗砂，且有机质含量应小于 0.5%，云母含量应小于 2%，含泥量应小于 3%。

4）钻孔灌注桩用的混凝土可加入掺合料，如粉煤灰、沸石粉、火山灰等，以增加混凝土的保水性和黏聚性，改善混凝土的和易性，降低混凝土水化的升温。掺入量宜根据配合比试验确定。

5）钻孔灌注桩所用混凝土，可根据工程需要选用外加剂，通常有减水剂和缓凝剂（如木质素磺酸钙，掺入量 0.2％～0.3％；糖蜜，掺入量 0.1％～0.2％）、早强剂（如三乙醇胺等）。

9 钻孔灌注桩混凝土的浇注应符合下列规定

1）成孔后浇注混凝土时，应使用导管灌注。导管内径宜为 200mm～300mm。导管长度宜为：中间管，节长 3m；调节长度的短管，节长 0.5m～1.0m；底管，长度不宜小于 4m，底端加厚，防止变形。导管连接可采用丝扣或法兰盘连接；当桩径 d 小于 500mm 时，导管采用丝扣连接。施工前，导管应试拼接和试压，以保证连接后整根导管垂直，使用时不漏不破。

2）在孔内放置导管时，导管下端宜距孔底 300mm～500mm。适当加大初灌量，第一次灌注混凝土应使埋管深度不小于 0.8m；正常灌注时，随时监测孔内混凝土面上升的位置，保持导管埋深，导管埋深宜为 2m～5m。

3）浇注混凝土应连续进行，因故中断时间不得超过混凝土的初凝时间。浇注时间不宜超过 8h。

4）混凝土的灌注量的充盈系数宜为 1.0～1.3。

5）灌注桩混凝土实际浇注高度应保证凿除桩顶浮浆后达到设计标高的混凝土符合设计要求。

6）桩身浇注过程中，每根桩留取不应少于 1 组（3 块）试块，按标准养护后进行抗压试验。

7）当混凝土试块强度达不到设计要求时，可从桩体中进行抽芯检验或采取其他非破损检验方法检验。

D.0.2 预制钢筋混凝土方桩可用于泵站工程各类建（构）筑物基础处理，其施工应符合下列要求：

1 预制桩的混凝土强度不宜低于 C30，采用静压法沉桩时不宜低于 C20；预制桩纵向钢筋的混凝土保护层厚度不宜小于 30mm。

2 预制桩的断面尺寸宜为 250mm～550mm，并根据地层条件、单桩承载力、沉桩机具等因素综合确定桩长。当桩需穿越一定厚度的砂性地层时，应事先进行沉桩可行性分析，选择合适桩锤、桩垫、桩身结构强度及桩端入土深度，并进行现场试打验证。

3 混凝土方桩的制作质量除符合现行国家标准《建筑地基基础工程施工质量验收规范》GB 50202 和《混凝土结构工程施工质量验收规范》GB 50204 的有关规定外，尚应符合下列要求：

1）浇注混凝土时，应由桩顶往桩端方向进行，连续浇注，不得中断。

2）桩顶网片位置应绑扎正确，固定可靠，主筋不得超过桩顶第一层网片，与混凝土保护层厚度一致。

3）现场采用重叠法浇注混凝土方桩时，桩的底模应平整坚实，宜选用水泥地坪或模板铺设；桩与邻桩、桩与底模间的接触处应做好隔离层，防止相互黏结；上层桩或邻桩的浇注，应在下层桩或邻桩的混凝土达到设计强度的 30％以上时方可进行。

4 混凝土预制方桩应达到设计强度的 70％及以上时，方可起吊；出厂运输时，桩的强度应达到设计强度。

5 桩的两端应完好无损，不得在场地上直接拖拉桩体。

6 桩的堆放场地需平整坚实。叠层堆放时，应在垂直于桩长方向的地面上设置 2 道垫木，垫木应分别位于距两头桩端 1/5 桩长处。

7 桩的堆放层数不宜超过 4 层，不同规格的桩要分别堆放。

8 预制混凝土方桩桩身的接头不宜超过 2 个。当下段桩的桩端即将进入或已进入硬塑黏性土层、中密砂层或碎石土等较难进入的土层时，不宜接桩。

9 预制混凝土方桩的接桩方法，凡属下列情况之一时，应采用角钢焊接：

1）单桩竖向承载力设计值超过 1200kN；

2）桩的长径比较大；

3）布桩密集；

4）估计沉桩有困难；

5）承受上拔力。

10 焊接接桩时应先将四角点焊固定，然后对称焊接，并确保焊缝质量和设计尺寸。当两节桩接头之间因施工误差而出现间隙时，应用厚薄适当的加工成楔形的铁片填实焊牢。焊接时，预埋件表面应清洗干净。

11 采用法兰连接或机械快速连接时，应符合现行行业标准《建筑桩基技术规范》JGJ 94 的有关规定。

12 桩锤的选择应根据地基工程地质条件、桩的类型、桩身材料强度、单桩竖向承载力及施工条件，结合锤击波动方向的影响等因素分析确定。

13 桩插入时的垂直度偏差应小于 0.5%。打桩过程中可从与桩身成 90°夹角方向对桩身垂直度进行监测，并记录每米锤击数。

14 打桩顺序应符合下列规定：

1）根据桩的密集程度，打桩可采用自中间向两个方向对称进行、自中间向四周进行、自一侧沿单一方向进行；

2）根据基础的设计标高，宜先深后浅；

3）根据桩的规格，宜先大后小，先长后短。

15 打桩停锤标准应符合下列要求：

1）桩端位于一般土层时，应以控制桩端设计标高为主，贯入度可作参考；

2）桩端达到坚硬黏性土、密实的粉土、砂土、碎石土、风化岩时，以贯入度为主，桩端标高可作参考；

3）打桩控制的贯入度应通过原体试验确定，以最后 3 阵，每阵锤击 10 次作为最后贯入度。

16 打入桩桩位的允许偏差应符合表 D.0.2 的规定。

表 D.0.2 打入桩桩位的允许偏差

项目		允许偏差（mm）
带有基础梁的桩	垂直于基础梁的中心线	$0 \sim (100+0.01H)$
	沿基础梁的中心线	$0 \sim (150+0.01H)$
桩数为 1 根~3 根桩基中的桩		$0 \sim 100$
桩数为 4 根~16 根桩基中的桩		$0 \sim$ （1/2 桩径或 1/2 桩边长）
桩数大于 16 根桩基中的桩	最外边的桩	$0 \sim$ （1/3 桩径或 1/3 桩边长）
	中间的桩	$0 \sim$ （1/2 桩径或 1/2 桩边长）

注：H 为施工现场地面标高与桩顶设计标高的距离。

17 按标高控制的桩，桩顶标高的允许偏差应为 $-50\text{mm} \sim +100\text{mm}$。

18 斜桩倾斜度的偏差，不得大于倾斜角（桩纵向中心线与铅垂线间的夹角）正切值的 15%。

19 在软土地区大面积打桩时，可采取有效的排水措施，并对桩顶上涌和水平位移进行监测。

附录 E 沉井基础

E.0.1 有下列情形之一的地基，可采用沉井进行地基处理：

    1 开挖困难的淤泥、流沙地基；

    2 周围有重要建筑物或受其他因素的限制，不允许按一定边坡开挖的土基或松软、破碎岩石地基；

    3 因桩数较多，不能合理布置的地基

E.0.2 采用沉井进行地基处理应符合下列规定：

    1 施工前，应编制沉井施工组织设计。

    2 制作沉井的地表应平整，设有良好的排水系统，并保持地下水位低于基坑底面，且不应小于 0.5m。

    3 采用承垫木方法制作沉井，应根据沉井的重力、地基土的承载力等因素，分析计算砂垫层的厚度、承垫木的数量、尺寸等。

    4 在较好的均质土层上制作沉井，可采用无承垫木方法，铺垫适当厚度的素混凝土或砂垫层。

    5 沉井分节制作时，每节高度要合理，应保证沉井的稳定性和顺利下沉。

    6 制作混凝土沉井应符合下列要求：

    1) 浇筑应均匀对称，沉井外壁应平滑；

    2) 刃脚模板应在混凝土达到设计强度的 70% 后方可拆除；

    3) 分节制作时，应在第一节混凝土达到设计强度 70% 后再浇筑其上一节混凝土。

    7 沉井下沉时，第一节沉井混凝土应达到设计强度，其余各节应达到设计强度的 70%。有抗渗要求的沉井，下沉前对封底、底板与井壁接缝处应凿毛处理，井壁上的穿墙孔洞及对穿螺栓等应进行防渗处理。

    8 抽承垫木应分组、依次、对称、同步进行，每抽出一组

即用砂填实。定位承垫木在最后同时抽出。抽出过程中应注意监测，如发现倾斜应及时纠正。

9 挖土下沉应符合下列要求：

1）挖土应分层、均匀、对称进行，每层挖深不宜大于0.5m；分格沉井的井格间土面高差不宜大于0.5m。

2）沉井四周不得堆放弃土和建筑材料，避免偏压。

3）排水挖土时，应降低地下水位至开挖面0.5m以下；不排水挖土时，应控制沉井内外水位差，防止翻砂，并备有向井内补水的设备。

4）沉井下沉至距设计高程2m左右时，应放缓下沉速率，防止超沉。

5）下沉时，应加强观测，如发现倾斜、位移及时纠正。

10 对用爆破方法开挖的沉井，应按国家现行有关控制爆破的标准执行。

11 并列群井施工，宜采用同时下沉的方法。如受条件限制，可分组、间隔、对称和均衡下沉。

12 沉井下沉至设计高程，应待井体稳定后封底。

13 干封底应符合下列要求：

1）底部应清除浮泥、排干积水，再浇筑封底混凝土；

2）井应分格对称浇筑；

3）底和底板混凝土未达到设计强度时，应控制地下水位。

14 采用导管法进行水下混凝土封底应符合下列要求：

1）井底基面、周边接缝及止水等应进行清理；

2）管底宜距基面0.1m，连续浇筑；

3）应按混凝土能相互覆盖的原则确定导管的数量和间距；

4）混凝土达到设计强度后，方能从井内抽水。

15 无底沉井内的填料应按设计要求分层密实。

16 群井间的连接和接缝处理，应在各个沉井全部封底或回填之后进行。

17 沉井竣工后的允许偏差应符合下列要求：

1）刃脚平均高程与设计高程相差应为±100mm；

2）沉井四角中任何两个角的刃脚底面高差不应超过该两个角间水平距离的 0.5％，且高差不应超过 150mm，如其间水平距离小于 10m，其高差不应超过 50mm；

3）沉井顶面中心的水平位移不应超过下沉总深度（下沉前后刃脚高程之差）的 1％，下沉总深度小于 10m 时不宜大于 100mm。

18 沉井竣工验收应提供下列主要资料：

1）沉井施工过程记录；

2）穿过土（岩）层和基底的检验报告；

3）沉井竣工后的测量施工记录；

4）混凝土试块的试验报告；

5）工程质量事故及处理情况。

附录 F 普通模板及支架的计算荷载

F.0.1 应按下列荷载计算模板、支架的荷载：

1 模板、支架及脚手架的自重；

2 钢筋的重力；

3 新浇灌混凝土的重力；

4 人、浇筑设备、运输工具等荷载；

5 振捣混凝土时产生的荷载；

6 倾倒混凝土时产生的竖向动力荷载；

7 冷天施工时保温层的重力及雪荷载；

8 新浇混凝土对模板的侧压力；

9 倾倒混凝土时产生的水平动力荷载；

10 其他荷载。

F.0.2 计算模板、支架或脚手架的荷载时，应按表 F.0.2 的规定选择可能发生的最不利荷载组合。

表 F.0.2 模板、支架或脚手架结构荷载组合

项　目	荷　载　种　类	
	强度计算	刚度计算
楼面、顶楼等部位的底模及支承	1+2+3+4+5 或 1+2+3+4+6	1+2+3 或 1+2+3+7
泵井、深梁、大梁、流道的底模及支承	1+2+3+5	1+2+3+7
梁侧模板	8	8
墙、墩、柱等部位侧模	8+9 或 8	8
底板、消力池等部位侧模	8 或 8+9	8
脚手架、面板、立柱	1+4+6 或 1+4+ 车辆集中力	—

注：表中数字表示本规范第 F.0.1 条中对应的荷载。

F.0.3 新浇筑混凝土对模板的侧压力计算应符合下列规定：

1 采用插入式振捣器时，混凝土对模板的侧压力可按下式计算：

$$P = 8 + 24K\sqrt{v} \qquad (F.0.3-1)$$

式中：P——混凝土对模板的最大侧压力，kN/m^2；

　　　K——温度校正系数，可按表 F.0.3-1 采用；

　　　v——混凝土浇筑速度，m/h。

表 F.0.3-1　温 度 校 正 系 数

温度（℃）	5	10	15	20	25	30	35
K	1.53	1.33	1.16	1.00	0.86	0.74	0.65

注：温度是指混凝土的温度，在一般情况下（即没有改变混凝土入模温度的其他措施）可采用浇筑混凝土时的气温。

侧压力的计算图形见图 F.0.3，图中 h 可按下式计算

$$h = P/r = 8 + 24k/24\sqrt{v} \qquad (F.0.3-2)$$

式中：r——混凝土重度，kN/m^3。

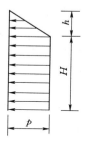

图 F.0.3　混凝土模板的侧压力计算图形

2 采用外部振动器时，在振动影响的高度内，混凝土对模板的最大侧压力可按下式计算：

$$P = 24H \qquad (F.0.3-3)$$

式中：P——新浇筑混凝土的最大侧压力，kN/m^2；

　　　H——外部振捣器的作用高度（一般取 4h 所浇筑的高度），m。

采用外部振动器时，尚应验算振动器对模板、支架和连接构件的局部作用。

3 倾倒混凝土所产生的水平动力荷载可按表 F.0.3 - 2 采用。

表 F.0.3 - 2　倾倒混凝土产生的水平动力荷载值

向模板中倒料的方法	作用于侧面模板的水平荷载（kN/m^2）
用溜槽串筒或直接由混凝土导管流出	2
用容量 $0.2m^3$ 及以下的运输工具倾倒	2
用容量 $0.2m^3 \sim 0.8m^3$ 的运输工具倾倒	4
用容量 $0.8m^3$ 及以上的运输工具倾倒	6

F.0.4　各种荷载的分项系数应按表 F.0.4 的规定选取。

表 F.0.4　各种荷载的分项系数

项次	荷 载 种 类	分项系数
1	1、2、3、7、8	1.2
2	4、5、6、9（车辆集中力）	1.4

注：表中荷载种类为本规范第 F.0.1 条中对应的荷载。

F.0.5　在荷载作用下模板构件的挠度不应超过下列规定值：

1 结构表面外露的模板为模板构件跨度的 1/400；

2 结构表面隐蔽的模板为模板构件跨度的 1/250；

3 模板构件的弹性变形或支柱的下沉为相应结构净空跨度的 1/1000。

附录 G 砌 石 工 程

G.0.1 砌石工程施工应符合下列规定：

1 砌石工程应在基础验收及结合面处理检验合格后方可施工；

2 砌筑前应放样立标，拉线砌筑；

3 砌石应平整、稳定、密实和错缝。

G.0.2 砌石工程所用材料应符合下列规定：

1 石料应质地坚实，无风化剥落和裂纹。

2 混凝土灌砌块石所用的石子粒径不宜大于 20mm。

3 水泥强度等级不宜低于 42.5MPa。

4 使用混合材和外加剂，应通过试验确定。混合材宜优先选用粉煤灰，其品质指标参照国家现行有关规定确定。

5 配制砌筑用的水泥砂浆和小石子混凝土，应按设计强度等级提高 15%。配合比应通过试验确定，同时应具有适宜的和易性。水泥砂浆的稠度可用标准圆锥沉入度表示，以 50mm～70mm 为宜，小石子混凝土的坍落度以 70mm～90mm 为宜。

6 砂浆和混凝土应随拌随用。常温拌成后应在 3h～4h 内使用完毕。如气温超过 30℃，则应在 2h 内使用完毕。使用中如发现泌水现象，应在砌筑前再次拌和。

G.0.3 浆砌石施工应符合下列规定：

1 砌筑前应将石料刷洗干净，并保持湿润。砌体石块间应用胶结材料黏结、填实。

2 砌体宜用铺浆法砌筑，灰浆应饱满。护坡、护底和翼墙内部石块间较大的空隙，应先灌填砂浆或细石混凝土并捣实，再用碎石块嵌实。不得采用先填碎石块，后塞砂浆的方法。

G.0.4 翼墙及隔墩砌筑应符合下列要求：

1 基础混凝土面层应进行凿毛或冲毛，且冲洗干净后方可砌筑。

2 砌筑应自下而上逐层进行，每层应依次先砌角石、面石，后填腹石，均匀坐浆，并随铺随砌。

3 砌筑块石时，上下层石块应错缝，内外石块应搭接，面石宜选用较平整的大块石。砌筑料石时，应按一顺一丁或两顺一丁排列，放置平稳，砌缝应横平竖直，上下层竖缝错开距离不应大于100mm，丁石上下方不得有竖缝。

4 灰缝宽度，块石砌体宜为20mm～30mm，料石砌体宜为15mm～20mm，混凝土预制块砌体宜为10mm～15mm。

5 砌体层间缝面应刷洗干净，并保持湿润。

6 砌体应均衡上升，日砌筑高度和相邻段的砌筑高差，均不宜超过1.2m。

7 砌体隐蔽面的砌缝可随砌随刮平，砌体外露面的砌缝应在砌筑时预留20mm深的缝槽，便于勾缝。

8 沉降缝、伸缩缝的缝面，应平整垂直。

G.0.5 砌筑过程中应逐日清扫砌体表面黏附的灰浆，并及时洒水养护，养护时间宜为14d；养护期内不宜回填、挡土。

G.0.6 砌体勾缝应符合下列规定：

1 砌体表面砌缝均应勾缝，并宜采用平缝。

2 勾缝前应清理缝槽，并冲洗干净；砂浆嵌入深度不应小于20mm。

3 勾缝宜采用过筛的细砂，配合比为1:1.5的水泥砂浆。

4 勾缝应自上而下进行，勾缝完毕应清扫砌体表面黏附的灰浆，勾缝砂浆凝结后应及时洒水养护，养护时间不宜少于14d。

5 勾缝应宽窄均匀、深浅一致，不得有假缝、通缝、丢缝、断裂和黏结不牢等现象。

G.0.7 新砌体在达到设计强度前，不得在其上拖拉重物或锤击振动。

G.0.8 砌筑过程中如遇中雨或大雨，应停止砌筑，并将已砌石块中的空隙用砂浆或细石混凝土填实，然后加以遮盖；雨后应清除积水再继续砌筑。

G.0.9 砌体上的预埋件、预留孔洞、排水孔、反滤层和防水设施等，应按设计要求留置。

G.0.10 干砌石宜用于护坡、护底等部位，并应符合下列规定：

　　1 砌体缝口应砌紧，底部应垫稳、填实，不得架空。

　　2 不得使用翘口石和飞口石。

　　3 宜采用立砌法，不得叠砌和浮塞；石料最小边厚度不宜小于150mm。

　　4 具有框格的干砌石工程，宜先修筑框格，然后砌筑。

　　5 铺设大面积坡面的砂石垫层时，应自下而上，分层铺设，并随砌石面的增高分段上升。

G.0.11 砌石的质量检验应符合下列规定：

　　1 材料和砌体的质量应符合设计要求；

　　2 砌缝砂浆应密实，砌缝宽度、错缝距离应符合要求；

　　3 砂浆、小石子混凝土配合比应正确，试件强度不应低于设计强度；

　　4 砌体尺寸和位置的允许偏差应符合表G.0.11的规定。

表 G.0.11　砌体尺寸和位置的允许偏差

项目	允许偏差（mm）			
	墩、墙		保坡、护底	
	浆砌块石	浆砌料石（预制块）	浆砌块石	干砌块石
轴线位置	±15	±10	—	—
墙面垂直度（全高）	±0.5%H	±0.5%H	—	—
墙身砌层边缘位置	±20	±10	—	—
墙身坡度	不陡于设计规定	不陡于设计规定	—	—

项目	允许偏差（mm）			
	墩、墙		保坡、护底	
	浆砌块石	浆砌料石（预制块）	浆砌块石	干砌块石
断面尺寸或厚度	＋30～－20	＋20～0（±15）	砌体厚度的±15%且在±30之间	砌体厚度的±15%且在±30之间
顶面高程	±15	±15	—	—
护底高程	—	—	＋30～－50	＋30～－50

注：1 H 指墩、墙全高。

    2 墩、墙以每个（段）或每10m长为1个检验单位，每一检验单位检验2点～4点。

G.0.12 冬期施工采用掺盐砂浆法时应符合下列规定：

1 配置钢筋、预埋铁件和管道的砌体，不应使用掺盐砂浆砌筑。

2 掺盐砂浆所用盐类宜优先选用氯化钠。氯化钠掺量应按不同的负温界限通过试验确定，并应符合表G.0.12的规定。

表 G.0.12　掺盐量占用水量

盐类名称	日最低温度	
	＞－10℃	－11℃～－15℃
氯化钠（%）	4	7

3 配制盐溶液时应随时测定溶液的浓度，并严格控制溶液中盐的含量。

4 砂浆拌成时的温度不宜超过35℃，使用时的最低温度不宜低于5℃。

附录 H 平面闸门埋件安装允许偏差

H.0.1 平面闸门埋件安装允许偏差应符合表 H.0.1 的规定。

表 H.0.1 平面闸门埋件安装允许偏差（mm）

序号	项目	埋件名称及简图	底槛	门楣	主轨 加工	主轨 不加工	侧轨 反轨	侧止水座板	扩角兼作侧轨	胸墙 兼作止水 上部	胸墙 兼作止水 下部	胸墙 不作止水 上部	胸墙 不作止水 下部
1	对门槽中心线 a	工作范围内	±5	+2～−1	+2～−1	+3～−1	+3～−1	+2～−1	±5	+5～0	+2～−1	+8～0	+2～−1
		工作范围外	±5	—	+3～−1	+5～−2	+5～−2		±5				
2	对孔口中心线 b	工作范围内	±5		±3	±3	±3	±3	±5	—	—	—	—
		工作范围外	—		±4	±4	±5	±5	±5	—	—	—	—

1790

表 H.0.1（续）

序号	项目		底槛	门楣	主轨 加工	主轨 不加工	侧轨	反轨	侧止水座板	扩角兼作侧轨	胸墙 兼作止水 上部	胸墙 兼作止水 下部	胸墙 不兼作止水 上部	胸墙 不兼作止水 下部
3	高程	▽	±5	—	—	—	—	—	—	—	—	—	—	—
4	门楣中心对底槛面的距离 h		—	±3	—	—	—	—	—	—	—	—	—	—
5	工作表面一端对另一端的高差	L≥10000	0~3	—	—	—	—	—	—	—	—	—	—	—
		L<10000	0~2	—	—	—	—	—	—	—	—	—	—	—
6	工作表面平面度	工作范围内	0~2	0~2	0~0.5	0~1	0~1	0~1	0~2	0~2	0~2	0~2	0~4	0~4
		工作范围外	0~1	0~0.5	—	0~2	0~2	—	0~0.5	—	—	—	—	—
7	工作表面组合处的错位	工作范围内	—	—	0~1	0~2	0~2	0~2	—	0~1	0~1	0~1	0~1	0~1
		工作范围外	—	—	—	—	—	—	—	0~2	—	—	—	—

表 H.0.1（续）

序号	项目		埋件名称及简图 底槛	门楣	主轨 加工	主轨 不加工	侧轨	反轨	侧止水座板	扩角兼作侧轨	胸墙 兼作止水 上部	胸墙 兼作止水 下部	胸墙 不兼作止水 上部	胸墙 不兼作止水 下部
8	表面扭曲 f	工作范围内表面宽度 B<100	1	1	0~0.5	0~1	0~1	0~2	0~2	0~2	0~1	0~1	—	0~2
		B=100~200	1.5	1.5	0~1	0~2	0~2	0~2.5	0~2.5	0~2.5	0~1.5	0~1.5	—	0~2.5
		B>200	2	—	0~1	0~2	0~2	0~3	0~3	0~3	—	—	—	0~3
		所有宽度	—	—	—	—	—	—	—	—	—	—	—	—
	工作范围外允许增加值		—	—	0~2	0~2	0~2	0~2	0~2	0~2	—	—	—	0~2

注：
1 L为闸门宽度；
2 构件每米至少应测一点处；
3 胸墙下部是指和门楣组合处；
4 门楣工作范围指高度、静水高度，动力启闭闸门为孔口高，动力启闭闸门为承压主轨高度；
5 侧轨如为预压式弹性座装置，则侧轨偏差按图样规定；
6 组合处错位磨成缓坡。

附录 J 移动式启闭机部分部件安装允许偏差

J.0.1 移动式启闭机小车轨道安装允许偏差应符合表 J.0.1 的规定。

表 J.0.1 移动式启闭机小车轨道安装允许偏差

序号	项目名称	基本尺寸（m）	允许偏差（mm）	简 图
1	小车轨道距差	$T \leqslant 2.5$ $T > 2.5$	± 2.0 ± 3.0	
2	小车跨度 T_1、T_2 的相对差	$T \leqslant 2.5$ $T > 2.5$	$0 \sim 2.0$ $0 \sim 3.0$	
3	同一截面轨道的高低差 C	$T \leqslant 2.5$ $T > 2.5$	$0 \sim 3.0$ $0 \sim 5.0$	
4	小车轨道与轨道梁腹板两中心线的位置差 d	偏轨箱形梁	$\delta < 12$，$0 \sim 6.0$ $\delta \geqslant 12$，$0 \sim 0.5\delta$	
		单腹板梁及桁架梁	$0 \sim 0.5\delta$	
5	轨道居中的对称箱形梁小车轨道中心线直线度	—	$0 \sim 3.0$	
6	小车轨道接头	左、右、上三面错位 C	$0 \sim 1.0$	
		接头处间隙 C_1	$0 \sim 2.0$	
7	小车轨道侧向局部弯曲	任意 2.0m 范围内	$0 \sim 1.0$	

注：小车轨道应与大车主梁上翼板紧密黏合，当局部间隙大于 0.5mm，长度超过 200mm 时，应加垫板垫实。

J.0.2 移动式启闭机桥架和门架如图 J.0.2 所示,组装允许偏差应符合表 J.0.2 的规定。

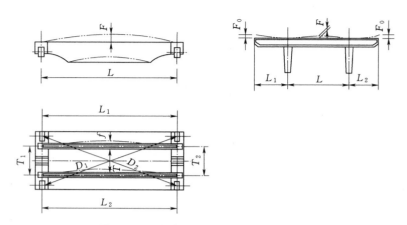

图 J.0.2 移动式启闭机桥架和门架简图

表 J.0.2 移动式启闭机桥架和门架的组装允许偏差

序号	项 目 名 称	允许偏差（mm）
1	主梁跨中上拱度 F	$0 \sim [(0.9 \sim 1.4)L/10000]$ 且最大上拱度应在跨度中部的 $L/10$ 范围内
2	悬臂端上翘度 F_0	$0 \sim [(0.9 \sim 1.4)L_1/350]$ 或 $0 \sim [(0.9 \sim 1.4)L_2/350]$
3	主梁水平弯曲 f	$0 \sim (L/2000)$ 且最大不得超过 20.0
4	桥架对角线差 $D_1 - D_2$	±5.0
5	两个支脚从车轮工作面到支脚上法兰平面的高度相对差	$0 \sim 8.0$

J.0.3 移动式启闭机运行机构如图 J.0.3 所示,安装允许偏差应符合表 J.0.3 的规定。

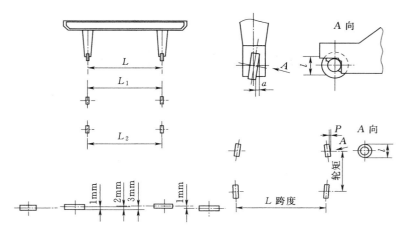

图 J.0.3 移动式启闭机运行机构简图

表 J.0.3 移动式启闭机运行机构安装允许偏差

序号	项目名称	基本尺寸（m）	允许偏差（mm）
1	桥机跨度允许偏差	$L \leqslant 10$	±3.0，且两侧跨度的相对差为 0～3.0
		$L > 10$	±5.0，且两侧跨度的相对差为 0～5.0
2	门机跨度允许偏差	$L \leqslant 10$	±5.0，且两侧跨度的相对差为 0～5.0
		$L > 10$	±8.0，且两侧跨度的相对差为 0～8.0
3	车轮垂直偏斜	—	a 为±(1/400) l 为测量长度，在车轮架空状态下测量
4	车轮水平偏斜	—	p 为±(1/1000) l 为测量长度，且同一轴线上一对车轮的偏斜方向应相反
5	同一端梁下车轮的同位差	2 个车轮	0～2.0
		3 个或 3 个以上车轮	0～3.0
		同一平衡梁下车轮	0～1.0

节水灌溉工程验收规范

GB/T 50769—2012

2012 - 05 - 28 发布　　　　　2012 - 10 - 01 实施

前　　言

本规范是根据住房和城乡建设部《关于印发〈2010 年工程建设标准规范制订、修订计划〉的通知》（建标〔2010〕43 号）的要求，由中国灌溉排水发展中心会同有关单位共同编制完成的。

本规范共分 7 章和 9 个附录。主要内容包括：总则、术语、基本规定、建设单位验收、竣工验收、工程移交与遗留问题处理、项目验收等。

本规范由住房和城乡建设部负责管理，由水利部负责具体日常管理，由中国灌溉排水发展中心负责具体技术内容的解释。本规范在执行过程中，请各单位结合不同类型节水灌溉工程验收工作，认真总结经验，积累资料，并将有关意见和建议反馈给中国灌溉排水发展中心（地址：北京市西城区广安门南街 60 号，邮政编码：100054），以供今后修订时参考。

本规范主编单位、参编单位、主要起草人和主要审查人：

主 编 单 位：中国灌溉排水发展中心

参 编 单 位：中国水利水电科学研究院

水利部综合事业局
西北农林科技大学
扬州大学
内蒙古自治区水利科学研究院
山西省水利厅

主要起草人： 赵竞成　王晓玲　杜秀文　何武全　金兆森
程满金　郭慧滨　龚时宏　王留运　刘群昌
孔　东　殷春霞　张金凯

主要审查人： 冯广志　沈秀英　吴涤非　李光永　黄介生
郭宗信　刘长余

目　　次

1 总 则

1.0.1 为加强节水灌溉工程建设管理，统一节水灌溉工程的验收内容和要求，规范验收程序和方法，保证工程质量，充分发挥工程效益，制定本规范。

1.0.2 本规范适用于新建、扩建、改建的节水灌溉工程的验收。

1.0.3 节水灌溉工程验收应分为建设单位验收和竣工验收阶段进行，需要时还可进行项目验收。对有环境保护、水土保持要求的节水灌溉工程项目，必要时应进行环境保护、水土保持等专项验收。

1.0.4 节水灌溉工程的验收，除应符合本规范的规定外，尚应符合国家现行有关标准的规定。

2 术 语

2.0.1 节水灌溉工程 water-saving irrigation project

以减少灌溉输配水系统和田间灌溉过程水损耗而采取的工程措施，包括渠道防渗、低压管道输水、喷灌、微灌、雨水集蓄利用等工程以及与其相联系的水源工程、地面灌溉的田间工程等。

2.0.2 建设单位验收 construction unit acceptance

建设单位或其委托的监理单位在节水灌溉工程建设过程中组织开展的节水灌溉工程验收，主要包括分部工程验收、单位工程验收或完工验收，是竣工验收的基础。

2.0.3 单元工程 separated item project

在分部工程中由几个工序（或工种）施工完成的最小综合体，是日常质量考核的基本单元。

2.0.4 分部工程 separated part project

在一个建筑物内能组合发挥一种功能的建筑安装工程，是组成单位工程的部分。

2.0.5 单位工程 unit project

具有独立发挥作用或独立施工的建筑物及设施。

2.0.6 分部工程验收 acceptance of separated part project

建设单位或其委托的监理单位在节水灌溉工程建设过程中组织开展的对分部工程的验收。

2.0.7 单位工程验收 acceptance of unit project

建设单位或其委托的监理单位在节水灌溉工程建设过程中组织开展的对单位工程的验收。

2.0.8 完工验收 completed acceptance

建设单位对节水灌溉工程按施工合同约定的建设内容组织开展的工程验收。

2.0.9 竣工验收 final acceptance

在工程建设项目完成并在运行一个灌溉期或经冻融期考验后的一年内，由竣工验收主持单位组织的工程验收。

2.0.10 项目验收 project acceptance

根据相关项目管理办法要求，对项目建设情况进行全面评价，由项目验收主持单位组织的验收。

3 基 本 规 定

3.0.1 验收依据应为批复的设计文件及相应的设计变更文件、施工合同、监理签发的施工图纸和说明，以及设备技术说明书等。

3.0.2 建设单位验收应由建设单位组织成立的验收工作组负责；竣工验收和项目验收应由验收主持单位组织成立的验收委员会负责。验收委员会（验收工作组）应由有关单位代表和专家组成。

3.0.3 验收的成果性文件应为验收鉴定书，验收委员会（验收工作组）成员应在验收鉴定书上签字。对验收结论持有异议时，应将保留意见在验收鉴定书上明确记载并签字。

3.0.4 验收组织应符合下列规定：

1 建设单位验收时，应由建设单位或其委托的监理单位主持。

2 竣工验收时，中央投资或中央部分投资项目，应由省级主管部门或其委托的县级及以上主管部门主持；地方投资项目，应由地方主管部门主持。

3 项目验收时，中央投资或中央部分投资项目，宜由省级主管部门主持；地方投资项目，应由地方主管部门主持。

3.0.5 验收过程中的不同意见，应由验收委员会（验收工作组）协商处理；主任委员（组长）对争议问题应有裁决权；1/2以上委员（组员）不同意裁决意见时，应报请验收主持单位决定。

3.0.6 验收结论应经2/3以上验收委员会（验收工作组）成员同意。

3.0.7 当工程具备验收条件时，应及时组织验收，验收工作应相互衔接。未经验收或验收不合格的工程，不应交付使用或继续进行后续工程施工。

3.0.8 验收应在工程质量检验与评定的基础上进行。大、中型节水灌溉工程项目划分及工程质量评定，应按现行行业标准《水利水电工程施工质量检验与评定规程》SL 176 的有关规定执行。现行行业标准《水利水电工程施工质量检验与评定规程》SL 176 未涉及的工程和小型节水灌溉工程项目划分，应根据有利于保证工程施工质量以及施工质量管理的原则，结合工程建设内容、工程类型、施工方案及施工合同要求，按本规范附录 A 的规定，由建设单位组织监理、设计及施工等单位进行；工程外观质量评定应按本规范附录 B 的规定执行。

3.0.9 验收资料应分为提供的资料和需备查的资料，验收资料清单应符合本规范附录 C 和附录 D 的规定，验收资料规格除图纸外，宜为国际标准 A4。有关单位应保证其提交资料的真实性并承担相应责任，文件正本应加盖单位印章且不应采用复印件。

3.0.10 验收所需费用应列入工程概算。

4 建设单位验收

4.1 一般规定

4.1.1 建设单位验收，大、中型节水灌溉工程应分为分部工程验收和单位工程验收，小型节水灌溉工程可按施工合同直接进行完工验收。

4.1.2 建设单位验收的质量结论应由建设单位报质量监督机构核备或核定。

4.2 分部工程验收

4.2.1 分部工程验收应由验收工作组负责。验收工作组长应由建设单位或其委托的监理单位代表担任，勘测、设计、监理、施工、主要材料设备供应等单位的代表应参加，运行管理单位可根据具体情况参加。

4.2.2 验收工作组成员应具有相应的专业知识和执业资格，大、中型节水灌溉工程的分部工程验收工作组成员应具有中级及以上专业技术职称。

4.2.3 分部工程验收应具备下列条件：

　　1 所有单元工程已完成；

　　2 已完成单元工程施工质量经评定全部合格，有关质量缺陷已处理完毕或有监理机构的处理意见；

　　3 已具备合同约定的其他条件。

4.2.4 分部工程具备验收条件时，施工单位应向建设单位提交验收申请报告，其内容应包括申请验收范围、验收条件检查结果和建议验收时间等。建设单位应在收到验收申请报告之日起10个工作日内作出验收决定。

4.2.5 分部工程验收应包括下列主要内容：

　　1 检查工程是否达到设计标准或合同约定标准的要求；

2 确认分部工程的工程量；

3 评定分部工程的质量等级；

4 对验收中发现的问题提出处理意见。

4.2.6 分部工程验收应按下列程序进行：

1 听取施工单位工程建设和单元工程质量评定的汇报；

2 现场检查工程完成情况和工程质量；

3 检查单元工程质量评定及相关资料；

4 讨论并通过分部工程验收鉴定书。

4.2.7 建设单位应在分部工程验收通过后，将验收质量结论和相关资料报质量监督机构核备，质量监督机构应及时反馈核备意见。当对验收质量结论有异议时，建设单位应组织参加验收单位进一步研究，并应将研究意见报质量监督机构。当双方对质量结论仍有分歧意见时，应报上一级质量监督机构协商解决。

4.2.8 分部工程验收遗留问题处理情况应有相关责任单位代表签字的书面记录，并应随分部工程验收鉴定书及相关资料一并归档。

4.2.9 验收工作组成员应在分部工程验收鉴定书上签字，并应由建设单位分送各验收参加单位。分部工程验收鉴定书的格式应符合本规范附录 E 的规定。

4.3 单 位 工 程 验 收

4.3.1 单位工程验收应由验收工作组负责。验收工作组长应由建设单位或其委托的监理单位代表担任，勘测、设计、监理、施工、主要材料设备供应、运行管理等单位的代表应参加。

4.3.2 验收工作组成员资格要求应符合本规范第 4.2.2 条的规定。

4.3.3 单位工程验收应具备下列条件：

1 所有分部工程已完成并验收合格；

2 分部工程验收遗留问题均已处理完毕并通过验收；

3 具有独立运行条件且运行时不影响其他工程正常施工的

单位工程，经试运行达到设计及合同约定的要求；

　　4　已具备合同约定的其他条件。

4.3.4　单位工程完工并具备验收条件时，施工单位应向建设单位提交验收申请报告，其内容应包括申请验收范围、验收条件检查结果和建议验收时间等。建设单位应在收到验收申请报告之日起 10 个工作日内作出验收决定。

4.3.5　单位工程验收应包括下列主要内容：

　　1　检查工程是否按照批准的设计内容和合同要求完成；

　　2　检查分部工程验收遗留问题处理情况及相关记录；

　　3　评定工程施工质量等级，对工程缺陷提出处理要求；

　　4　确认单位工程的工程量；

　　5　对验收中发现的问题提出处理意见。

4.3.6　单位工程验收应按下列程序进行：

　　1　听取施工单位工程建设有关情况的汇报；

　　2　现场检查工程完成情况和工程质量，以及具有独立运行条件的单位工程试运行情况；

　　3　检查分部工程验收有关文件及相关资料；

　　4　讨论并通过单位工程验收鉴定书。

4.3.7　建设单位应在单位工程验收通过后，将验收质量结论和相关资料报质量监督机构核定，质量监督机构应及时反馈核定意见。当对验收质量结论有异议时，建设单位应组织参加验收单位进一步研究，并应将研究意见报质量监督机构。当双方对质量结论仍有分歧意见时，应报上一级质量监督机构协商解决。

4.3.8　单位工程验收遗留问题处理情况应有相关责任单位代表签字的书面记录，并随单位工程验收鉴定书及相关资料一并归档。

4.3.9　验收工作组成员应在单位工程验收鉴定书上签字，并应由建设单位分送各验收参加单位。单位工程验收鉴定书的格式应符合本规范附录 F 的规定。

4.4 完 工 验 收

4.4.1 小型节水灌溉工程按施工合同约定的建设内容完成后，应进行完工验收。

4.4.2 验收组织及工作组构成应按本规范第4.3.1条的规定执行。验收工作组成员资格要求应符合本规范第4.2.2条的规定。

4.4.3 完工验收应具备下列条件：

    1 所有工程内容已完成；

    2 工程施工质量经评定全部合格，有关质量缺陷已处理完毕或有监理机构的处理意见；

    3 经试运行达到设计及合同约定的要求；

    4 已具备合同约定的其他条件。

4.4.4 小型节水灌溉工程具备完工验收条件时，施工单位应向建设单位提交验收申请报告，其内容应包括申请验收范围、验收条件检查结果和建议验收时间等。建设单位应在收到验收申请报告之日起10个工作日内作出验收决定。

4.4.5 完工验收应包括下列主要内容：

    1 检查工程是否达到设计标准或合同约定标准的要求；

    2 确认工程量；

    3 评定工程的质量等级；

    4 对验收中发现的问题提出处理意见。

4.4.6 完工验收应按下列程序进行：

    1 听取施工单位工程建设和工程质量评定的汇报；

    2 现场检查工程完成情况和工程质量；

    3 检查工程质量评定及相关资料；

    4 讨论并通过完工验收鉴定书。

4.4.7 建设单位应在完工验收通过后，将验收质量结论和相关资料报质量监督机构核定，质量监督机构应及时反馈核定意见。当对验收质量结论有异议时，建设单位应组织参加验收单位进一步研究，并应将研究意见报质量监督机构。当双方对质量结论仍有分歧意见时，应报上一级质量监督机构协商解决。

4.4.8 完工验收遗留问题处理情况应有相关责任单位代表签字的书面记录，并应随完工验收鉴定书及相关资料一并归档。

4.4.9 验收工作组成员应在完工验收鉴定书上签字，并应由建设单位分送各验收参加单位。完工验收鉴定书的格式应符合本规范附录 G 的规定。

5 竣 工 验 收

5.1 一 般 规 定

5.1.1 竣工验收应在工程建设项目完成的一年内并经一个灌溉期（有冻胀破坏的地区同时包含一个冻融期）的运行考验后进行。不能按期进行竣工验收时，可经竣工验收主持单位同意适当延期，但最长不应超过 6 个月。

5.1.2 竣工验收应具备下列条件：

    1　工程符合设计要求，并通过建设单位验收；

    2　工程重大设计变更已经原审批机关批准；

    3　工程能正常运行；

    4　建设单位验收所发现的问题已基本处理完毕；

    5　已通过竣工决算审计，审计意见中提出的问题已整改并已提交了整改报告；

    6　运行管理单位已明确，管理制度已经建立，操作人员已经过必要培训；

    7　质量和安全监督工作报告已提交，工程质量达到合格标准；

    8　竣工验收准备工作已全部完成。

5.1.3 工程具备验收条件时，建设单位应提出竣工验收申请报告，其内容要求应符合本规范附录 H 的规定。工程未能按期进行竣工验收时，建设单位应向竣工验收主持单位提出延期竣工验收申请报告，其内容应包括延期竣工验收的主要原因及计划延长的时间等。

5.2 竣 工 验 收 准 备

5.2.1 竣工验收准备应由建设单位组织完成，并应包括下列内容：

1 准备并检查竣工验收资料；

2 核实工程数量；

3 测定工程技术性能指标与参数；

4 进行竣工决算审计；

5 组织自查。

5.2.2 工程数量应根据批复的设计文件及竣工图进行核实，并应现场抽查实际完成工程数量与竣工图的一致性。

5.2.3 建设单位应根据建设内容，按现行国家标准《节水灌溉工程技术规范》GB/T 50363、《渠道防渗工程技术规范》GB/T 50600、《农田低压管道输水灌溉工程技术规范》GB/T 20203、《喷灌工程技术规范》GB/T 50085 和《微灌工程技术规范》GB/T 50485 的有关规定，测定有代表性的节水灌溉技术指标。

5.2.4 竣工决算审计，应依据项目管理办法，委托相应审计部门审计。

5.2.5 竣工验收自查应按现行行业标准《水利水电建设工程验收规程》SL 223 的有关规定执行。

5.3 竣 工 验 收

5.3.1 竣工验收应由竣工验收委员会负责。竣工验收委员会应由竣工验收主持单位、项目主管部门、有关地方人民政府和部门、质量监督机构、运行管理单位的代表及有关专家组成。

5.3.2 建设、勘测、设计、监理、施工、主要材料设备供应和运行管理等单位，应派代表参加竣工验收，并应作为被验收单位代表在竣工验收鉴定书上签字。

5.3.3 竣工验收应包括下列主要内容和程序：

1 现场检查工程建设情况；

2 查阅有关资料，观看工程建设的声像资料；

3 听取建设单位的工作报告；

4 听取验收委员会确定的其他报告；

5 讨论并通过竣工验收鉴定书；

6　验收委员会成员和被验收单位代表在竣工验收鉴定书上签字。

5.3.4　现场检查应核实建设内容，并应按现行行业标准《水利水电工程施工质量检验与评定规程》SL 176 和本规范附录 B 的有关规定，抽查工程外观质量，同时应按竣工图抽查工程数量，提出相应的结论意见。

5.3.5　单位工程验收或完工验收质量全部达到合格以上等级，且工程外观质量得分率达到 70% 以上时，竣工验收的质量结论意见应为合格。

5.3.6　竣工验收鉴定书格式应符合本规范附录 J 的规定。竣工验收鉴定书数量应按验收委员会组成单位、被验收单位各 1 份，以及归档需要的份数确定。鉴定书自通过之日起 30 个工作日内，应由竣工验收主持单位发送有关单位。

6 工程移交与遗留问题处理

6.1 工程移交

6.1.1 建设单位与施工单位应在施工合同约定的时间内完成工程及其档案资料的交接。交接过程应有完整的文字记录且有双方交接负责人签字。

6.1.2 办理交接手续的同时，施工单位应向建设单位递交工程质量保修书，保修书的内容应符合施工合同约定的要求。

6.1.3 建设单位应在竣工验收鉴定书送达之日起的 60 个工作日内将工程移交给运行管理单位，并应完成移交手续。

6.1.4 工程移交应包括工程实体、其他固定资产、设计文件和施工资料等，应按有关批复文件进行逐项清点，并应有完整的文字记录和双方法定代表人签字。

6.2 遗留问题处理

6.2.1 工程竣工验收后，验收遗留问题和尾工的处理应由建设单位负责。建设单位应按竣工验收鉴定书、合同约定等要求，督促有关责任单位完成处理工作。建设单位已撤销时，应由组建或批准组建建设单位的单位或其指定的单位完成。

6.2.2 验收遗留问题和尾工的处理完成后，有关责任单位应组织验收，并应形成验收成果性文件。建设单位应参加验收并负责将验收成果性文件报竣工验收主持单位。

7 项目验收

7.1 一般规定

7.1.1 项目验收应具备下列条件：

1 全部工程已通过竣工验收，竣工验收遗留问题已基本处理完毕；

2 工程已移交运行管理单位，移交手续齐全；

3 工程已投入正式运行并开始发挥效益。

7.1.2 项目具备验收条件时，项目主管部门应按项目管理的有关规定组织项目验收，验收应包括下列主要内容：

1 评价建设内容完成情况；

2 评价工程建设是否符合批复的设计文件要求；

3 评价工程质量；

4 评价工程投资完成情况及资金管理使用情况；

5 评价工程运行、管理维护情况；

6 评价项目实施效益；

7 评价项目管理情况是否符合有关规定。

7.2 项目验收准备

7.2.1 项目验收准备应由建设单位或建设单位主管部门组织完成。

7.2.2 建设单位主管部门应按项目批复文件和项目管理办法检查工程建设完成情况、资金落实与使用情况，以及验收资料的完整性。

7.2.3 建设单位主管部门应检查审计意见中提出的问题是否已整改完成。

7.2.4 建设单位应进行项目节水、增产、增效指标，以及生态环境、社会等效益的调查、统计及测算工作，并应提出效益分析报告。

7.2.5 建设单位应按项目管理办法的要求准备项目工作总结报告及其他报告。

7.3 项 目 验 收

7.3.1 建设单位或建设单位主管部门、运行管理单位、效益指标调查测试单位，以及项目受益区用水户等，应派代表参加项目验收，并应根据项目验收的需要，设计、监理、施工等单位派代表参加项目验收。

7.3.2 项目验收应包括下列主要内容和程序：

   1 现场检查工程建设情况，听取运行管理单位和用水户意见；

   2 查阅有关资料，观看工程建设声像资料；

   3 听取项目工作总结报告；

   4 听取项目效益分析报告；

   5 听取验收委员会确定的其他报告；

   6 讨论并通过项目验收意见、评定验收结果；

   7 验收委员会委员在项目验收意见书上签字。

7.3.3 项目验收结论应采用综合评价方法，并应根据综合评分结果确定。

附录 A 小型节水灌溉工程项目划分表

表 A 小型节水灌溉工程项目划分

工程类别	单位工程	分部工程	备 注
渠道防渗工程（流量小于 1m³/s）	按招标标段或渠道条数划分	渠道基槽的填筑与开挖	含渠道基槽施工放线、填筑与开挖、特殊渠基处理、断面修整等，视工程量可按渠道长度划分为数个分部工程
		渠道衬砌	视工程量可按渠道长度划分为数个分部工程
		渠系建筑物	以同类数座建筑物为一个分部工程
		平整土地	含沟畦改造，视工程量可按改造面积划分数个分部工程
水源工程	机井	井	含新打机井、旧井修复及井房建设，视工程量可按机井数量划分数个分部工程
		机电设备安装	含井泵配套、机电配套设备安装，视工程量可按机井数量划分数个分部工程
	小型泵站	土建工程	以每座泵站前池、进水池、地基、出水池、基础处理、泵房为一个分部工程
		机电设备安装	以每座泵房机组安装为一个分部工程
	塘坝	坝体	以每座坝体为一个分部工程
		放水设施	含溢洪道，以每座放水设施为一个分部工程

表 A（续）

工程类别	单位工程	分部工程	备 注
喷灌、微灌及低压管道灌溉工程	首部工程	首部工程安装	含过滤、施肥、控制调节、计量等，以每座首部工程为一个分部工程
	管道工程	管槽开挖	视工程量可按管槽长度划分为数个分部工程
		管道安装	含管道及附属设施安装，镇墩、支墩、阀井、给水栓、出水口、设备安装及试水试压等，视工程量可按管道长度划分为数个分部工程
		管沟回填	视工程量可按管沟长度划分为数个分部工程
	田间灌水设施	灌水设施或灌水器安装	含喷灌移动管道、喷头、喷灌机、微喷头、滴灌管及滴灌带等，视工程量可划分为数个分部工程
雨水集蓄利用工程	集蓄工程	集流工程	含集流面、汇流沟、输水渠、沉沙池等，视工程量可按集流工程数量划分为数个分部工程
		蓄水工程	含水窖、水窑、水池等，视工程量可按蓄水工程数量划分为数个分部工程
	灌溉工程	灌溉工程	视工程量可划分为数个分部工程

附录 B 小型节水灌溉工程外观 质量评定办法

B.1 一 般 规 定

B.1.1 小型节水灌溉工程外观质量评定，可按工程类型分为渠道防渗工程、管道输水工程、喷灌工程、微灌工程和雨水集蓄利用工程。渠道防渗工程应按现行行业标准《水利水电工程施工质量检验与评定规程》SL 176 的有关规定执行。

B.1.2 本附录中的外观质量评定表列出的某些项目，如实际工程无该项内容，应在相应检查、检测栏内用斜线"/"表示。工程有本附录中未列出的项目时，应根据工程情况和有关技术标准进行补充，其质量标准及标准分别应由建设单位组织监理、设计、施工等单位研究确定后报工程质量监督机构核备。

B.1.3 工程外观质量由工程外观质量评定组负责，并应符合下列规定：

1 外观质量评定表应由外观质量评定组根据现场检查、检测结果填写。

2 各项目外观质量评定等级应分为四级，各级标准得分应按表 B.1.3 确定。

表 B.1.3 外观质量等级与标准得分

评定等级	检测项目测点合格率（%）	各项评定得分
一级	100	该项标准分
二级	90.0～99.0	该项标准分×90%
三级	70.0～89.9	该项标准分×70%
四级	<70.0	0

3 各项测点数不应少于 10 点。

B. 2 管道输水工程外观质量评定方法

B. 2. 1 管道输水工程外观质量评定表应符合表 B. 2. 1 的规定。

表 B. 2. 1 管道输水工程外观质量评定

单位工程名称				施工单位			
主要工程量				评定日期		年 月 日	
项次	项 目	标准分（分）	评定得分（分）				备注
			一级 100%	二级 90%	三级 70%	四级 0	
1	提水（加压）设备	25					
2	连接管道	10					
3	地埋管道回填	15					
4	附属装置	15					
5	附属建筑物	15					
6	给水栓（出水口）	20					
	⋮						
合 计		应得 分，实得 分，得分率 %					
外观质量评定组成员	单 位	单位名称		职称		签 名	
	建设单位						
	监 理						
	设 计						
	施 工						
	运行管理						
工程质量监督机构	核定意见： 核定人： （签名）加盖公章 年 月 日						

B.2.2 管道输水工程外观质量评定标准应按表 B.2.2 确定。

表 B.2.2　管道输水工程外观质量评定标准

项次	项目	检查、检测内容	质量标准
1	提水 （加压）设备	现场检查	一级：安装位置符合设计要求，平稳整齐，设备无损坏和锈蚀，表面清洁； 二级：安装位置符合设计要求，基本平稳整齐，设备无损坏和锈蚀，表面基本清洁； 三级：安装位置基本符合设计要求，基本平稳整齐，设备无损坏和锈蚀，表面基本清洁； 四级：达不到三级标准者
2	连接管道	现场检查	一级：管道连接平顺，安装牢固，金属管道与管件防腐层均匀完整，焊缝表面成型均匀致密，表面清洁； 二级：管道连接基本平顺，安装牢固，金属管道与管件防腐层均匀完整，焊缝表面成型均匀致密，表面基本清洁； 三级：管道连接基本平顺，安装牢固，金属管道与管件防腐层基本均匀完整，焊缝表面成型基本均匀致密，表面基本清洁； 四级：达不到三级标准者
3	地埋 管道回填	现场检查	一级：回填密实均匀，表面平整； 二级：回填密实均匀，表面基本平整； 三级：回填基本密实均匀，表面基本平整； 四级：达不到三级标准者

项次	项目	检查、检测内容		质 量 标 准
4	附属装置	控制装置（闸阀）	现场检查	一级：安装牢固可靠，防腐层均匀完整，表面清洁； 二级：安装牢固可靠，防腐层均匀完整，表面基本清洁； 三级：安装牢固可靠，防腐层基本均匀完整，表面基本清洁； 四级：达不到三级标准者
		量测装置（水表）	现场检查	水表的上游和下游要安装必要的直管段，上游直管段的长度不小于 $10D$，下游直管段不小于 $5D$（D 为水表的公称口径）；水表上、下游直管段要同轴安装，字面朝向有利于观察方向，箭头方向与水流方向相同；拆装和抄表方便。 一级：安装位置符合设计要求，牢固可靠，防腐层均匀完整，表面清洁； 二级：安装位置符合设计要求，牢固可靠，防腐层基本均匀完整，表面基本清洁； 三级：安装位置基本符合设计要求，牢固可靠，防腐层基本均匀完整，表面基本清洁； 四级：达不到三级标准者
		安全保护装置（进气阀、排气阀、安全阀）	现场检查	一级：位置符合设计要求，安全阀铅垂安装；防腐层均匀完整，表面清洁； 二级：位置符合设计要求，安全阀铅垂安装；防腐层基本均匀完整，表面基本清洁； 三级：位置符合设计要求，安全阀基本铅垂安装；防腐层基本均匀完整，表面基本清洁； 四级：达不到三级标准者

表 B.2.2（续）

项次	项目	检查、检测内容		质 量 标 准
5	附属建筑物	阀门井（泄水井）	现场检查	井底距承口或法兰盘的下缘不得小于300mm；井壁与承口或法兰盘（与管道垂直方向）外缘的距离，当管径小于或等于400mm时，不应小于250mm；当管径为400～500mm时，不应小于300mm；当管径大于或等于500mm时，不应小于350mm。 一级：砌筑位置、尺寸符合设计要求，表面平整；砌体灰浆饱满，灰缝平整；井圈、井盖完整无损，安装平稳； 二级：砌筑位置、尺寸符合设计要求，表面基本平整；砌体灰浆饱满，灰缝平整；井圈、井盖完整无损，安装平稳； 三级：砌筑位置、尺寸符合设计要求，表面基本平整；砌体灰浆基本饱满，灰缝基本平整；井圈、井盖完整无损，安装平稳； 四级：达不到三级标准者
		镇（支）墩	现场检查	符合设计及相关规范要求
		交叉建筑物	现场检查	符合设计及相关规范要求
6	给水栓（出水口）	现场检查		一级：安装位置、间距符合设计要求，连接平顺，防腐层均匀完整，保护设施牢固可靠； 二级：安装位置、间距符合设计要求，连接基本平顺，防腐层均匀完整，保护设施基本牢固可靠； 三级：安装位置、间距基本符合设计要求，连接基本平顺，防腐层基本均匀完整，保护设施基本牢固可靠； 四级：达不到三级标准者

1822

B.3 喷灌工程外观质量评定方法

B.3.1 喷灌工程外观质量评定应按表 B.3.1 确定。

表 B.3.1 喷灌工程外观质量评定

单位工程名称				施工单位			
主要工程量				评定日期		年 月 日	
项次	项目	标准分（分）	评定得分（分）				备注
			一级 100%	二级 90%	三级 70%	四级 0	
1	提水（加压）设备	25					
2	水泵连接管道	5					
3	地埋管道回填	15					
4	附属装置	15					
5	附属建筑物	10					
6	喷头及支架	15					
7	喷灌机	15					
	⋮						
合 计		应得　　分，实得　　分，得分率　　%					
外观质量评定组成员	单位	单位名称		职称		签名	
	建设单位						
	监　理						
	设　计						
	施　工						
	运行管理						
工程质量监督机构	核定意见： 核定人：　　（签名）加盖公章 　　　　　　年　月　日						

B. 3. 2 喷灌工程外观质量评定标准应按表 B.3.2 确定。

表 B. 3. 2 喷灌工程外观质量评定标准

项次	项目	检查、检测内容	质量标准
1	提水（加压）设备	现场检查	一级：安装位置符合设计要求，平稳整齐，设备无损坏和锈蚀，表面清洁； 二级：安装位置符合设计要求，基本平稳整齐，设备无损坏和锈蚀，表面基本清洁； 三级：安装位置基本符合设计要求，基本平稳整齐，设备无损坏和锈蚀，表面基本清洁； 四级：达不到三级标准者
2	水泵连接管道	现场检查	一级：管道连接平顺，安装牢固，金属管道与管件防腐层均匀完整，焊缝表面成型均匀致密，表面清洁； 二级：管道连接基本平顺，安装牢固，金属管道与管件防腐层均匀完整，焊缝表面成型均匀致密，表面基本清洁； 三级：管道连接基本平顺，安装牢固，金属管道与管件防腐层基本均匀完整，焊缝表面成型基本均匀致密，表面基本清洁； 四级：达不到三级标准者
3	地埋管道回填	现场检查	一级：回填密实均匀，表面平整； 二级：回填密实均匀，表面基本平整； 三级：回填基本密实均匀，表面基本平整； 四级：达不到三级标准者

1824

项次	项目	检查、检测内容		质量标准
4	附属装置	控制装置（闸阀）	现场检查	一级：安装牢固可靠，防腐层均匀完整，表面清洁； 二级：安装牢固可靠，防腐层均匀完整，表面基本清洁； 三级：安装牢固可靠，防腐层基本均匀完整，表面基本清洁； 四级：达不到三级标准者
		量测装置（水表）	现场检查	水表的上游和下游要安装必要的直管段，上游直管段的长度不小于10D，下游直管段不小于5D（D 为水表的公称口径）；水表上、下游直管段要同轴安装，字面朝向有利于观察方向，箭头方向与水流方向相同；拆装和抄表方便。 一级：安装位置符合设计要求，牢固可靠，防腐层均匀完整，表面清洁； 二级：安装位置符合设计要求，牢固可靠，防腐层基本均匀完整，表面基本清洁； 三级：安装位置基本符合设计要求，牢固可靠，防腐层基本均匀完整，表面基本清洁； 四级：达不到三级标准者
		安全保护装置（进气阀、排气阀、安全阀）	现场检查	一级：位置符合设计要求，安全阀铅垂安装；防腐层均匀完整，表面清洁； 二级：位置符合设计要求，安全阀铅垂安装；防腐层基本均匀完整，表面基本清洁； 三级：位置符合设计要求，安全阀基本铅垂安装；防腐层基本均匀完整，表面基本清洁； 四级：达不到三级标准者

表 B.3.2（续）

项次	项目	检查、检测内容		质量标准
5	附属建筑物	阀门井（泄水井）	现场检查	井底距承口或法兰盘的下缘不得小于300mm；井壁与承口或法兰盘（与管道垂直方向）外缘的距离，当管径小于或等于400mm时，不应小于250mm；当管径在400～500mm时，不应小于300mm；当管径大于或等于500mm时，不应小于350mm。 一级：砌筑位置、尺寸符合设计要求，表面平整；砌体灰浆饱满，灰缝平整；井圈、井盖完整无损，安装平稳； 二级：砌筑位置、尺寸符合设计要求，表面基本平整；砌体灰浆饱满，灰缝平整；井圈、井盖完整无损，安装平稳； 三级：砌筑位置、尺寸符合设计要求，表面基本平整；砌体灰浆基本饱满，灰缝基本平整；井圈、井盖完整无损，安装平稳； 四级：达不到三级标准者
6	喷头、竖管及支架	现场检查		喷头间距允许偏差1m。 一级：安装位置、间距符合设计要求，连接牢固可靠，竖管铅直，支架稳固； 二级：安装位置、间距符合设计要求，连接牢固可靠，竖管基本铅直，支架基本稳固； 三级：安装位置、间距基本符合设计要求，连接牢固可靠，竖管基本铅直，支架基本稳固； 四级：达不到三级标准者
7	喷灌机	现场检查		符合相关规范要求

1826

B. 4 微灌工程外观质量评定方法

B. 4. 1 喷灌工程外观质量评定应按表 B.4.1 确定。

表 B. 4. 1 微灌工程外观质量评定

单位工程名称				施工单位			
主要工程量				评定日期		年 月 日	
项次	项 目	标准分（分）	评定得分（分）				备注
			一级 100%	二级 90%	三级 70%	四级 0	
1	首部枢纽 （含提水加压设备）	25					
2	地埋管道回填	15					
3	地面管道	15					
4	附属装置	15					
5	阀门井	10					
6	灌水器	20					
⋮							
合 计		应得 分，实得 分，得分率 %					

外观质量评定组成员	单 位	单位名称	职称	签 名
	建设单位			
	监 理			
	设 计			
	施 工			
	运行管理			

工程质量监督机构	核定意见： 核定人： （签名）加盖公章 年 月 日

B. 4. 2 微灌工程外观质量评定标准应按表 B. 4. 2 确定。

表 B. 4. 2 微灌工程外观质量评定标准

项次	项目	检查、检测内容	质 量 标 准
1	首部枢纽（含提水加压设备）	现场检查	一级：安装位置、尺寸符合设计要求，设备排列整齐，连接管道顺直，油漆防腐层均匀完整，表面清洁； 二级：安装位置、尺寸符合设计要求，设备排列基本整齐，连接管道顺直，油漆防腐层均匀完整，表面清洁； 三级：安装位置、尺寸符合设计要求，设备排列基本整齐，连接管道基本顺直，油漆防腐层基本均匀完整，表面基本清洁； 四级：达不到三级标准者
2	地埋管道回填	现场检查	一级：回填密实均匀，表面平整，无沉陷； 二级：回填密实均匀，表面基本平整，局部沉陷； 三级：回填基本密实均匀，表面基本平整，多处沉陷； 四级：达不到三级标准者
3	地面管道	现场检查	一级：安装位置准确，连接平顺、牢固； 二级：安装位置准确，连接基本平顺、牢固，PE 管局部扭曲； 三级：安装位置准确，连接基本平顺、牢固，PE 管多处扭曲； 四级：达不到三级标准者

1828

表 B. 4. 2（续）

项次	项目	检查、检测内容		质量标准
4	附属装置	控制装置（闸阀）	现场检查	一级：安装牢固可靠，防腐层均匀完整，表面清洁； 二级：安装牢固可靠，防腐层均匀完整，表面基本清洁； 三级：安装牢固可靠，防腐层基本均匀完整，表面基本清洁； 四级：达不到三级标准者
		量测装置（水表）	现场检查	水表的上游和下游要安装必要的直管段，上游直管段的长度不小于10D，下游直管段不小于5D（D 为水表的公称口径）；水表上、下游直管段要同轴安装，字面朝向有利于观察方向，箭头方向与水流方向相同；拆装和抄表方便。 一级：安装位置符合设计要求，牢固可靠，防腐层均匀完整，表面清洁； 二级：安装位置符合设计要求，牢固可靠，防腐层基本均匀完整，表面基本清洁； 三级：安装位置基本符合设计要求，牢固可靠，防腐层基本均匀完整，表面基本清洁； 四级：达不到三级标准者
		安全保护装置（进气阀、排气阀、安全阀）	现场检查	一级：位置符合设计要求，安全阀铅垂安装；防腐层均匀完整，表面清洁； 二级：位置符合设计要求，安全阀铅垂安装；防腐层基本均匀完整，表面基本清洁； 三级：位置符合设计要求，安全阀基本铅垂安装；防腐层基本均匀完整，表面基本清洁； 四级：达不到三级标准者

1829

表 B.4.2（续）

项次	项目	检查、检测内容	质量标准
5	阀门井（泄水井）	现场检查	井底距承口或法兰盘的下缘不得小于300mm；井壁与承口或法兰盘（与管道垂直方向）外缘的距离，当管径小于或等于400mm时，不应小于250mm；当管径为400～500mm时，不应小于300mm；当管径大于或等于500mm时，不应小于350mm。 一级：砌筑位置、尺寸符合设计要求，表面平整，砌体灰浆饱满，灰缝平整；井圈、井盖完整无损，安装平稳； 二级：砌筑位置、尺寸符合设计要求，表面基本平整，砌体灰浆饱满，灰缝平整；井圈、井盖完整无损，安装平稳； 三级：砌筑位置、尺寸符合设计要求，表面基本平整，砌体灰浆基本饱满，灰缝基本平整；井圈、井盖完整无损，安装平稳； 四级：达不到三级标准者
6	灌水器	现场检查	一级：安装位置、间距符合设计要求，毛管、滴灌管（带）铺设顺直，连接牢固可靠； 二级：安装位置、间距符合设计要求，毛管、滴灌管（带）铺设基本顺直，连接牢固可靠； 三级：安装位置、间距基本符合设计要求，毛管、滴灌管（带）铺设基本顺直，连接牢固可靠； 四级：达不到三级标准者

B.5 雨水集蓄利用工程外观质量评定方法

B.5.1 雨水集蓄利用工程外观质量评定应按表 B.5.1 确定。

表 B.5.1 雨水集蓄利用工程外观质量评定

单位工程名称				施工单位			
主要工程量				评定日期		年 月 日	
项次	项 目	标准分	评定得分（分）				备注
			一级 100%	二级 90%	三级 70%	四级 0	
1	人工硬化集流面	25					
2	蓄水工程外部尺寸	10					
3	蓄水工程表面平整度	15					
4	蓄水工程表面	15					
5	沉沙池表面	5					
6	提水设备	5					
7	灌溉工程	25					
⋮							
合 计		应得 分，实得 分，得分率 %					
外观质量评定组成员	单 位	单位名称		职称		签名	
	建设单位						
	监 理						
	设 计						
	施 工						
	运行管理						
工程质量监督机构	核定意见： 核定人： （签名）加盖公章 年 月 日						

B.5.2 雨水集蓄利用工程外观质量评定标准应按表 B.5.2 确定。

表 B.5.2 雨水集蓄利用工程外观质量评定标准

项次	项目	检查、检测内容		质 量 标 准
1	人工硬化集流面	混凝土面	现场检查	一级：混凝土表明无裂缝、蜂窝、麻面等缺陷； 二级：缺陷面积之和不大于 3％总面积； 三级：缺陷面积之和为总面积 3％～5％； 四级：达不到三级标准者
		塑膜	现场检查	一级：膜面无破损等缺陷； 二级：缺陷面积之和不大于 3％总面积； 三级：缺陷面积之和为总面积 3％～5％； 四级：达不到三级标准者
2	蓄水工程外部尺寸	圆形水窖	窖口直径	允许偏差为±10mm
			窖体深度	允许偏差为±30mm
			窖体直径	允许偏差为±30mm
		方（矩）形水窖	窖长	允许偏差为±30mm
			窖宽	允许偏差为±30mm
			窖高	允许偏差为±30mm
3	蓄水工程表面平整度	混凝土面、砂浆抹面		用 2m 直尺检测，不大于 10mm/2m
		浆砌石、砖砌		用 2m 直尺检测，不大于 20mm/2m

1832

项次	项目	检查、检测内容		质 量 标 准
4	蓄水工程表面	现浇混凝土		一级：表面平整光洁，无质量缺陷； 二级：表面平整，局部存在裂缝、蜂窝麻面等质量缺陷，面积之和不大于 3% 总面积，且已处理合格； 三级：表面平整，局部存在裂缝、蜂窝麻面等质量缺陷，缺陷面积之和为总面积3%～5%，且已处理合格； 四级：达不到三级标准者
		浆砌石		一级：石料外形尺寸一致，勾缝平顺美观，大面平整，露头均匀，排列整齐； 二级：石料外形尺寸基本一致，勾缝平顺，大面平整，露头较均匀； 三级：石料外形尺寸基本一致，勾缝平顺，大面基本平整，露头基本均匀； 四级：达不到三级标准者
5	沉沙池表面	混凝土护面	现场检查	一级：表面光滑平整，无质量缺陷； 二级：表面平整，局部蜂窝、麻面、错台及裂缝等质量缺陷，面积之和不大于 3% 总面积，且已处理合格； 三级：表面平整，局部蜂窝、麻面、错台及裂缝等质量缺陷，缺陷面积之和为总面积3%～5%，且已处理合格； 四级：达不到三级标准者
6	提水设备	电潜泵、手压泵		一级：位置安装合理，泵体连接牢固，运行正常； 二级：位置安装合理，泵体连接牢固，运行较正常； 三级：位置安装合理，泵体连接牢固，运行基本正常； 四级：达不到三级标准者

表 B.5.2（续）

项次	项目	检查、检测内容	质 量 标 准
7	灌溉工程	首部枢纽	一级：配套设备齐全，布置合理，固定连接牢固，表面清洁； 一级：配套设备齐全，布置较合理，固定连接牢固，表面清洁； 三级：配套设备齐全，布置基本合理，固定连接牢固，表面清洁； 四级：达不到三级标准者
		管道铺设	一级：管道铺设顺直，管件连接牢固，灌水器布置合理； 二级：管道铺设顺直，管件连接牢固，灌水器布置较合理； 三级：管道铺设基本顺直，管件连接牢固，灌水器布置基本合理； 四级：达不到三级标准者

附录 C 工程验收应提供的资料清单

表 C 工程验收应提供的资料清单

序号	资料名称	建设单位验收			竣工验收	项目验收	资料提供单位
		大、中型工程		小型工程			
		分部工程验收	单位工程验收	完工验收			
1	工程建设管理工作报告				√	√	建设单位
2	工程建设监理工作报告	√	√		√	√	监理单位
3	工程设计工作报告	√	√		√	√	设计单位
4	工程施工管理工作报告	√	√		√	√	施工单位
5	工程质量评定报告				√	√	质量监督机构
6	运行管理工作报告				*	√	运行管理单位
7	效益分析报告				*	√	建设单位
8	工程建设大事记	√	√		√	√	建设单位
9	拟验收工程清单、未完成工程清单、未完成工程的建设安排及完成时间		√	√	√	√	建设单位
10	主管部门历次监督、检查及整改等的书面意见	√	√	√	√	√	建设单位

注：符号"√"表示"应提供"，符号"＊"表示"宜提供"或"根据需要提供"。

附录 D   工程验收备查资料清单

表 D   工程验收备查资料清单

| 序号 | 资料名称 | 建设单位验收 | | | 竣工验收 | 项目验收 | 资料提供单位 |
| | | 大、中型工程 | | 小型工程 | | | |
		分部工程验收	单位工程验收	完工验收			
1	前期工作文件及批复文件		√	√	√	√	建设单位
2	主管部门批复文件		√	√	√	√	建设单位
3	招投标文件	√	√	√	√		建设单位
4	合同文件	√	√	√	√		建设单位
5	工程项目划分资料	√	√	√	√	√	建设单位
6	单元工程质量评定资料	√	√	√			施工单位
7	分部工程质量评定资料		√				建设单位
8	单位工程质量评定资料		√				建设单位
9	工程外观质量评定资料		√	√			建设单位
10	工程质量管理有关文件	√	√	√	√		参建单位
11	工程施工质量检验文件	√	√	√	√		施工单位
12	工程监理资料	√	√	*	√		监理单位
13	施工图设计文件		√	√	√		设计单位
14	工程设计变更资料	√	√	√	√		设计单位
15	工程竣工图纸		√	√	√		施工单位
16	重要会议记录	√	√	√	√		建设单位
17	试压或试运行报告		√	√	√		参建单位
18	质量缺陷备案表	√	√	√	√		监理单位
19	质量事故资料	√	√	√	√		建设单位
20	竣工决算及审计资料				√	√	建设单位
21	工程建设中使用的技术标准	√	√	√	√	√	参建单位
22	其他档案资料	根据需要由有关单位提供					

注：符号"√"表示"应提供"，符号"＊"表示"宜提供"或"根据需要提供"。

附录 E   分部工程验收鉴定书格式

编号：

×××节水灌溉工程项目
×××分部工程验收
鉴 定 书

单位工程名称：

分部工程名称：

施工单位：

×××分部工程验收工作组
年   月   日

概况（包括验收依据、组织机构、验收过程）

　　一、开工完工日期

　　二、工程内容

　　三、施工过程及完成的主要工程量

　　四、质量事故及缺陷处理情况

　　五、拟验工程质量评定（包括单元工程、主要单元工程个数、合格率和优良率，施工单位自评结果，监理单位复核意见，分部工程质量等级评定意见）

　　六、验收遗留问题及处理意见

　　七、验收结论

　　八、保留意见（保留意见人签字）

　　九、分部工程验收组成员签字表

　　十、附件：验收遗留问题处理记录

附录 F 单位工程验收鉴定书格式

表 F 单位工程验收鉴定书

编号：

×××节水灌溉工程项目
×××单位工程验收
鉴 定 书

×××单位工程验收工作组
年 月 日

建设单位：

设计单位：

施工单位：

监理单位：

质量监督单位：

运行管理单位：

验收主持单位：

验收时间：　　　年　　　月　　　日

验收地点：

概况（包括验收依据、组织机构、验收过程）

    一、单位工程概况

    （一）单位工程名称及位置

    （二）单位工程主要建设内容

    （三）单位工程建设过程（包括开工、完工时间，施工中采取的主要措施）

    二、验收范围

    三、单位工程完成情况和完成的主要工程量

    四、单位工程质量评定

    （一）分部工程质量评定

    （二）工程外观质量评定

    （三）工程质量检测情况

    （四）单位工程质量等级评定意见

    五、单位工程验收遗留问题及处理意见

    六、意见和建议

    七、结论

    八、保留意见（应有本人签字）

    九、单位工程验收组成员签字表

附录G 完工验收鉴定书格式

编号：

×××节水灌溉工程项目
×××完工验收
鉴 定 书

×××完工验收工作组

年 月 日

建设单位：

设计单位：

施工单位：

监理单位：

质量监督单位：

运行管理单位：

验收主持单位：

验收时间： 年 月 日

验收地点：

概况（包括验收依据、组织机构、验收过程）

一、工程概况

（一）工程名称及位置

（二）工程主要建设内容

（三）工程建设过程（包括开工、完工时间，施工中采取的主要措施）

二、验收范围

三、工程完成情况和完成的主要工程量

四、工程质量评定

（一）工程质量评定

（二）工程外观质量评定

（三）工程质量检测情况

（四）工程质量等级评定意见

五、完工验收遗留问题及处理意见

六、意见和建议

七、结论

八、保留意见（应有本人签字）

九、完工验收组成员签字表

附录 H 竣工验收申请报告内容要求

表 H 竣工验收申请报告

一、工程基本情况
二、竣工验收条件的检查结果
三、尾工情况及安排意见
四、验收准备工作情况
五、建议验收时间、地点和参加单位
六、附件：竣工验收工作报告
前言
1. 工程概况
（1）工程名称及位置
（2）工程主要建设内容
（3）工程建设过程
2. 工程项目完成情况
（1）完成工程量与批复工程量比较
（2）工程验收情况
（3）工程投资完成与审计情况
（4）工程项目运行情况
3. 工程项目质量评定
4. 建设单位自验遗留问题处理情况
5. 尾工情况及安排意见
6. 存在问题及处理意见
7. 结论

附录 J 竣工验收鉴定书格式

表 J 竣工验收鉴定书

×××节水灌溉工程竣工验收
鉴 定 书

×××××××节水灌溉工程竣工验收委员会
年 月 日

前言（包括验收依据、组织单位、验收过程等）

一、工程设计与完成情况

（一）工程名称及位置

（二）工程主要任务与作用

（三）工程设计主要内容

1. 工程立项、设计批复文件

2. 设计标准、规模及主要技术经济指标

3. 建设内容与建设工期

4. 工程投资及投资来源

（四）工程建设有关单位

（五）工程施工过程

1. 工程开工、完工时间

2. 重大设计变更

（六）工程完成情况和完成的工程量

二、建设单位验收情况

三、历次验收提出主要问题的处理情况

四、工程质量

（一）工程质量监督

（二）工程项目划分

（三）工程质量评定

五、概算执行情况

（一）投资计划下达及资金到位情况

（二）投资完成情况

（三）预计未完工工程投资及预留情况

（四）竣工财务决算报告编制

（五）审计

六、工程尾工安排

七、工程运行管理情况

（一）管理机构、人员和经费情况

引 用 标 准 名 录

《喷灌工程技术规范》GB/T 50085

《节水灌溉工程技术规范》GB/T 50363

《微灌工程技术规范》GB/T 50485

《渠道防渗工程技术规范》GB/T 50600

《农田低压管道输水灌溉工程技术规范》GB/T 20203

《水利水电工程施工质量检验与评定规程》SL 176

《水利水电建设工程验收规程》SL 223

附：条 文 说 明

1 总 则

1.0.1 本规范是节水灌溉工程建设标准体系的重要组成部分。本条说明编制节水灌溉工程验收规范的宗旨是为了统一节水灌溉工程的验收内容、方法和程序。

1.0.2 本条明确规定了本规范的适用范围。节水灌溉工程包括渠道防渗、低压管道输水灌溉、喷灌、微灌、雨水集蓄利用工程以及相关田间工程等。

1.0.3 节水灌溉工程验收包括建设单位验收、竣工验收和项目验收。节水灌溉工程均应进行建设单位验收和竣工验收。由于节水灌溉工程涉及多部门，对项目管理的要求不尽相同，项目验收可根据相关项目管理办法的规定，决定是否进行。

3 基 本 规 定

3.0.3 本条规定了验收工作的主持单位，主要是为了明确验收责任，保证验收工作质量。

3.0.5 为了保证验收工作的顺利进行，本条规定了验收过程中出现分歧时的处理办法。

3.0.7 本条规定未经验收或验收不合格的工程不应交付使用或继续进行后续工程施工，可避免工程隐患，防止重大事故发生和不必要的财产损失。

3.0.8 本条规定节水灌溉工程项目划分及工程质量评定应依照现行行业标准《水利水电工程质量检验与评定规程》SL 176 的规定执行，并补充了小型节水灌溉工程项目划分及工程外观质量评定标准。

3.0.9 提供资料指验收时需要分发给所有验收委员会委员或验收工作组成员的资料；备查资料指按一定数量准备，放置在验收会场，供委员（成员）查看的资料。

4 建设单位验收

4.1 一般规定

4.1.1 小型节水灌溉工程指流量小于 $1m^3/s$ 的渠道防渗工程和灌溉面积（连片）不大于 $667hm^2$ 的喷灌、微灌和低压管道输水灌溉工程等。

4.2 分部工程验收

4.2.1 本条规定了分部工程验收工作组的组成，并规定参建单位应参加验收，明确工程参建单位的责任。

4.2.2 分部工程验收是专业技术性的验收，因此，本条规定了对参加分部工程验收工作组成员具体技术职称或执业资格的要求。

4.2.3 本条规定了分部工程验收应具备的条件。只有同时具备了所规定的条件，才能进行分部工程验收。

4.2.4 分部工程完成后，施工单位应对照第 4.2.3 条中的要求进行自检，具备验收条件时，向建设单位提出验收申请。

4.2.9 分部工程验收鉴定书是分部工程验收的成果性文件，应由建设单位分送各参加单位。

4.3 单位工程验收

4.3.3 本条规定了单位工程验收应具备的条件。只有同时具备了所规定的条件，才能进行单位工程验收。

4.3.4 单位工程完成后，施工单位应对照第 4.3.3 条中的要求自检，具备条件时，向建设单位提出验收申请。

4.4 完工验收

4.4.3 完工验收是针对小型节水灌溉工程规模小、投资少的特点，为简化验收程序而设定的，但是对工程质量标准的要求不能降低。因此，本条文要求完工验收应同时具备条文规定的条件，才能进行验收。

5 竣 工 验 收

5.1 一 般 规 定

5.1.1 要真实反映节水灌溉工程的建设质量，节水灌溉工程需要经过一定运行时间的考验，所以作出了竣工验收时间的规定。

5.1.2 本条规定了竣工验收应具备的条件。只有同时具备了所规定的条件，才能进行竣工验收。

5.1.3 建设单位验收通过后，并经过了一定时期的运行，建设单位应对照第5.1.2条中的要求自检，具备竣工验收条件时，向竣工验收主持单位提出验收申请。如果工程不能按期进行竣工验收，将影响投资效益的发挥，因此，本条规定应说明延期竣工验收的原因。

5.2 竣 工 验 收 准 备

5.2.2 现场抽查的内容和数量根据竣工验收主持单位要求决定。

5.2.3 本条规定应测定有代表性的节水灌溉技术指标，主要包括渠道水利用系数、喷灌均匀系数、微灌均匀度等，建设单位应按现行国家标准《节水灌溉工程技术规范》GB/T 50363、《喷灌工程技术规范》GB/T 50085、《微灌工程技术规范》GB/T 50485等规定执行。

5.3 竣 工 验 收

5.3.5 竣工验收中有关工程质量的结论性意见，是在工程质量监督报告有关质量评价的基础上，结合竣工验收工程质量检查情况确定的，最终结论是工程质量是否合格。

6 工程移交与遗留问题处理

6.1 工 程 移 交

6.1.2 本条明确了工程办理交接手续的同时,施工单位应向建设单位递交工程质量保修书及其内容要求。

6.2 遗 留 问 题 处 理

6.2.1 如果工程竣工验收后,建设单位已撤销的,本条明确了验收遗留问题和尾工处理的单位。

7 项 目 验 收

7.1 一 般 规 定

7.1.1、7.1.2 由于节水灌溉工程涉及多部门,对项目管理的要求不尽相同,所以项目验收的有关工作按相关项目管理办法的规定执行。

7.2 项 目 验 收 准 备

7.2.1 为便于项目验收工作,本条规定项目验收准备工作由项目建设单位或项目建设单位的主管部门进行。

7.3 项 目 验 收

7.3.3 本条只对评价方法作了规定,对于评价指标及权重,按相关管理办法的规定执行。

水工混凝土结构缺陷检测技术规程

SL 713—2015

2015-05-04 发布　　　　　　　2015-08-04 实施

前　　言

根据水利技术标准制修订计划安排，按照 SL 1—2014《水利技术标准编写规定》的要求，编制本标准。

本标准共 11 章和 2 个附录，主要技术内容有：

——混凝土外观缺陷调查；

——混凝土内部缺陷检测；

——混凝土裂缝深度检测；

——混凝土强度检测；

——混凝土结构厚度检测；

——钢筋分布及锈蚀检测；

——水下缺陷与渗漏检测；

——检测报告。

本标准为全文推荐。

本标准批准部门：**中华人民共和国水利部**

本标准主持机构：**水利部水利水电规划设计总院**

本标准解释单位：**水利部水利水电规划设计总院**

本标准主编单位：**中水东北勘测设计研究有限责任公司**

本标准参编单位：长江勘测规划设计研究院

本标准出版、发行单位：中国水利水电出版社

本标准主要起草人：王德库　高　垠　李艳萍　苏加林

郭学仲　李克绵　韩会生　徐小武

雷秀玲　马智法　杜国平　黄如卉

隋　伟　叶远胜　梁东业　李中田

马栋和　刘忠富　王　智　张喜武

张汶海　李小平　毛春华　张轶辉

王　锐　刘清利　王科峰　马玉华

吕小彬　刘润泽　李文忠

本标准审查会议技术负责人：马毓淦　张沁成

本标准体例格式审查人：牟广丞

本标准在执行过程中，请各单位注意总结经验，积累资料，随时将有关意见和建议反馈给水利部国际合作与科技司（通信地址：北京市西城区白广路二条 2 号；邮政编码：100053；电话：010 - 63204565；电子邮箱：bzh@mwr.gov.cn），以供今后修订时参考。

目 次

1　总　　则

1.0.1　为规范水利水电工程混凝土结构缺陷检测方法和技术要求，保证检测结果的可靠性和提高检测结果的可比性，制定本标准。

1.0.2　本标准适用于已建和在建水利水电工程混凝土结构质量和缺陷检测。

1.0.3　水工混凝土结构缺陷检测应综合工程实践经验和科学研究成果，积极、慎重采用国内外先进技术。

1.0.4　本标准主要引用下列标准：

　　GB 26123　空气潜水安全要求

　　GB 28396　混合气潜水安全要求

　　SL 326　水利水电工程物探规程

　　SL 352　水工混凝土试验规程

　　SL 436　堤防隐患探测规程

1.0.5　水工混凝土结构缺陷检测除应符合本标准规定外，尚应符合国家现行有关标准的规定。

2 术 语

2.0.1 外观缺陷 appearance defect

可能对混凝土外观质量和结构使用功能造成影响的蜂窝、麻面、孔洞、露筋、裂缝、疏松脱落等外在形式的欠缺或不完整。

2.0.2 内部缺陷 internal defect

混凝土结构内部存在的不密实区、低强度区、空洞、异物等缺陷。

2.0.3 换算强度 conversion value of concrete compressive strength

用无损方法在混凝土结构或构件上测得的物理特征值，通过事先建立的混凝土强度曲线转化成混凝土强度值。

2.0.4 推定强度 derived value of concrete strength

用无损方法求得的换算强度或用取芯法求得的混凝土强度值，经过换算成相当于边长 150mm 立方体标准混凝土的试件强度。

2.0.5 检验批 inspection lot

划分混凝土强度合格评定的基本单元。一个检验批应由混凝土强度等级相同、龄期相同以及生产工艺条件和配合比基本相同的混凝土结构或构件组成。

2.0.6 测区 testing zone

判定一个结构或构件的结构中混凝土强度的最小测量单元。

2.0.7 波阻抗 wave impedance

纵波波速和介质密度的乘积，用于计算应力波在边界反射特性。

2.0.8 振幅谱 vibration amplitude spectrum

采用快速傅里叶变换技术（FFT）将时域波形图转换成振幅与频率相关的频域曲线图谱。

2.0.9 时间采样间隔 temporal sampling interval

记录的反射波相邻采样点之间的时间间隔，为波形图上任意相邻两点之间的时差。

2.0.10 中心频率 central frequency

中心频率又称主频，是指雷达天线系统所产生的标准子波的振幅谱曲线上最大振幅值所对应的频率。

2.0.11 扫描速率 scan rate

雷达系统单位时间内所完成的采样道数。

3 基 本 规 定

3.0.1 检测工作宜避免对结构造成损伤，如无法避免时，应采取相应措施不影响工程原有性能与指标。

3.0.2 检测工作应明确检测目的、检测范围和检测内容。

3.0.3 检测仪器、设备应完好、正常，精度应满足检验要求，并在检定或校准有效期内。

3.0.4 在施工过程中，为进一步验证混凝土结构施工质量或出现施工质量事故时，应按本标准开展检测工作。

3.0.5 对已建工程进行安全鉴定或改扩建时，根据工程需要可按本标准开展检测工作。

3.0.6 检测工作应包括工程调查、大纲编写、现场检测、检测结果分析、报告编写等。

3.0.7 应根据检测目的、结构类型、结构状态、环境条件等选用适宜的检测方法。

3.0.8 钻孔（芯）法形成的孔洞应及时封填，且强度不应低于原混凝土要求。

3.0.9 在检测资料整理、计算分析过程中，出现测试数据矛盾或异常情况时，应及时补充测试。

3.0.10 检测记录应包括工程名称、结构名称、测线和测点编号及其位置、测点布置图、检测方法、检测数据、有关图形图谱、检测及记录人员签字、检测日期等。当检测中出现可疑现象时，应填绘于简图中。

4 混凝土外观缺陷调查

4.1 一般规定

4.1.1 水工混凝土外观缺陷调查应根据其重要性和具体状况确定调查方案和调查项目。

4.1.2 水工混凝土外观缺陷调查方法宜采用资料调查、描述、目测、量测、摄录等。

4.1.3 水工混凝土外观缺陷的水下调查应遵循下列原则：

1 水下混凝土结构调查的潜水作业，应严格遵循国家有关规定。

2 水下调查应始终处于水上指导和监督之下。

3 水下调查宜目测与摄像相结合。

4.2 内容与要求

4.2.1 水工混凝土外观缺陷调查宜包括蜂窝麻面、孔洞、露筋、裂缝、疏松区的分布情况，裂缝性状，混凝土的剥蚀及冲蚀程度，混凝土渗漏情况，伸缩缝的状态及变形情况等内容。

4.2.2 应根据缺陷的性态、范围、数量做好详细调查记录，绘制缺陷分布图。

4.2.3 蜂窝、麻面、孔洞、露筋、疏松区等外观质量缺陷的调查内容见表4.2.3。

表 4.2.3 外观质量缺陷调查内容

缺陷类别	调查内容
蜂窝、麻面	结构部位，蜂窝、麻面面积等
孔洞	结构部位，孔洞深度、大小等
露筋	结构部位、钢筋分布、外露钢筋数量、状态、锈蚀情况等
疏松	结构部位，疏松面积等

4.2.4 裂缝调查应包括下列内容：

 1 裂缝宽度可用读数显微镜、塞尺和测缝计量测。

 2 量测长度，并绘图标示裂缝的分布与走向。

 3 裂缝开裂部位钢筋锈蚀、析出物以及表面状态。

4.2.5 混凝土剥蚀及冲蚀调查应包括面积、深度等。

4.2.6 渗漏调查宜按点状、线状、面状分别调查其位置、空间分布及渗漏状况。

4.2.7 伸缩缝调查内容应包括混凝土错位、嵌缝材料性状、渗漏等。

5 混凝土内部缺陷检测

5.1 一 般 规 定

5.1.1 混凝土内部缺陷检测宜采用超声波法、冲击-回波法、探地雷达法，必要时可钻取芯样试件进行验证。

5.1.2 检测现场应避免环境噪声和电磁辐射对采集信号的干扰。

5.1.3 重要工程或部位宜采用两种或以上的检测方法，以便检测结果相互印证，获得较准确的检测结果。

5.1.4 批量或大面积混凝土结构缺陷的普查检测，宜先采用探地雷达法探测缺陷位置，后结合冲击-回波法或超声波法对缺陷进行定量识别。

5.2 超 声 波 法

5.2.1 超声波检测混凝土内部缺陷应按 SL 352 的有关规定执行。

5.2.2 应根据结构形状和测试条件采用下列不同测试方法：

　　1 具有两个相互平行测试面的混凝土结构应直接采用对测法、斜测法、汇交法。

　　2 具有一个测试面、测试距离较大或大体积混凝土结构应采用钻孔法。

　　3 埋入地下的混凝土结构应采用钻孔或预埋管法。

5.2.3 钻孔或预埋管法宜采用跨孔（管）孔（管）间测量、单孔（管）孔（管）内测量、单孔（管）与测试面间测量，如图5.2.3所示。

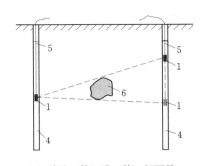 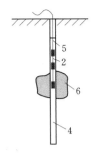

（a）跨孔（管）孔（管）间测量　　　　（b）单孔（管）孔（管）内测量

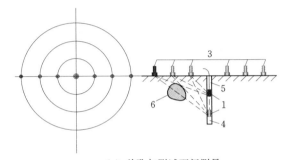

（c）单孔与测试面间测量

图 5.2.3　钻孔或预埋管法测量示意图

1—径向式换能器；2——发双收式换能器；3—厚度振动式换能器；

4—钻孔（预埋管）；5—耦合水；6—缺陷区域

5.3　冲击-回波法

5.3.1　本方法适用于仅具备单面测试条件混凝土结构的浅层缺陷检测。

5.3.2　主要检测仪器和设备应包括：冲击器、传感器、数据采样分析系统、游标卡尺、钢卷尺等。

5.3.3　检测仪器和设备应符合下列要求：

　　1　冲击头应根据检测缺陷深度选择并可更换。

　　2　传感器应采用具有接收表面垂直位移响应的宽带换能器，

应能够检测到由冲击产生的沿着表面传播的 P 波到达时的微小位移信号。

3 数据采样分析系统应具有功能查询、信号触发、数据采集、滤波、快速傅里叶变换（FFT）。

4 采集系统应具有预触发功能，触发信号到达前应能采集不少于 100 个数据记录。

5 接收器与数据采集仪的连接电缆应无电噪声干扰，外表应屏蔽、密封，与插头连接应牢固。

5.3.4 组成测试系统的精度要求应满足厚度测量相对误差不超过 5%。

5.3.5 应先进行被检测混凝土结构无缺陷部位的 P 波波速测试，其波速值作为缺陷深度计算的基本参数。

5.3.6 P 波波速测试应符合下列要求：

1 被测试的混凝土应均匀、密实、无缺陷，其 P 波波速值应具有代表性。当检测部位的混凝土材料及配比、施工方法等发生变化时，应重新进行 P 波波速的测试。

2 宜采用"一发双收"式测试方法。冲击点、固定接收点、移动接收点应处在同一测线上。固定接收点与冲击点的间距宜为（150±10）mm。移动接收点不宜少于 4 个，间距宜为 100mm。距离量测应精确到 1mm。

3 冲击操作时，应有足够的能量产生表面位移响应，其冲击持续时间宜为（30±10）μs。冲击持续时间可从表面到达波的相应部分波形测量验证，如图 5.3.6-1 所示。

4 应逐一测试每次激振时固定接收点和移动接收点的 P 波首波到达时间 t_{01}、t_{02}，如图 5.3.6-2 所示。

5 P 波波速值宜通过各移动接收点到固定接收点的距离与弹性波在两点之间的传播时间回归关系获得，如图 5.3.6-3 所示，其直线斜率即为 P 波波速值。

5.3.7 混凝土缺陷检测应符合下列要求：

1 测点宜呈网状布置，间排距不宜大于 30cm，测试宜按某

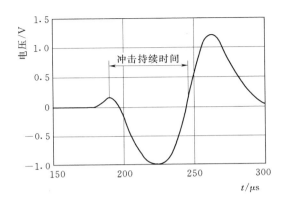

图 5.3.6 - 1   冲击时间估测示意图

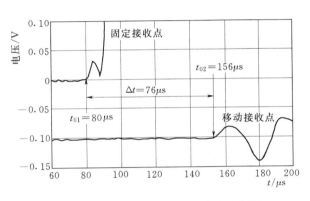

图 5.3.6 - 2   首波到达时间波形示意图

一方向逐点进行。

2 冲击点距接收点（测点）不宜大于 0.4 倍预估的缺陷深度。

3 冲击持续时间应小于 P 波往返传播时间，可按式（5.3.7）估算：

$$t_c < \frac{2h_c}{C_p} \tag{5.3.7}$$

式中 t_c——冲击持续时间，s；

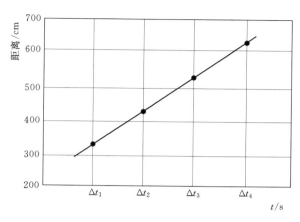

图 5.3.6 - 3　回归曲线示意图

C_p——混凝土 P 波波速，m/s；

h_c——被测部位混凝土结构缺陷预估深度，m。

4　每一测点应测试 2 次，结果相同进行下一点测试，否则应查明原因后复测。

5　应对采集的波形进行快速傅里叶变换，当所得的振幅谱无明显峰值时，应查明原因或改变激振球的大小重复测试；当只有 1 个峰值时应判定混凝土无缺陷；当有 2 个及以上的峰值时，应判定混凝土存在缺陷，并重复测试进行验证。

6　存在缺陷的混凝土部位应加密测点，其间距不宜大于原测点间距的 1/2。

5.3.8　测试记录应符合下列要求：

1　接收的波形应全面完整，波幅大小应适宜，不应有削峰现象。

2　应记录测试系统所使用的采集参数，包括采样间隔、电压范围、电压解析度，在波形中点的数量以及在振幅谱中的频率间隔。

3　应记录每个测点的位置，描述测试表面条件等。

5.3.9　测试成果及整理应符合下列要求：

1　应给出时间域的波形图和频率域的振幅谱。

2 应对振幅谱中各峰值进行分析，给出缺陷振幅峰值所对应的频率值。

3 混凝土结构缺陷深度应按式（5.3.9）计算：

$$h_c = \frac{\beta C_p}{2f} \qquad (5.3.9)$$

式中 h_c——混凝土结构缺陷顶部深度，m；

f——缺陷振幅峰值所对应的频率值，Hz；

C_p——混凝土 P 波波速，m/s；

β——结构截面的几何形状系数，可取 0.96。

4 应根据测试结果所确定的缺陷位置绘制缺陷平面图。

5.4 探 地 雷 达 法

5.4.1 本方法适用于混凝土结构内部空洞、疏松区、脱空区等缺陷的平面位置和埋深检测。

5.4.2 主要检测仪器和设备应包括雷达主机、雷达天线、数据采集分析处理系统等。

5.4.3 雷达系统技术要求应符合 SL 326 的有关规定。

5.4.4 雷达天线的选择可采用不同频率或不同频率组合，并应符合下列要求：

1 应具有屏蔽功能，探测的最大深度应大于缺陷体埋深，垂直分辨率宜优于 2cm。

2 应根据检测的缺陷深度和现场具体条件，选择相应频率天线。在满足检测深度要求下，宜使用中心频率较高的天线。

3 根据中心频率估算出的检测深度小于缺陷体埋深时，应适当降低中心频率以获得适宜的探测深度。

5.4.5 检测前应对混凝土的相对介电常数或电磁波波速做现场标定，标定方法应符合下列要求：

1 可采用在材料和工作环境相同的混凝土结构或钻取的芯样上进行测试。

2 测试的目标体已知厚度或长度应不小于 15cm。

3 记录中的雷达影像图界面反射信号应清楚、准确。

4 测值应不少于 3 次，单值与平均值的相对误差应小于 5%，其计算结果的平均值作为标定值。

5 相对介电常数应按式（5.4.5-1）计算：

$$\varepsilon_r = \left(\frac{ct}{2h}\right)^2 \qquad (5.4.5-1)$$

电磁波波速应按式（5.4.5-2）计算：

$$v = \frac{2h}{t} \qquad (5.4.5-2)$$

式中　ε_r——混凝土相对介电常数；

　　　v——混凝土介质中的电磁波速，m/s；

　　　c——真空中的电磁波速度，3×10^8 m/s；

　　　t——电磁波从顶面到达底面再返回双程走时时间，s；

　　　h——已知的混凝土结构厚度，m。

5.4.6 测线和测点的布置应符合下列要求：

1 对于较大尺寸的混凝土结构，宜采用与结构物长度方向一致的平行测线布置，间距宜为 100～500cm。

2 较小尺寸的宜采用网格布置，网格间距宜为 10～100cm。

3 进行点测时，测点间距宜为 10～50cm，并应满足式（5.4.6）的要求。

$$\Delta X \leqslant \frac{c}{4 f_T \sqrt{\varepsilon_r}} \qquad (5.4.6)$$

式中　ΔX——相邻测点间距，m；

　　　c——真空中的电磁波速度，3×10^8 m/s；

　　　f_T——天线中心频率，Hz；

　　　ε_r——混凝土相对介电常数。

5.4.7 混凝土缺陷检测应符合下列要求：

1 应检查主机、雷达天线，使之处于正常状态。

2 应根据电缆、天线连接的测量方式，在主机上选择相应的测量模式。

3 设置仪器参数，并应符合式（5.4.7-1）～式（5.4.7-3）的要求。

1） 时窗长度估算：

$$w = \alpha \frac{2h_{\max}}{v} \qquad (5.4.7-1)$$

式中　w——时窗长度，s；

　　　$h_{\max}$——拟检测目标体的最大深度，m；

　　　v——混凝土介质中电磁波速度，m/s；

　　　α——调整系数，混凝土介质电磁波速度与目标深度变化所留出的残余值，可取 1.3～2.0。

2） 每道雷达波形最小采样点数：

$$S_{\mathrm{p}} \geqslant 10wf \qquad (5.4.7-2)$$

式中　S_{p}——雷达波形最小采样点数；

　　　w——时窗长度，s；

　　　f——天线中心频率，Hz。

3） 时间采样率：

$$\Delta t \leqslant \frac{1}{6 \times 10^6 f} \qquad (5.4.7-3)$$

式中　Δt——时间采样率，s；

　　　f——天线中心频率，MHz。

4 应标出被测结构表面反射波起始零点。雷达天线应与混凝土表面贴壁良好，并沿测线匀速、平稳滑行。移动速度宜符合式（5.4.7-4）的要求：

$$V_{\mathrm{x}} \leqslant \frac{S_{\mathrm{c}} d_{\min}}{20} \qquad (5.4.7-4)$$

式中　V_{x}——天线速度，m/s；

　　　S_{c}——天线扫描速率，Hz；

　　　$d_{\min}$——检测目标体最小尺度，m。

5 宜采用连续测量方式，特殊地段或条件不允许时可采用点测方式。

6 当需要分段测量时，相邻测量段接头重复长度不应小于1m。

5.4.8 记录应满足下列要求：

1 记录应包括记录测线号、方向、标记间隔以及天线中心频率等。

2 应随时记录可能对测量产生电磁影响的物体及其位置。

3 数据记录应完整，信号应清晰，里程标记应准确。

4 应准确标记测量位置。

5.4.9 检测数据处理应符合下列规定：

1 原始数据处理前应回放检验。

2 标记位置应准确无误。

3 单个雷达图谱应做下列特征分析：

　1）确定反射波组的界面特征。

　2）识别地表干扰反射波组。

　3）识别正常介质界面反射波组。

　4）确定反射层信息。

5.4.10 雷达图像数据的解释应在掌握测区内物性参数和混凝土结构的基础上，应按由已知到未知、定性指导定量的原则进行。

5.4.11 混凝土结构缺陷埋深应按式（5.4.11）确定：

$$h = \frac{1}{2}vt \qquad (5.4.11)$$

式中　h——混凝土结构缺陷埋深，m；

　　t——电磁波自混凝土表面至目标体双程历时，s；

　　v——混凝土介质中的电磁波波速，m/s。

5.4.12 混凝土缺陷初步判定特征如下：

1 密实。信号幅度较弱，甚至没有界面反射信号。

2 不密实。混凝土界面的强反射信号同向轴呈绕射弧形，且不连续、较分散。

3 空洞。混凝土界面反射信号强，三振相明显，在其下部仍有强反射界面信号，两组信号时程差较大。

6 混凝土裂缝深度检测

6.1 一 般 规 定

6.1.1 裂缝深度检测宜采用超声波法、面波法、钻孔法。

6.1.2 检测前应调查下列内容：

    1 裂缝周围混凝土质量、裂缝长度及走向。

    2 裂缝内有无充填物和积水。

    3 构件尺寸和内部构造。

6.1.3 对于影响较大、问题复杂或重要工程的混凝土结构裂缝深度检测，宜采用两种以上的检测方法。

6.2 超 声 波 法

6.2.1 超声波法检测混凝土裂缝深度应按 SL 352 的有关规定执行。

6.2.2 应根据裂缝的性状与结构物的形状选用单面平测法、双面斜测法、钻孔对测法。

6.3 面 波 法

6.3.1 本方法适用于检测形状规则、测试面较大的混凝土内部的深层裂缝。

6.3.2 主要检测仪器及技术要求应符合 5.3.2～5.3.4 条的规定。

6.3.3 测点布置应符合下列要求：

    1 应避开混凝土表面蜂窝、结构缝位置。

    2 测线宜与裂缝走向正交。

6.3.4 裂缝深度检测应符合下列要求：

    1 测点表面应平整，传感器应垂直于检测表面。

    2 应采用"一发双收"测试方式。接收点应跨缝等距离布置，冲击点与一接收点应置于裂缝同侧。各点应处在同一测线上，如图 6.3.4 所示。

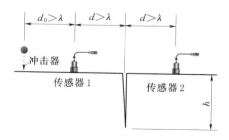

图 6.3.4 裂缝深度测定示意图

h—裂缝深度；d_0—冲击点与传感器 1 距离；d—传感器裂缝距离

3 冲击点与接收点间距、接收点与裂缝间距应大于激发的面波波长 λ，可取 $1\sim2$ 倍 λ，λ 值可按式（6.3.4-1）估算：

$$\lambda \approx 2t_c C_R \qquad (6.3.4-1)$$

式中 t_c——冲击持续时间，s；

C_R——混凝土面波波速，m/s，估算时可取 2000m/s。

4 冲击产生的面波传递至裂缝另一侧传感器的振幅比应按式（6.3.4-2）计算：

$$x = \frac{A_2}{A_1}\sqrt{\frac{2d+d_0}{d_0}} \qquad (6.3.4-2)$$

式中 x——振幅比；

A_1——传感器 1 测试得到的面波最大振幅；

A_2——传感器 2 测试得到的面波最大振幅；

d_0——冲击点与传感器 1 距离，m；

d——传感器 1 和 2 与裂缝距离，m。

5 当裂缝面穿过钢筋时，振幅比可按式（6.3.4-3）修正：

$$\hat{x} = x - n \qquad (6.3.4-3)$$

式中 $\hat{x}$——修正后振幅比；

n——钢筋率。

6 裂缝深度应按式（6.3.4-4）计算：

$$h = -\zeta \lambda \ln \hat{x} \qquad (6.3.4-4)$$

式中 h——裂缝深度，m；

ζ——常数，宜通过标定得出。

6.3.5 检测结果应按下列规定进行校核：

1 裂缝深度检测结果 h 不应大于 1.3 倍面波波长 λ，否则应更换击振钢球的大小重复测试；

2 当 h 满足上述要求时，应按 6.3.6 条对面波波长 λ 进行复核，并按式（6.3.4-4）进行裂缝深度修正。

6.3.6 面波波长 λ 复核步骤应符合下列规定：

1 应选取与裂缝测线相近的、完整的混凝土结构。

2 应按照与裂缝深度测试相同的布点方式选取同样的冲击器。

3 冲击产生的面波波速 C_R 应按式（6.3.6-1）计算：

$$C_R = \frac{2d}{t_2 - t_1} \qquad (6.3.6-1)$$

式中 t_1——面波到达传感器 1 的时间；

t_2——面波到达传感器 2 的时间。

4 面波波长应按式（6.3.6-2）计算：

$$\lambda = \frac{C_R}{f_1} \qquad (6.3.6-2)$$

式中 f_1——在裂缝测试时传感器 1 测试面波的卓越频率，可通过快速傅里叶变换（FFT）得到。

6.4 钻 孔 法

6.4.1 本方法适用于裂缝预估深度大于 50cm 或需精确测量深度的裂缝，且该部位可钻孔的混凝土结构。

6.4.2 钻孔应避开结构内部埋件、仪器等。

6.4.3 钻孔法检测应符合下列规定：

1 根据裂缝宽度、走向，选择钻孔孔径与位置。

2 钻孔位置与孔径的选取应尽可能满足在取芯范围内包括

裂缝。

    3 可取芯测量时，直接从芯样上量取裂缝深度值。

    4 无法进行取芯测量时，可采用孔内电视进行测量，孔内电视探头大小视钻孔孔径大小选取。

7 混凝土强度检测

7.1 一般规定

7.1.1 混凝土强度检测宜采用回弹法、超声波法、超声回弹综合法、钻芯法。

7.1.2 当需要准确测定混凝土强度，或对回弹法、超声波法、超声回弹综合法推定的混凝土强度进行校核时，宜采用钻芯法。

7.1.3 开展混凝土强度检测前，宜收集下列资料：

    1 结构类型、尺寸及所处部位。

    2 混凝土强度等级。

    3 混凝土配合比。

    4 混凝土拌和、运输、浇筑、养护等施工方法。

7.2 回弹法

7.2.1 回弹法检测混凝土抗压强度应按 SL 352 的有关规定执行。

7.2.2 测区布置除应满足 SL 352 的要求外，尚应满足下列要求：

    1 每一结构或构件测区数不应少于 10 个，相邻两测区的间距不宜大于 2m。

    2 测区应均匀分布，并应避开钢筋和铁制预埋件。

    3 测区边缘距结构端部或结构缝不应小于 0.2m。

    4 测区表面应清洁、平整、干燥，不应有饰面层、浮浆、蜂窝、麻面等。

    5 在回弹值较小区域应适当增加测区，推定低强区域。

7.2.3 应根据推定的混凝土强度与设计强度标准值进行比较，确定混凝土结构的低强范围。

7.3 超声波法

7.3.1 超声波法检测混凝土抗压强度应按 SL 352 的有关规定执行。

7.3.2 应根据波速换算混凝土抗压强度，绘制混凝土强度图，确定混凝土结构的低强度范围。

7.4 超声回弹综合法

7.4.1 检测仪器设备应包括回弹仪、混凝土超声波检测仪等。

7.4.2 回弹仪和混凝土超声波检测仪的技术要求应符合 SL 352 的相关规定。

7.4.3 测区布置应满足 7.2.2 条及 SL 352 的要求。

7.4.4 测区声速平均值、测区回弹值的计算及修正应符合 SL 352 的相关规定。

7.4.5 利用修正后的测区声速平均值和回弹平均值换算测区混凝土强度时，应优先采用专用或地区测强曲线；当无专用测强曲线时，宜按下列规定进行强度换算：

1 当采用中型回弹仪检测普通混凝土强度时，应按式（7.4.5-1）换算，引气混凝土应按式（7.4.5-2）换算：

$$f_{cu,i}^c = 0.008 v^{1.72} m_N^{1.57} \qquad (7.4.5-1)$$

$$f_{cu,i}^c = 0.04 v^{1.54} m_N^{1.30} \qquad (7.4.5-2)$$

式中　$f_{cu,i}^c$——混凝土强度换算值，MPa；

　　　　v——混凝土声速平均值，m/s；

　　　　m_N——测区回弹平均值。

2 当采用重型回弹仪检测混凝土强度时，应按式（7.4.5-3）换算：

$$f_{cu,i}^c = 0.022 v^{1.99} m_N^{1.19} \qquad (7.4.5-3)$$

7.4.6 混凝土推定强度值应按式（7.4.6）计算：

$$f_{cu,e} = f_{cu,i}^c (1 - t\delta) \qquad (7.4.6)$$

式中　$f_{cu,e}$——混凝土强度推定值，MPa；

　　　　t——正态分布概率度，采用混凝土强度专用曲线时，
　　　　　　$t=0.5$；采用混凝土强度通用曲线时，$t=1.0$；

　　　　δ——剩余变异系数，采用混凝土强度专用曲线时，可
　　　　　　自行求得；采用混凝土强度通用曲线时，
　　　　　　$\delta=0.14$。

7.4.7 应根据推定的混凝土强度与设计强度标准值进行比较，确定混凝土低强范围。

7.5　钻　芯　法

7.5.1 试验设备应包括钻芯机、锯切机和磨平机、补平装置（或研磨机）、探测钢筋位置的磁感仪。

7.5.2 钻芯法检测混凝土抗压强度应符合下列要求：

　　1 芯样宜采用标准芯样试件，芯样直径不宜小于骨料最大粒径的3倍；当采用小直径芯样试件时，其芯样直径不应小于70mm且不应小于骨料最大粒径的2倍。

　　2 芯样应在结构或构件的下列部位钻取：

　　1）结构或构件受力较小的部位。

　　2）混凝土强度具有代表性的部位。

　　3）避开主筋、预埋件和管线的位置。

　　4）对非破损法检测的强度进行修正时，钻芯位置应选在
　　　　对应的测区。

　　5）钻孔中心距结构或构件边缘不宜小于150mm。

　　3 每个构件的芯样试件有效数量不应少于3个；对于较小构件，有效芯样试件的数量不得少于2个。

7.5.3 芯样的钻取应符合下列要求：

　　1 钻取芯样时应控制进钻的速度。

　　2 芯样应进行标记，芯样高度和完整程度不满足试样要求时，应重新钻取芯样。

　　3 芯样应采取保护措施，避免在运输和贮存中损坏。

7.5.4 应视芯样侧面质量按芯样高度由上至下分区加工试样。

7.5.5 端面处理、测试应按 SL 352 的规定进行。

7.5.6 应根据钻芯取样、加工及芯样测试结果确定混凝土结构强度分区。

8 混凝土结构厚度检测

8.1 一般规定

8.1.1 厚度检测可采用超声波法、冲击-回波法、探地雷达法、钻孔法。

8.1.2 测区布置应具有代表性。

8.2 超声波法

8.2.1 本方法适用于检测混凝土表面损伤层厚度和结构厚度。

8.2.2 仪器设备及其技术要求应符合 SL 352 的有关规定。

8.2.3 表面损伤层厚度检测的测线和测点布置应符合下列要求：

1 被测区测线布置不少于 3 条，且不得穿过接缝。

2 测线投影不应与主钢筋重合。

3 测试表面应平整，且无饰面层。

4 一条测线内的测点不宜少于 10 个，且间距不宜大于 100mm。

8.2.4 表面损伤层厚度检测数据处理应按下列规定执行：

1 绘制时间—距离关系曲线图，如图 8.2.4 所示。

2 用回归分析方法分别求出损伤、未损伤混凝土测距 L 与声时 t 的回归直线方程。

损伤混凝土测距 L_f 按式（8.2.4-1）计算：

$$L_f = a_1 + b_1 t_f \qquad (8.2.4-1)$$

未损伤混凝土测距 L_a 按式（8.2.4-2）计算：

$$L_a = a_2 + b_2 t_a \qquad (8.2.4-2)$$

式中 L_f——拐点前各测点的测距，mm，对应于图 8.2.4 中的 L_1、L_2、L_3；

       t_f——对应于图 8.2.4 中 L_1、L_2、L_3 的声时 t_1、t_2、

t_3，μs；

L_a——拐点后各测点的测距，mm，对应于图 8.2.4 中的 L_4、L_5、L_6；

t_a——对应于测距 L_4、L_5、L_6 的声时 t_4、t_5、t_6，μs；

a_1、b_1——回归系数，即图 8.2.4 中损伤混凝土直线的截距和斜率；

a_2、b_2——回归系数，即图 8.2.4 中未损伤混凝土直线的截距和斜率。

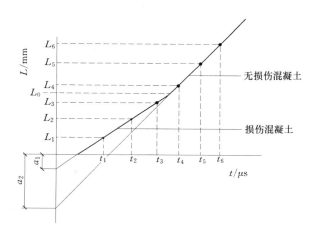

图 8.2.4 损伤层厚度检测时间—距离关系曲线图

3 混凝土表面损伤层厚度应按式（8.2.4-3）和式（8.2.4-4）计算：

$$L_0 = \frac{a_1 b_2 - a_2 b_1}{b_2 - b_1} \qquad (8.2.4-3)$$

$$h_f = \frac{L_0}{2} \sqrt{\frac{b_2 - b_1}{b_2 + b_1}} \qquad (8.2.4-4)$$

式中 L_0——拐点的测距，mm；

h_f——损伤层厚度，mm。

8.2.5 结构厚度检测应符合下列要求：

1882

1 具有一对相对平行的测试面。

2 在测试面上均匀划出网格线，网格边长宜为 200～1000mm。

8.2.6 结构厚度检测结果应按下列规定执行：

1 绘制图形及网格分布，将波速标于图中的各测点处。

2 结构厚度应按式（8.2.6）计算：

$$H = Vt \times 1000 \qquad (8.2.6)$$

式中 H——混凝土结构厚度，mm；

V——混凝土声速值，m/s；

t——超声波在混凝土结构上的传播时间，s。

8.3 冲击-回波法

8.3.1 冲击-回波法适用于检测混凝土结构厚度。

8.3.2 主要检测仪器和设备及其技术要求应符合 5.3.2～5.3.4 条的规定。

8.3.3 结构厚度检测应符合下列要求：

1 检测表面应平整干燥，测线宜与纵、横向钢筋成 45° 布设。

2 冲击点距传感器的距离应小于 0.4 倍被测混凝土结构厚度。

3 应重复测试以验证波形的再现性。

8.3.4 混凝土结构厚度确定应符合下列要求：

1 应通过快速傅里叶变换，确定频谱图中振幅峰值相对应的频率值。

2 低频振幅峰值应为结构厚度响应频率，结构厚度应按式（5.3.9）计算。

8.4 探地雷达法

8.4.1 探地雷达法适用于检测无筋或少筋的混凝土结构厚度。

8.4.2 主要检测仪器和设备及其技术要求应符合 5.4.2～5.4.4 条的规定。

8.4.3 雷达现场检测参数设置应符合下列要求：

1 雷达主机天线中心频率应根据混凝土结构预估厚度、介质特性等因素综合确定。

2 仪器的信号增益应保持信号幅值不超出信号监视窗口的3/4，天线静止时信号应稳定。

3 采样率宜为雷达天线中心频率的6～10倍。

8.4.4 雷达天线中心频率范围宜为100～1600MHz，当满足检测要求时，宜选择频率相对较高的天线。

8.4.5 测线宜均匀分布，与构件外边缘距离不小于100mm，线距为500～1000mm。

8.4.6 测试记录应符合5.4.8条的规定。

8.4.7 检测数据处理应符合下列要求：

1 混凝土材料相对介电常数的标定应符合5.4.5条的规定。

2 绘制雷达灰度图或色谱剖面图。

3 依据雷达剖面图确定混凝土结构厚度分层界面，根据测定的电磁波在各结构层中的双程传播时间 t，按式（8.4.7）计算混凝土结构厚度：

$$H = \frac{1}{2}vt \times 1000 \qquad (8.4.7)$$

式中　H——混凝土结构厚度，mm；

　　　v——电磁波在混凝土介质中的传播速度，m/s；

　　　t——电磁波在混凝土中的双程传播时间，s。

8.5　钻　孔　法

8.5.1 钻孔法适用于精确测量混凝土结构及其损伤层的厚度。

8.5.2 钻孔孔径应不破坏原结构安全且能满足测试要求；当有其他钻孔检测项目时，可与之结合进行厚度检测。

8.5.3 损伤层厚度检测时钻孔深度应穿越损伤层厚度，并满足测试要求。

9 钢筋分布及锈蚀检测

9.1 一般规定

9.1.1 混凝土中钢筋布设检测宜采用电磁感应法、探地雷达法。

9.1.2 混凝土中钢筋锈蚀检测可采用半电池电位法。

9.2 电磁感应法

9.2.1 本方法适用于混凝土中钢筋的间距、直径和混凝土保护层厚度的检测。

9.2.2 检测仪器设备应包括钢筋探测仪、游标卡尺等。

9.2.3 钢筋探测仪检测前应采用保护层厚度为 10～50mm 的校准试件进行校准，校准方法见附录 A。

9.2.4 钢筋间距、混凝土保护层厚度检测应符合下列要求：

1 应根据检测区域内钢筋可能分布状况，选择适当的检测面。检测面应清洁、平整，并应避开金属预埋件。对于具有饰面层的结构及构件，应清除饰面层后在混凝土面上进行检测。

2 检测前首先应对钢筋探测仪探头校正调零，校正时探头应放置在空气中，远离金属等导磁介质干扰，校正完毕后方可进行检测。检测过程中当对结果有怀疑时应随时核查钢筋探测仪的零点状态，避免磁场干扰影响测试数据的准确性。

3 检测过程中应匀速移动探头，探头移动速度不应大于 20mm/s，在找到钢筋以前应避免往复移动探头，否则易造成误判。

4 应根据设计资料确定钢筋走向等布设状况，如无法确定，应在两个正交方向多点扫描，以确定钢筋位置。检测时应避开钢筋接头和绑丝，探头在检测面上移动，要找到钢筋正上方的位置，首先粗略扫描，听到仪器报警声后往回平移探头，放慢速度，如此往复直到钢筋探测仪保护层厚度示值最小，此时探头中心线与钢筋轴线应重合，在相应位置做好标记。按上述步骤将相邻的其他钢筋位置标出。

    5   确定钢筋位置后，应按下列方法检测混凝土保护层厚度：

      1） 检测前应设定钢筋探测仪量程范围，并根据设计资料设定钢筋公称直径。检测时沿被测钢筋轴线选择相邻钢筋影响较小的位置，缓慢匀速移动探头，读取第一次检测的混凝土保护层厚度检测值。在被测钢筋的同一位置应重复检测一次，读取第二次检测的混凝土保护层厚度检测值。

      2） 当同一处读取的两个混凝土保护层厚度检测值相差大于 1mm 时，该组检测数据无效，此时应查明钢筋位置准确性、探头零点状态、仪器电量等影响因素，然后在该处应重新进行检测。仍不满足要求时，应更换钢筋检测仪或采用钻孔、剔凿的方法验证。

      3） 钢筋探测仪要求钢筋公称直径已知方能准确检测混凝土保护层厚度时，钢筋探测仪必须按照钢筋公称直径对应设置。

    6   当混凝土实际保护层厚度小于钢筋探测仪最小示值时，应采用在探头下附加垫块的方法进行检测。垫块对钢筋探测仪检测结果不应产生干扰，表面应光滑平整，其各方向厚度值偏差不应大于 0.1mm。所加垫块厚度在计算时应予扣除。

    7   钢筋间距检测应按 4 款的规定进行。应将检测范围内的设计间距相同的连续相邻钢筋逐一标出，并应逐个量测钢筋的间距。

9.2.5 当发生下列情况之一，必要时可采用钻孔、剔凿等方法验证。钻孔、剔凿时，不得损坏钢筋，实测时应采用游标卡尺。

    1） 相邻钢筋对检测结果有影响。

    2） 钢筋公称直径未知或有异议。

    3） 钢筋实际根数、位置与设计有较大偏差。

    4） 钢筋以及混凝土材质与校准试件有显著差异。

9.2.6 **钢筋直径检测应符合下列要求：**

1 钢筋直径检测面应符合9.2.4条1款的要求。

2 对于校准试件，钢筋探测仪对钢筋公称直径的检测允许误差为±1mm。

3 检测前应根据设计资料，确定被测结构及构件中钢筋的排列方向，并采用钢筋探测仪按9.2.4条的要求对被测结构及构件中钢筋及其相邻钢筋进行准确定位并做标记。

4 被测钢筋与相邻钢筋的间距应大于100mm，且其周边的其他钢筋不应影响检测结果，并应避开钢筋接头及绑丝。在定位的标记上记录钢筋探测仪显示的钢筋公称直径。每根钢筋重复检测2次，第二次检测时探头应旋转180°，每次读数应一致。

5 当需要通过钢筋混凝土保护层厚度值检测钢筋直径时，应事先钻孔确定钢筋的混凝土保护层厚度。

9.2.7 需要通过实物对钢筋直径检测结果进行验证时，应采取下列措施：

1 钢筋的直径检测宜结合钻孔、剔凿的方法进行，钻孔、剔凿的数量不应少于该规格已测钢筋的30%且不应少于3处，当实际检测数量不到3处时应全部选取。钻孔、剔凿时，不得损坏钢筋，实测应采用游标卡尺。

2 根据游标卡尺的测量结果，可通过钢筋产品标准查出对应的钢筋公称直径。

3 钢筋探测仪测得的钢筋直径与钢筋实际公称直径之差大于1mm时，应以实测结果为准。

9.2.8 检测数据处理应符合下列要求：

1 钢筋的混凝土保护层厚度平均检测值应按式（9.2.8-1）计算：

$$c_{m,i}^t = (c_1^t + c_2^t + 2c_c - 2c_0)/2 \qquad (9.2.8-1)$$

式中 $c_{m,i}^t$ ——第i测点混凝土保护层厚度平均检测值，精确至1mm；

c_1^t、c_2^t ——第一、第二次检测的混凝土保护层厚度检测值，精确至1mm；

c_c——混凝土保护层厚度修正值，为同一规格钢筋的混凝土保护层厚度实测验证值减去检测值，精确至 0.1mm；

c_0——探头垫块厚度，精确至 0.1mm；不加垫块时 $c_0 = 0$。

2 检测钢筋间距时，可根据实际需要采用绘图方式给出结果。当同一构件检测钢筋不少于 7 根钢筋（6 个间隔）时，也可给出被测钢筋的最大间距、最小间距，并按式（9.2.8-2）计算钢筋平均间距：

$$S_{m,i} = \frac{\sum_{i=1}^{n} S_i}{n} \qquad (9.2.8-2)$$

式中 $S_{m,i}$——钢筋平均间距，精确至 1mm；

　　　　n——钢筋间隔数；

　　　　S_i——第 i 个钢筋间距，精确至 1mm。

9.3 探地雷达法

9.3.1 探地雷达法宜用于混凝土中钢筋间距的快速扫描检测，也可用于钢筋的混凝土保护层厚度检测。

9.3.2 雷达仪应符合 5.4.2 条、5.4.3 条的要求，并应按附录 B 的规定进行校准。

9.3.3 雷达系统技术指标应符合 8.4.3 条的要求。

9.3.4 采用探地雷达法检测混凝土中钢筋间距和保护层厚度应符合下列要求：

1 检测前应根据设计资料结合现场试验，选择合适的雷达天线中心频率。

2 根据设计资料中被测混凝土中钢筋的排列方向，雷达仪天线应沿垂直于选定的被测钢筋轴线方向扫描，应根据钢筋的反射波位置确定钢筋间距和混凝土保护层厚度检测值。

9.3.5 遇到下列情况之一时，必要时可采用钻孔、剔凿等方法验证：

1 相邻钢筋对检测结果有影响。

2 钢筋实际根数、位置与设计有较大偏差或无资料可供参考。

3 混凝土含水率较高。

4 钢筋及混凝土材质与校准试件有显著差异。

9.3.6 检测数据处理应按 9.2.8 条的规定执行。

9.4 半电池电位法

9.4.1 本方法适用于定性评估干燥或非饱水状态下钢筋混凝土结构中钢筋的锈蚀性状。

9.4.2 检测仪器设备应包括自制铜-硫酸铜参比电极、直流电压表、电瓶夹头、导线等。

9.4.3 试验采用的仪器设备除应符合 SL 352 的规定外，尚应符合下列要求：

1 试验结束后，应及时清洗刚性管、铜棒和多孔塞，并应密封盖好多孔塞。

2 先采用稀释的盐酸溶液轻轻擦洗铜棒，再用蒸馏水清洗干净。不得用钢毛刷擦洗铜棒及刚性管。

3 硫酸铜溶液应根据使用时间更换，更换后宜采用甘汞电极校准。在室温（22±1）℃时，铜-硫酸铜电极与甘汞电极之间的电位差应为（68±10）mV。

9.4.4 试验步骤应按 SL 352 的规定进行。

9.4.5 检测过程中系统稳定性应符合下列要求：

1 在同一测点，用相同仪器重复 2 次测得该点的电位差值应小于 10mV。

2 在同一测点，用两只不同的仪器重复 2 次测得该点的电位差值应小于 20mV。

9.4.6 检测应注意下列事项：

1 应测量并记录环境温度。

2 应按测区编号，将仪器依次放在各电位测点上，检测并记录各测点的电位值。

3 检测时，应及时清除电连接垫表面的吸附物，半电池多孔塞与混凝土表面应形成电通路。

4 在水平方向和垂直方向上检测时，应保证半电池刚性管中的饱和硫酸铜溶液同时与多孔塞和铜棒保持完全接触。

5 检测时应避免外界各种因素产生的电流影响。

9.4.7 当检测环境温度在（22±5）℃之外时，应按式（9.4.7-1）和式（9.4.7-2）对测点的电位值进行温度修正：

$T \geqslant 27℃$

$$E = k(T - 27.0) + E_R \qquad (9.4.7-1)$$

$0℃ < T \leqslant 17℃$

$$E = k(T - 17.0) + E_R \qquad (9.4.7-2)$$

式中　E——温度修正后电位值，精确至 1mV；

　　　E_R——温度修正前电位值，精确至 1mV；

　　　T——检测环境温度，精确至 1℃；

　　　k——系数，取 0.9mV/℃。

9.4.8 半电池电位法检测结果评判应符合下列要求：

1 半电池电位检测结果可采用电位等值线图表示被测结构及构件中钢筋的锈蚀性状。

2 宜按合适比例在结构及构件图上标出各测点的半电池电位值，可通过数值相等的各点或内插等值的各点绘出电位等值线。电位等值线的最大间隔宜为 100mV，如图 9.4.8 所示。

3 当采用半电池电位值评价钢筋锈蚀性状时，应根据表9.4.8 进行判断。

表 9.4.8　半电池电位值评价钢筋锈蚀性状依据

电位水平/mV	钢筋锈蚀性状
＞-200	发生锈蚀的概率＜10%
-200～-350	锈蚀性状不确定
＜-350	发生锈蚀的概率＞90%

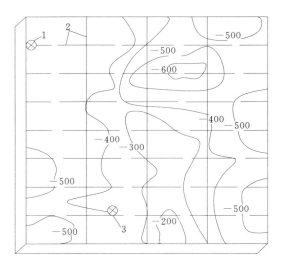

图 9.4.8 电位等值线示意图

1—检测仪与钢筋连接点；2—钢筋；3—铜-硫酸铜参比电极

9.4.9 钢筋的实际锈蚀状况宜进行剔凿实测验证。

10 水下缺陷与渗漏检测

10.1 一般规定

10.1.1 水下缺陷检测宜采用水下摄录法；渗漏检测宜采用自然电场法、拟流场法、温度场法、同位素示踪法和声纳渗流矢量法。

10.1.2 采用自然电场法、拟流场法、温度场法、同位素示踪法进行水下渗漏检测时，宜参照 SL 436 的有关规定执行。

10.1.3 宜先普查后详查。普查应能检测出缺陷或渗漏分布情况。详查应能检测出缺陷或渗漏的性质、具体位置和范围，渗漏流量和流速。

10.1.4 水下检测的潜水人员、设备和系统、作业程序等安全要求应按 GB 26123 和 GB 28396 的有关规定执行。

10.2 水下摄录法

10.2.1 本方法适用于水中能目视观察到的混凝土结构外观缺陷检测。

10.2.2 主要仪器设备应包括视频采集器、水下摄录机、水下照明灯具、水上与水下通信设备等。

10.2.3 检测准备应符合下列要求：

    1 应了解检测区域的水质、水温、水流等水文条件和现场环境。

    2 应清理检测区域障碍物和结构表面附着物。

    3 宜根据现场条件制定摄录机拍摄方向、距离、路线、光照等摄录方案。

10.2.4 检测应符合下列要求：

    1 检测时宜分条、块进行，条宽不宜大于摄录机最佳视角宽度，块长不宜大于一次水下作业长度。条、块应做醒目的刻度

标记，标记的起点位置应明确，标记的数字不宜重复出现，如图
10.2.4 所示。

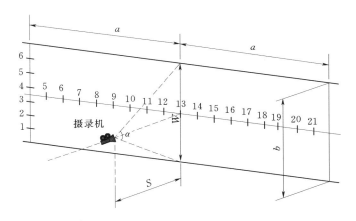

图 10.2.4 检测条、块划分示意图

a—块长；b—条宽；S—最佳视距；α—视角；W—最佳视角宽度

2 应选择最佳的摄录距离和角度，摄录的每帧图像应清晰，并包含标记数字。

3 应结合目视对缺陷范围、裂缝走向、宽度和长度进行量测，对缺陷和裂缝性质进行描述。

10.2.5 检测结果及整理应符合下列要求：

1 检测结果应包含整个检测区域，不应有遗漏。

2 离散的图像宜按相邻条或块拼接成整张图像。

3 拼接后的图像应附有刻度标记。

10.3 声纳渗流矢量法

10.3.1 本方法适用于水深大于 1m，水下混凝土结构破损渗漏、结构界面渗漏等位置、流速、渗漏方向、渗漏流量的检测。

10.3.2 主要检测仪器和设备应包括声纳渗流矢量测量探头、地面测量数据显示器、GPS 测量定位系统、水上测量船等。

10.3.3 仪器设备应符合下列要求：

1 GPS(X、Y 坐标）定位允许误差为 ±0.5m。

2 Z 坐标水下深度测量允许误差为 ±0.07%。

3 正常工作条件：环境温度 −10～+40℃。

10.3.4 声纳流速矢量测量仪校验应采用标准水流试验槽进行标定。测量流速精度应达到 $1×10^{-6}$ cm/s，流向测量允许误差为±0.4°。

10.3.5 检测时应避开水电站运行等声源影响，如无法避开，应做影响区内、外声源条件检测对比试验，并在数据处理时进行声源影响分析。

10.3.6 测线布置应符合下列要求：

1 在检测区域水面上平行和垂直建筑结构表面布置纵向和横向测线，测线布置宜兼顾结构缝位置，且间距不宜大于 5m。

2 纵、横测线组成的渗漏检测网应大于被检测区域。

3 应对网格节点逐一编号，每一节点为测点。

10.3.7 渗漏区域检测应符合下列要求：

1 测量探头宜按网格节点垂直水面投放，在接触结构表面且水流平稳时开始测量。

2 测量时测量探头应保持铅锤状态。

3 当检测到有渗漏异常时，应加大测量点的密度。

4 检测到疑似渗漏点位置时应进行 3 次重复测量。

5 被测量到渗漏点位置流速应与同条件的正常位置对比，且对比点数不应小于 3 个。

10.3.8 渗流场流速应按式（10.3.8）计算：

$$U = -\frac{L^2}{2X}\left(\frac{1}{T_{B1}} - \frac{1}{T_{1B}}\right) \qquad (10.3.8)$$

式中 U——流体通过传感器 B 到传感器 1 或传感器 1 到传感器 B（图 10.3.8）之间声道上平均流速，m/s；

L——声波在传感器 B 和 1 之间传播路径的长度，m；

X——传播路径的轴向分量，m；

T_{B1}、T_{1B}——从传感器 B 到传感器 1 或从传感器 1 到传感器 B 的
传播时间，s。

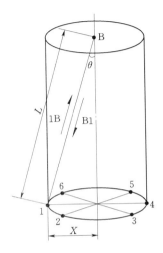

图 10.3.8　声纳测量原理示意图
B—传感器；1～6—传感器阵列

10.3.9　绘制流场流速等值线图，应区别各种流速区的界限
位置。

10.3.10　当流速大于 0.5cm/s 时应重复巡回测量，并依据前一
次测量的渗漏流速与流速方向，进行下一次更大渗漏流速与方向
的测量，直到找出发生渗漏入水口的准确位置。

10.3.11　测区累计渗漏流量应按式（10.3.11）计算：

$$Q = \sum_{i=1}^{n} U_i A_i \qquad (10.3.11)$$

式中　Q——总渗漏量，cm^3/s；

　　　U_i——单元渗漏流速，cm/s；

　　　A_i——单元有效面积，cm^2。

11 检 测 报 告

11.0.1 检测报告应结论明确、用词规范、文字简练，对于容易混淆的概念和术语应书面做出解释。

11.0.2 检测报告应包括下列内容：

——工程名称、概况，结构类型及外观描述；

——委托单位名称，任务来源和检测目的；

——检测依据，检测项目和数量，检测方法；

——检验仪器设备型号、特性参数、检定情况；

——检测布置图，必要的工程照片；

——检测结果，包括整理后的数据和图表及需要说明的事项；

——检测结论。

附录 A   钢筋探测仪的校准方法

A.1   校准试件的制作

A.1.1   制作校准试件的材料不得对仪器产生电磁干扰，可采用混凝土、木材、塑料、环氧树脂等。宜优先采用混凝土材料，且在混凝土龄期达到 28d 后使用。

A.1.2   制作校准试件时，宜将钢筋预埋在校准试件中，钢筋埋置时两端应露出试件，长度宜为 50mm 以上。试件表面应平整，钢筋轴线应平行于试件表面，从试件 4 个侧面量测其钢筋的埋置深度应不相同，并且同一钢筋两外露端轴线至试件同一表面的垂直距离差应在 0.5mm 之内。

A.1.3   校准的试件尺寸、钢筋公称直径和钢筋保护层厚度可根据钢筋探测仪的量程进行设置，并应与工程中被检钢筋的实际参数基本相同。钢筋间距校准试件的制作可按附录 B.1.2 条进行。

A.2   校准项目及指标要求

A.2.1   应对钢筋间距、混凝土保护层厚度和钢筋公称直径 3 个检测项目进行校准。

A.2.2   钢筋间距校准的允许误差应为 ±3mm，混凝土保护层厚度校准的允许误差应为 ±1mm，钢筋公称直径校准的允许误差应为 ±1mm。

A.3   校 准 步 骤

A.3.1   应在试件各测试表面标记出钢筋的实际轴线位置，用游标卡尺量测两外露钢筋在各测试面上的实际保护层厚度值，取其平均值，精确至 0.1mm。

A.3.2   应采用游标卡尺量测钢筋，精确至 0.1mm，并通过相关的钢筋产品标准查出其对应的公称直径。

A.3.3 校准时，钢筋探测仪探头应在试件上进行扫描，并标记出仪器所指定的钢筋轴线，应采用直尺量测试件表面钢筋探测仪所测定的钢筋轴线与实际钢筋轴线之间的最大偏差。记录钢筋探测仪指示的保护层厚度检测值。对于具有钢筋公称直径检测功能的钢筋探测仪，应进行钢筋公称直径检测。

A.3.4 钢筋探测仪检测值和实际量测值的对比结果均符合附录A.2节的要求时，应判定钢筋探测仪合格。当部分项目指标以及一定量程范围内符合附录A.2节的要求时，应判定其相应部分合格，但应限定钢筋探测仪的使用范围，并应指明其符合的项目和量程范围以及不符合的项目和量程范围。

A.3.5 经过校准合格或部分合格的钢筋探测仪，应注明所采用的校准试件的钢筋牌号、规格以及校准试件材质。

附录 B 探地雷达仪校准方法

B. 1 校准试件的制作

B. 1. 1 应选择当地常用的原材料及强度等级制作混凝土板，并宜采用同盘混凝土拌和物同时制作校正混凝土介电常数的素混凝土试块，其大小应参考雷达仪说明书的要求。当试件较多时，校准用混凝土板应和校正介电常数的试块逐一对应。

B. 1. 2 混凝土板应采用单层钢筋网，宜采用直径为 8～12mm 的圆钢制作，其间距宜为 100～150mm，钢筋的混凝土保护层厚度应覆盖 15mm、40mm、65mm、90mm 四个区段，每个混凝土保护层厚度的钢筋网至少应有 8 个间距。钢筋两端应外露，其两端混凝土保护层厚度差不应大于 0.5mm，两端的间距差不应大于 1mm，否则应重新制作试件。也可根据工程实际制作相应的试件。

B. 1. 3 制作混凝土试件的原材料均不得含有铁磁性物质，试件浇筑后 7d 内应洒水并覆盖养护，7d 后采用自然养护，试件龄期应达到 28d 后使用。

B. 2 校准项目及指标要求

B. 2. 1 应对钢筋间距和混凝土保护层厚度 2 个项目进行校准。

B. 2. 2 钢筋间距校准的允许误差应为 ±5mm，混凝土保护层厚度校准的允许误差应为 ±3mm。

B. 3 校 准 步 骤

B. 3. 1 校准过程中应避免外界的电磁干扰。

B. 3. 2 应先校正试件的介电常数，然后再进行雷达仪校准。

B. 3. 3 在外露钢筋的两端，应采用钢卷尺量测 6 段钢筋间距内的总长度，取平均值，并作为钢筋的实际平均间距。同时用游标卡尺量测钢筋两外露端实际混凝土保护层厚度值，取其平均值。

B.3.4 应根据雷达仪在试件上的扫描结果，标记出雷达仪所指定的钢筋轴线，并应根据扫描结果计算钢筋平均间距及混凝土保护层厚度检测值。

B.3.5 当雷达仪检测值和实际测量值的对比结果均符合附录B.2节的要求时，应判定雷达仪合格。当部分项目指标以及一定量程范围内符合附录B.2节的要求时，应判定其相应部分合格，但应限定雷达仪的使用范围，并应指明其符合的项目和量程范围以及不符合的项目和量程范围。

B.3.6 经过校准合格或部分合格的雷达仪，应注明所采用的校准试件的钢筋牌号、规格以及混凝土材质。

条 文 说 明

1 总 则

1.0.2 本条规定了本标准的适用范围。这里的混凝土结构缺陷是指混凝土强度和结构尺度不足，混凝土结构裂缝、蜂窝、空洞，钢筋分布和锈蚀，表层碳化，混凝土结构渗漏等。检测是指采用一定技术措施和方法对这些水工混凝土结构存在的问题进行查明，并提出定量或定性结论。因此，对于一般的结构尺度的表面量测等不在本标准规定的范围内。

1.0.3 由于科学技术的不断进步，检测仪器和检测方法不断推陈出新，为适应水利水电工程建设的需要，要结合工程实践经验和科学研究成果，积极采用国内外先进技术。

3 基 本 规 定

3.0.1 检测工作优先考虑使用无损检测方法，避免对结构造成损伤。如果采用破损检测方法［钻孔（取芯）法、拔出法等］，要避开结构受力较大或对工程安全影响敏感部位。检测结束后及时对检测损伤部位进行修复。

3.0.2 本条规定检测人员在开展检测工作之前应掌握的有关基本情况，以便下一步开展现场调查、方案制定等工作。

3.0.4 一般情况下，混凝土结构工程质量按 GB 50300《建筑工程施工质量验收统一标准》和相应的工程施工质量验收规范进行验收。

3.0.6 本条规定了检测工作的基本程序，其中工程调查和工作大纲是检测工作的基础。

工程调查的内容主要是收集混凝土结构设计文件、施工记录、工程验收和有关勘察资料；调查混凝土结构工程的缺陷现状、环境条件，加固维修、运行、荷载变化情况；向设计、施工、监理、管理等有关人员进行调查等项工作。

工作大纲主要包括工程概况、检测目的与要求、检测标准及有关技术资料、检测项目、检测方法、检测范围、检测人员和仪器设备情况、检测工作进度计划、所需要的配合工作、检测中的安全、环境保护措施等内容。

3.0.7 目前的检测方法很多，但每一种检测方法都有其适用性和局限性，因此，要根据检测目的、结构类型、结构状态、环境条件等选用适宜的检测方法。

3.0.8 采用钻孔等破损检测的混凝土结构，要进行不低于原结构物混凝土强度和性能的新混凝土回填，新老混凝土应结合良好。

3.0.10 本条规定了检测记录的基本要求以及应必备的信息。一般可疑现象与工程质量有关，记录这一信息有利于检测结果分析。

4 混凝土外观缺陷调查

4.1 一 般 规 定

4.1.1 水工混凝土外观缺陷调查的目的是为将进行的专项检测项目提供翔实、可靠和有效的调查数据及基础资料。

4.1.3 本条规定水下调查应遵循的原则。目前水上检测在国内起步较早，技术设备也比较成熟。而水下检测要求人员或设备潜水作业，并且对检测设备的要求更高，这方面的检测工作起步较晚，但目前发展较快。

4.2 内 容 与 要 求

4.2.6 渗漏调查一般包括下列工作内容：

（1）渗漏的规模及其在混凝土结构中的空间分布，检查结构物表面的渗漏点、渗漏裂缝和渗漏面，并进行相应编号，确定渗漏的位置，测量渗漏面的大小，测量每条渗漏裂缝的长度、宽度和倾角。按测量结果绘制渗漏分布图。

（2）调查渗水来源和渗漏水途径，可以通过色水试验或钻孔压水、超声波方法或其他探测手段，检测渗水出口之间的相互连通性和裂缝在混凝土内部的走向等。

（3）测定裂缝或蜂窝孔洞的渗漏水量、渗水压力和渗水流速；观测渗漏水量和水位、外界气温（或季节）变化的关系；收集水质资料，从离子、矿化度及 pH 值等判断渗水有无侵蚀性。

5 混凝土内部缺陷检测

5.1 一 般 规 定

5.1.1 对于混凝土缺陷，无损检测方法很多。目前，比较成熟和实用的方法是超声波法、冲击-回波法、探地雷达法。前一种方法已经应用了二十几年，而后两种方法是近 10 年发展起来的，但也已广泛地应用在各行混凝土结构质量检测领域。三种方法实际应用均比较成熟，因此推荐采用这些方法。为了减少误判，必要时采用直观的少量的钻芯法验证。

5.1.2 弹性波的信号采集主要受环境噪声和振动影响，电磁波主要受电磁辐射辐射影响。

5.1.3 影响较大、问题复杂或重要工程的混凝土结构因缺陷出现质量甚至安全事故时，所造成的危害和社会影响也很大。本条推荐两种或以上方法检测，主要是为提高检测结果的准确性和可靠性。

5.1.4 一般情况下，探地雷达法的优点是检测效率高，检测精度相对较低。冲击-回波法和超声波法检测效率低，检测精度相对较高。先采用探地雷达法，后结合冲击-回波法或超声波法可以提高效率，减少不必要的工作消耗。

5.2 超 声 波 法

5.2.2 结构形状和测试条件决定了采用的测试方法。

（1）一般梁、柱、墙体等具有两个相互平行自由面的混凝土结构，自由面自然成为测试面，可直接采用对测法、斜侧法和汇交法进行测试。

（2）水闸底板、隧洞衬砌等混凝土结构只有一个自由面，若将自由面作为测试面，显然收、发点之间的声波路径无法通过缺陷区域，需要钻孔才能实现测试。

（3）测试距离大，声波信号衰减也大，当这种衰减使换能器发出的能量无法被另一只换能器接收到，或者接收到的信号失真，需要钻孔缩短测试距离，使发射和接受具有较清晰的信号传递。

（4）大体积混凝土结构，如混凝土大坝，其厚度和高度远远大于目前的仪器所能测试的距离，测试时需要进行钻孔。

（5）埋入地下的混凝土结构，如桩基、地下连续墙等混凝土结构没有自由面，需要通过钻孔才能进行测试。有时这些结构尺寸比较单薄，钻孔对其性能可能产生较大影响，一般在施工中预埋管待完工质量检查时测试。

5.2.3 本条规定了采用钻孔测试的基本方法，执行过程中需根据实际情况采用适宜的方法，最终，既达到检测目的，又使结构破坏程度最低。

5.3 冲击-回波法

5.3.1 由冲击产生的弹性波必须能够抵达到缺陷位置，且在缺陷表面形成反射，反射后使表面引起位移响应，放置在表面的传感器才能接收到信号。如果缺陷位置过深，或者探测的缺陷与混凝土的声阻抗差异很小，反射的应力波很弱，不能或者引起的表面位移很小，以至于传感器接收不到信号，或者波形振幅较低，振幅谱中将没有在与缺陷对应的频率上的峰值，本检测方法就不适用。目前，已知的可测试深度范围约为 5～200cm。

5.3.3 冲击头是表面经过硬化处理的钢球或尖端球体，一般由一套不同直径的钢球组成，检测时根据情况选取不同直径的钢球。钢球直径大小决定了检测缺陷分辨率和深度，直径小分辨率较高，检测深度较小；直径大分辨率较低，检测深度较大。

某试验在用冲击-回波法检测混凝土质量的结构模型试验中得出钢球直径与能分辨出目标体（缺陷）的大小及其相应埋深之间的相关关系，见表 1。

根据所检测的结构缺陷深度参考表 2 选择不同的冲击头直径。

表 1　冲击头直径与能分辨出目标体的大小及其相应埋深的关系

钢球直径 D/mm	冲击持续时间 t_c /μs	最大有用频率 f_{max} /Hz	波长 λ_{min} /mm	可检测缺陷最小平面尺寸 L_{min} /mm	可检测缺陷最小埋深 h_{min} /mm	可检测缺陷最大埋深 h_{max} /mm
2.0	10	125	32	32	16	128
4.0	18	70	57	57	28	228
5.0	22	57	70	70	35	280
6.5	29	43	93	93	47	372
8.0	35	36	111	111	56	444
9.5	42	30	133	133	66	532
12.5	55	23	175	175	88	700
15.0	66	19	210	210	105	840

表 2　冲击头直径选择参考值　　　　单位：mm

结构厚度	10~20	20~30	30~50	50~100	>100
冲击头直径	5	6~8	8~9.5	9.5~20	>20

传感器必须具有较宽的频带范围，以适应不同厚度混凝土结构的检测。传感器还必须有适宜的灵敏度，使得有用信号突出，干扰信号减少到最低限度，从而提高信号质量，使测试结果更精确。当采用 AD 转换设备时，其分辨率不应小于 12Bit。分辨率为 12Bit 时，单通道采样频率应在 500kHz 以上；分辨率为 16Bit 或以上时，采样频率应在 250kHz 以上。

为了能准确的记录 P 波到达时刻，需要压电元件和混凝土表面之间接触面积小，使用合适的材料使传感器和混凝土耦合。

触发前一般要能够采集大约 100 个记录点，因为最初的部分波形可以提供冲击接触时间信息，帮助识别由于耦合不好、电噪声或其他因素形成的无效波形。

设置正确的采集参数以便获取、记录和处理传感器的输出信号，可以避免因波形幅度过大而削峰，过小而识别困难。

采集数据的电压范围要使波形中的振幅充分，可以用肉眼检查其关键特性，如表面波信号和随后的振荡信号。电压范围过高，可能导致显示的波形图振幅过小，使检查困难。电压范围过小，可能导致接受传感器的信号削峰。

典型的采样频率一般在 $250\sim500\mathrm{kHz}$，采样时间间隔在 $2\sim4\mu s$。在记录的波形中，典型的数据点的数量是 1024 或 2048。典型的波形记录持续时间是 $4096\mu s$ 或 $8192\mu s$。

对于采集系统，设置触发点之前数据采集记录的数量是必要的，由于电子噪声，在 P 波达到之前可能引起信号波动，通过波形分析，这些数据记录信息可以评估波形基线值并知道这些波动的幅值，有助于识别 P 波的到时。

5.3.4 关于冲击-回波法厚度测量的误差要求实例列举如下：

（1）同济大学声学研究所顾轶东等，在上海市龙水南路现场路面厚度检测，通过现场取芯来验证测试结果，测量的厚度误差不大于 3%。

（2）南京水利科学研究院傅翔等，在板厚为 15cm、30cm、90cm 的混凝土试块上的冲击回波试验，测试厚度误差小于 5%。

（3）北京交通大学土木建筑工程学院硕士研究生聂文龙，在室内大试块构件厚度试验，试块厚度 50cm，测量的厚度误差不大于 2%。

（4）山东省交通运输厅公路局薛志超等，在梁板厚度检测中误差在 2%～3%。

（5）南京水利科学研究院罗骐先等，在测量混凝土内部缺陷试验时，测量范围（深度）10～200cm，测量厚度误差可达 5%。

（6）北京市康科瑞工程检测技术有限公司陈卫红等用冲击-回波法检测福建漳龙高速公路某段混凝土路面厚度的测试结果，与钻孔取芯实测相对误差仅为 2%。

以上检测的工程实例很多，所以本条规定组成测试系统厚度测量精度应不超过 5% 是可以接受的。

5.3.5 P 波波速是计算缺陷深度的基本参数，首先知道 P 波波速后，才能根据振幅谱中对应的缺陷频率值计算其深度。

5.3.6 在实际应用中，P 波波速的测量有下列几种可行方法：

（1）直接用冲击-回波法测量 P 波波速来确定混凝土声速。

（2）通过在一已知厚度的区域内用冲击回波法确定混凝土的波速，然后用该波速检测结构的其他部位。

（3）用超声平测法测量混凝土的声速。

本标准规定采用的是第一种方法，主要是第一种方法直接测出 P 波波速，便于统一检测行为，其他方法可以作为第一种方法的验证方法。

冲击点和传感器间的距离。一般情况下，接收点尽量靠近冲击点。但是也不建议太近，否则纵波、剪切波、瑞利波堆积在一起不易区分，传感器的响应受表面波的影响很大。冲击点和传感器间的距离要大于 10cm，一般为 15cm。

由于混凝土材料及配比、施工方法等发生变化，P 波波速也会发生变化，原测试的 P 波波速就不能再用于计算该部位的缺陷深度了，要测试相应的 P 波波速。

5.3.7 本条规定主要是为了减少漏测，使测试工作清晰、有条理，记录与实际现场情况对应。

对于缺陷检测，冲击点和传感器间的距离一般也不太大，因为随着距离的增大，纵波引起的垂直位移幅值减小，不易被接收，一般不能超过 30cm。在测试混凝土结构厚度时，美国 C1383-04 标准规定这一距离应小于 0.4 倍结构厚度。

冲击持续时间（钢球与混凝土表面的接触时间）决定了所产生的应力脉冲的频率成分，进而影响振幅谱中振幅峰值的大小，最终影响主频率的确定。要想获得高质量数据就要选择合适的冲击持续时间。对于直径为 D（单位：m）的钢球，从高度为 H 处自由下落到平直的混凝土板上，则冲击接触时间大约为

$$t_c = \frac{0.0043D}{H^{0.1}} \tag{1}$$

一般 H 为 $0.2 \sim 4$m，所以 $H^{0.1}$ 等于 $0.85 \sim 1.15$。可见冲击接触时间 t_c 与落高 H 的关系不大，可以忽略。从而导出冲击接触时间与钢球直径之间简单的线性关系：

$$t_c = 0.0043D \qquad (2)$$

由此，可以根据钢球直径估计冲击时间，换句话说根据要求的冲击时间选择合适的钢球直径。

有效波形的振幅谱会有一个对应结构厚度共振频率的峰值，如图 1 所示；或者有两个及以上的峰值，低频峰值对应结构厚度

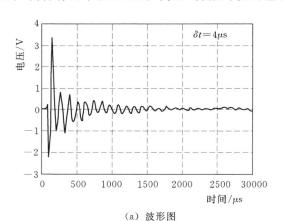

（a）波形图

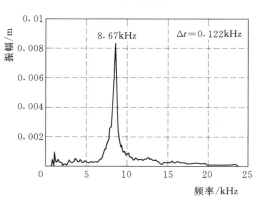

（b）振幅谱

图 1　有效的冲击-回波测试示意图

频率，高频峰值对应缺陷深度频率。无效的波形不显示周期性振荡，振幅谱也没有显著的主峰，如图 2 所示。

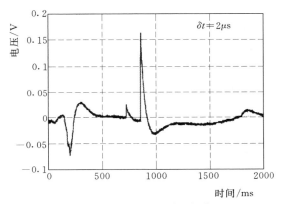

（a）波形不显示周期性振荡

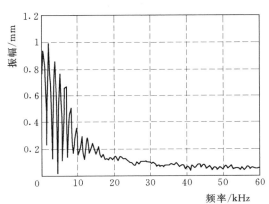

（b）振幅谱没有单一的主峰

图 2　无效的冲击-回波测试示意图

单次检测的结果可靠性不高，冲击源和接收传感器的位置变化，测试表面粉尘、传感器的耦合情况都会造成测试结果的影响，因此，每一测点重复测试 2 次进行验证，提高测试结果的准确性。

5.3.9　测试成果及整理基本步骤为原始波形回放，进行快速傅里叶变换（FFT），得到测点频谱图，根据频谱图频率主峰变化，确定是否存在缺陷，最后将缺陷范围、埋深标注在平面图上。

（1）缺陷判别实例。北京航空航天大学宁建国与山东科技大学曲华等，在"冲击-回波法检测混凝土结构"研究中，根据振幅谱将混凝土结构分质量较好（VGB）、质量一般（FB）、质量低下（PB）、质量较差（VPB）。

如图 3 所示，在高频 6054Hz 处有一振幅峰值，这是应力波在内部缺陷和构件表面来回反射造成的。在低频 1172Hz 处有一峰值振幅，这是应力波在混凝土底部边界多次反射的结果。与结构厚度相应的振幅峰值远远小于与缺陷深度相应的振幅峰值，说明应力波能大部分被缺陷表面反射，只有一小部分波能到达底部边界，所以在该测点认为 VPB 区。

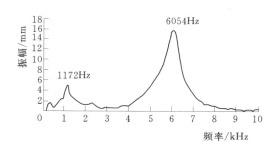

图 3　VPB 混凝土结构振幅谱

如图 4 所示，在低频 878Hz 处有一振幅峰值，这是应力波到达底部边界多次反射的结果。在高频 5100～7200Hz 之间有许

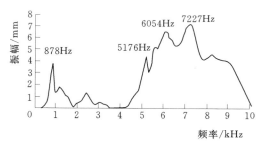

图 4　PB 混凝土结构振幅谱

多振幅峰值，振幅峰值大于低频部分的振幅峰值，表明在混凝土结构中存在小的孔洞或蜂窝。所以在该测点认为 PB 区。

图 5 为 FB 混凝土结构冲击回波法检测的频谱图。图中在低频 1269Hz 处有一较大振幅峰值，这表明有大部分应力波能到达底部边界，在高频 5273Hz 处有一振幅峰值，这表明在结构中有缺陷存在。

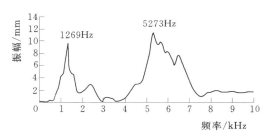

图 5　FB 混凝土结构振幅谱

图 6 为 VGB 混凝土结构冲击回波法检测的频谱图。图中在低频 1367Hz 处有一振幅峰值，在高频部分有一些小的振幅峰值，远远小于低频部分的振幅峰值，这表明几乎所有的应力波能传播到底部边界，在顶部表面和底部边界之间来回反射。

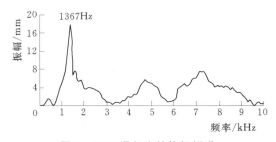

图 6　VGB 混凝土结构振幅谱

（2）关于几何形状系数 β：

① 几何形状系数 β 与结构横截面的高宽比有关，北京工业大学张志清、刘晓姗、丛铖东等推荐 $\beta = 0.8 \sim 0.96$。

② 中南林业科技大学周先雁教授，在指导学生刘恩才完成

论文《基于冲击回波法无损检测技术的试验及工程应用》中，得出几何形状系数 β 与结构横截面的高宽比有关，如图 7 所示。

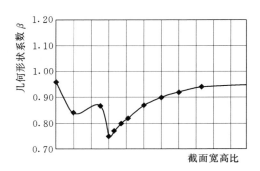

图 7 截面几何形状系数与宽高比关系

③ 北京航空航天大学土木工程系叶英华教授，在指导学生张绍兴对《L 型截面的钢筋混凝土柱几何形状系数进行试验研究》中，当几何形状系数 $\beta = 0.98$ 或 0.99 时，测试的厚度误差最小。$\beta = 0.99$ 时，误差在 $\pm 1\%$ 以内。

对于几何形状系数 β 值，建议当高和宽两者尺寸相差 2 倍以上时，采用 $\beta = 0.98$。否则，采用实测结果。即由已知的密实区结构厚度 h，测试的 C_p 和振幅谱中的 f 计算 β 值。

5.4 探地雷达法

5.4.2 作为完整的雷达系统，主要由雷达主机、雷达天线（包含发射和接收天线）及数据采集分析处理系统三部分组成，三者缺一不可。

5.4.4 不同的雷达天线，因其天线主频不同，波在介质中的衰减不同，发射的功率也不同，其探测深度存在很大的差别。因此，天线中心频率的选择需要兼顾目标深度、目标最小尺寸及天线的尺寸是否符合检测场地需要。一般来说，在满足检测深度要求下，尽量使用中心频率较高的天线。为方便检测，表 3 给出了不同频率天线参考测深。

表 3 不同频率天线参考测深

天线中心频率/MHz	500	1200	1600	2000
可达深度/m	1～4.5	0.3～1	0.2～0.7	0.1～0.5
参考测深/m	2	0.8	0.6	0.4

对一般商业雷达所提供的每一种中心频率天线，均给出了参考探测深度值，由于使用的探测系统不同，其结果会有一定的差异，但该参考值是在探测时应考虑的。

5.4.5 介质的相对介电常数由介质的电性质决定，但往往同一种介质在不同地方的差别很大。如混凝土的介电常数主要受混凝土的湿度所影响，不同湿度的混凝土会有不同的介电常数。干混凝土的介电常数 $\varepsilon_r = 4\sim10$，电磁波速 $v = 0.09\sim0.15\mathrm{m/ns}$；湿混凝土的介电常数 $\varepsilon_r = 10\sim20$，电磁波速 $v = 0.07\sim0.09\mathrm{m/ns}$。所以，介电常数和电磁波速一般在现场实验标定较可靠。

（1）介电常数标定。通常选择能够直接测量混凝土厚度的地方来标定介电常数。若已知混凝土厚度，同时，在雷达映像图上又能够分析出该厚度对应的雷达反射波的双程旅行时，就可以计算出该混凝土的相对介电常数。图 8 表示的是南京水利科学研究院胡少伟等根据雷达反射波图像来确定介电常数值的方法。

 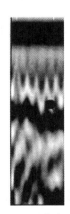 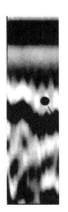

（a）ε 太大　　　　（b）ε 太小　　　　（c）ε 正确

图 8 介电常数选取典型图

（2）波速标定。要减少测量误差必须对波速进行精确标定，目前常用方法是采用钻芯取样的方法标定混凝土波速。如中国电波传播研究所施兴华等，在某工程检测中通过钻芯机得到水泥混凝土路面的厚度 $h=30\text{cm}$，并根据静态数据（见图9）从雷达图谱上得到电磁波在混凝土中的双层走时 $t=6\text{ns}$ 就可以得到波速 $v=2h/t=10\text{cm/ns}$。

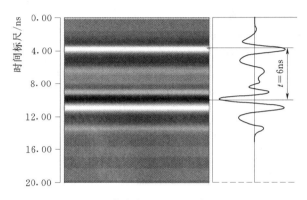

图9　静态数据剖面及波形图

5.4.6　通过测线布置，使目标体位置准确，有利于检测结果与实际情况对照，同时也防止目标漏测。根据检测环境和检测目的应合理布置测线，如混凝土坝、面板堆石坝面板、地下洞室衬砌等较大水工混凝土结构检测，测线间距可按较大尺寸的混凝土结构布置，但当对某一具体部位有怀疑，或闸室、挡墙等较小混凝土结构检测时，测线间距应按较小尺寸的混凝土结构布置。测线和测点应依次编号。

离散测量条件下测点间距的选择同所用天线的中心频率及所涉及的被检测介质的介电性有密切关系。为了保证被检测结构响应不出现空间假频，空间采样间隔应小于尼奎斯特（Nyquist）采样间隔。Nyquist 采样间隔 ΔX 为被探测目标体周围介质中雷达波波长的 1/4。在实际探测中，测点间距的选取还应考虑被探测目标体的最小空间尺度，通常情况下，测点间距小于所要求探测的最小目标体水平方向延伸长度的 1/3。

5.4.7 时窗长度决定了雷达系统对反射回来的雷达波信号取样的最大时间范围，决定了可显示于图像上的雷达探测范围。一般选取探测深度 h 为目标深度的 1.5 倍；时窗长度增大是为了考虑实际电磁波速度变化、目标体深度变化所留余量，多数时窗长度增大 30%，即调整系数 $\alpha = 1.3$。

采样点数指每道波形的扫描样点数。一般仪器均设置多种采样点数供实测选择（如每道波形可有 128、256、512、1024、2048 等五种采样点数）。为保证在一定条件下，每一个波形有 10 个采样点，扫描样点数应满足：扫描样点数≥10 时窗长度（ns）×天线频率（MHz）。例如对于 1000MHz 天线，50ns 的时窗长度，要求扫描样点数应大于 500Samples/Scan，可以选择 512。

采样率 Δt 是记录的单道反射波采样点之间的时间间隔。选取前提是保证天线较高的垂直分辨率。由尼奎斯特（Nyquist）采样定律，即采样频率至少要达到记录反射波中最高频率的 2 倍。对大多数雷达系统，频带与中心频率之比大致为 1，即发射脉冲能量覆盖的频率范围为 0.5~1.5 倍中心频率。这就是说，反射波的最高频率大约为中心频率的 3 倍。为使记录波形更完整，建议采样频率为天线中心频率的 6 倍。

连续测量方式表示地质雷达系统每秒钟自动记录一定数目的扫描信息。表面测点的多少取决于天线在表面的移动速度。而天线移动速度主要受雷达主机性能、道间距、采样率等参数的影响，扫描速度一定程度上代表了天线的移动速度，一般情况下，扫描速度越大，在相同道间距和采样率设置下，雷达天线的移动速度可以越大，天线移动速度因不同型号雷达性能不同而有所差异。

扫描速率确定后，根据探测目标体尺度决定天线的移动速度，估算移动速度的原则是要保持最小探测目标内至少有 20 条扫描线。例如扫描速率为 64Scans/s，最小探测目标尺度为 10cm，天线移动速度要小于 32cm/s。

5.4.9、5.4.10 数据处理是资料解释的基础，其结果直接反应了雷达测试工作的成果。数据处理工作包括基本处理和高级处理两部分。基本处理阶段主要采用调增益和一维滤波。高级处理包括反褶积、偏移归位、希尔伯特变换、速度分析及二维滤波处理。对数据处理的目的是最大限度地压制随机干扰，提高信噪比，突出目标信息，为反演解释工作提供成果图。

针对原始数据中可能出现的错误操作、遗漏或多余数据而进行的操作。数据处理前，剔除因天线未放好或天线移动过程中采集到的数据。

（1）雷达图像数据解释即通过一系列分析比对方法，最终确定目标体特征。

a. 雷达图像解释应结合多个剖面的雷达数据，找到数据之间的相关性，即通过比较相邻测线的雷达灰度剖面图，找出不同雷达图上相似图像特征的反射信息，进行比对分析。

b. 结合现场的实际情况，综合被检测区域表面情况和实际探测图像，反复比对被检测表面情况和图像特征，进行分析。

c. 最后，将前面两步确定的雷达图像和经典的经过验证的雷达图进行比对分析，并最终确定目标体特征。混凝土中的雷达缺陷图像都具有一定的相似性，因此经过验证的雷达图像都具有一定的可参考性，可以作为经典图像进行参考。

（2）单个雷达图像分析步骤可归纳如下：

a. 根据反射波组的波形和强度特征对同相轴进行追踪以识别反射波组界面特征。

b. 根据环境观察记录，初步了解干扰源分布，估计干扰反射波组在雷达剖面图像的位置，并根据其具体特征进行识别。

c. 识别出干扰反射波后，除直达波外的其他反射波组，一般都是检测区域介质反射波，可追踪性较好，大多呈较平缓的曲线形。

d. 反射波组的同相性、相似性为反射层追踪提供依据，确定具有一定形态特征的反射波组是识别反射体的基础。

e. 确定反射层界面的基本流程是：从垂直走向的剖面开始，逐条剖面确定反射界面点，然后将剖面确定的反射界面点全部连接起来。

5.4.12 在雷达数据记录资料中，根据相邻道上反射波的对比，把不同道上同一连续界面反射波相同相位连接起来的对比线称为同向轴。同向轴的时间、形态、强弱、方向正反等特征是数据解释最重要的基础，而反射波组的同向性与相似性也为反射层面的追踪提供依据。同向轴的形态与探测目标物的形态并非完全一致，由于边缘反射效应的存在，使得目标物波形的边缘形态有很大差异。对于孤立的目标体，其反射波的同向轴为开口向下的抛物线，有限平板界面反射的同向轴中部为平板，两端为半支开口向下的抛物线。

6 混凝土裂缝深度检测

6.3 面 波 法

6.3.1 由于纵波的波速明显大于面波，不同介质中面波、纵波波速与横波波速比变化规律如图10所示，当测试形状不规则或测试面较小时，从测试对象不规则边角与侧面反射回的纵波与面波发生叠加后对接收器产生干扰。因此，为准确接收面波信号，本条规定面波法适用于形状规则、测试面较大的混凝土内部的深层裂缝。

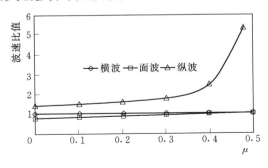

图 10　纵波、横波和面波波速与泊松比 μ 关系

6.3.4 面波在传播过程中所发生的几何衰减和材料衰减，可以通过系统补正，而保持其振幅不变。但是，瑞利波在遇到裂缝时，其传播在某种程度上被遮断，在通过裂缝以后波的能量和振幅会减少，如图 11 所示。

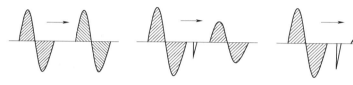

（a）无裂缝时面波不衰减　　（b）浅裂缝时面波衰减小　　（c）深裂缝时面波衰减大

图 11　面波传播过程示意图

因此，根据裂缝前后波的振幅变化（振幅比），便可以推算其深度。根据试验资料和理论分析结果，获取裂缝深度与振幅比的关系：

$$h = -\zeta\lambda\ln\hat{x} \tag{3}$$

6.3.5 裂缝深度检测结果 h 不应大于 1.3 倍面波波长 λ。不同泊松比时面波的水平、垂直位移振幅随深度的变化曲线如图 12 所示。对于不同介质，随着深度的增加，面波的水平和垂直位移

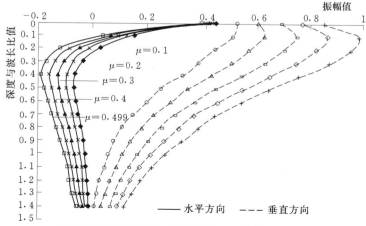

图 12　不同泊松比 μ 时振幅值与深度的变化关系

1918

振幅达到极值后迅速降低，其主要能量主要集中在 1.3λ 深度范围内，由此认为面波的穿透的最大深度约为 1.3λ。

7 混凝土强度检测

7.1 一 般 规 定

7.1.1 混凝土强度检测除了常用的回弹法、超声波法、超声回弹综合法、钻芯法外，还有后装拔出法，该方法多用于建筑、铁路工程领域，因水利行业不常使用，故未列入本标准，如有需要时可按 TB 10426《铁路工程结构混凝土强度检测规程》的有关规定执行。

7.2 回 弹 法

7.2.1 回弹法检测混凝土抗压强度引用 SL 352。

7.3 超 声 波 法

7.3.1 超声回弹综合法检测混凝土抗压强度引用 SL 352。

7.4 超声回弹综合法

7.4.1 超声回弹综合法中采用的回弹法是通过回弹仪检测混凝土表面的硬度来推算混凝土强度的方法，因此测试的结构或构件的混凝土表面质量不得存在明显缺陷，对检测结果有争议或怀疑时，可用钻芯法进行验证。由于遭受冻害、化学腐蚀、火灾损伤及埋有块石的混凝土均会使混凝土声速发生变化，因而不能采用超声回弹法测试。

7.4.5 本条所指的普通混凝土是指未掺入引气剂的混凝土，而引气混凝土则是指在拌和过程中通过掺入引气剂引入大量均匀分布、稳定而封闭的微小气泡的混凝土。

7.4.5 采用中型回弹仪或重型回弹仪检测强度相关关系式参照 JTJ/T 272《港口工程混凝土非破损检测技术规程》。

7.5 钻 芯 法

7.5.1 钻芯机、锯切机等主要设备的技术性能直接影响到芯样的质量，影响到芯样试件抗压强度样本的标准差，因此，一般要求每台设备均有产品合格证并满足相应的要求。

（1）混凝土钻芯机一般采用轻便型钻芯机，并满足下列要求：

a. 主轴空载转速宜具有 850r/min 和 480r/min 两挡，径向跳动不宜超过 0.1mm。

b. 具有水冷却系统。

c. 钻取芯样时一般采用人造金刚石薄壁钻头，钻头胎体不得有肉眼可见的裂缝、缺边、少角、倾斜和喇叭口变形。

d. 钻头胎体对刚体的同心度偏差不得大于 0.3mm，钻头的径向跳动一般不大于 1.5mm。

（2）锯切机可采用手动或自动两种型式，并满足下列要求：

a. 线速度可控制在 0.7～0.8m/min。

b. 进刀速度可控制在 8～12m/min。

c. 水冷却系统，水压可保持在 0.01MPa。

d. 配套使用的人造金刚石圆锯片应有足够的刚度。

（3）芯样试件端面磨平机，能保证处理芯样试件端面平整。

（4）补平装置要保证芯样的端面平整、芯样端面与芯样轴线垂直。

（5）探测钢筋位置的磁感仪，探测深度不小于 60mm，探测位置的偏差不大于 ±5mm。

7.5.2

1 根据国内试验研究结果，在抗压试验中，使用标准芯样试件样本的标准差相对较小，使用小直径芯样试件可能会造成样本的标准差增大，因此推荐使用标准芯样试件确定混凝土抗压强度值。在一定条件下，公称直径 70～75mm 芯样试件抗压强度值的平均值与标准试件抗压强度值的平均值基本相当。因此，允许有条件地使用小直径芯样试件。

2 钻芯法属局部破损检测法,因此在选择钻芯位置时应尽量选择在结构受力较小的部位,尤其对于正在工作中的结构更应特别注意,尽量避免对结构安全工作造成影响。

在混凝土结构中,由于受施工、养护或位置的影响,其各部位的强度并不是均匀一致的,因此在选择钻芯位置时要考虑这些因素,以使取芯位置的混凝土强度具有代表性和避免对结构造成过大损伤。

在钻芯过程中如果碰到钢筋、预埋件或管线,不仅容易损坏钻头,甚至取出的芯样不符合要求,而且也给修复工作带来困难。因此在取芯前,需根据结构图并借助探测钢筋位置的磁感仪等查明这些物品的位置。

3 当构件体积或截面尺寸较大时,取芯数量不少于 3 个,取芯位置应尽量分散,以减少对结构强度的影响。

7.5.3

1 采用较高的进钻速度会加大芯样的损伤。因此,应控制进钻速度。

2 对芯样应进行标记,防止芯样位置出现混乱,对结构构件混凝土强度的评定造成影响。

3 钻取芯样后的构件应及时对孔洞进行修补,以保证结构的工作性能。

7.5.4 根据水工混凝土特点,一般在芯样长度足够的情况下,将芯样由表及里划分成表面区、中部区及内部区,这样可以根据检测结果确定混凝土结构强度缺陷深度,为工程除险加固设计提供依据。

7.5.5 芯样试件锯切后端面感观上比较平整,但一般不能符合抗压试件的要求。试验研究表明,锯切芯样的抗压强度比端面加工后芯样试件的抗压强度降低 10% ～ 30%。因而对试件的端面平整度误差提出了要求。

8 混凝土结构厚度检测

8.1 一 般 规 定

8.1.1 混凝土结构厚度的检测，可根据具体情况，选用厚度测定仪器量测或局部钻孔测定。

8.1.2 选取有代表性的部位进行检测，即可减少测试工作量，又使测试结果更符合混凝土实际情况。

8.2 超 声 波 法

8.2.1 当混凝土遭受冻害、高温作用、化学物质侵蚀时，其表层会受到不同程度的损伤，产生裂缝或疏松从而降低对钢筋的保护作用，影响结构的承载能力和耐久性。用超声波检测表面损伤层厚度，既能反映混凝土被破损的程度，又为结构加固补强提供技术依据。

8.2.3 测线长度布置能探测到损伤层的最厚处。测试物表面尽可能干燥，因为水的声速比空气的声速大 4 倍多，如果受损伤而较疏松的表层混凝土潮湿，则其声速值偏高，与未损伤的内部混凝土声速差异减小，使检测结果产生较大误差。若测试部位表面有接缝或饰面层，也会使声速测值不能反映损伤层混凝土实际情况。为了提高检测结果的准确性和可靠性，可根据测试数据选取有代表性的部位，局部凿开或钻取芯样进行验证。

  检测较薄的损伤层时，接收换能器（R）每次移动的距离不建议太大，为便于绘制时间—距离关系曲线图，同时为了确定表面损伤层厚度区域范围，每一测线的测点数一般不少于 10 点。

  混凝土表面损伤层检测，一般进行单面平测，其接收信号较弱，为便于测读，确保接收信号具有一定首波幅度，一般选用较低主频的换能器。测试时，固定发射换能器（T）保持不动，将接收换能器（R）按 100mm 的等距离直线方向移动，如图 13 所示。

8.2.4 用回归分析的方法分别求出损伤、未损伤混凝土的回归

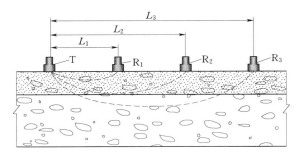

图 13　表面损伤层厚度测试示意图

直线方程，再根据两个回归直线的拐点在纵轴上交点所对应距离为 L_0，回归系数 $b_1 = V_f$，$b_2 = V_a$，按式（8.2.4-4）计算损伤层厚度。

8.2.5　选择具有一对平行测试面且不存在结合面、孔洞、裂缝的结构进行厚度检测。测点疏密视结构尺寸、质量优劣和测量精度而定。在数值偏低的部位，可根据情况加密测点，再行测试。

8.3　冲击-回波法

8.3.1　冲击-回波法是基于弹性波和物体内部结构相互作用产生共振，由共振频率来计算混凝土结构厚度的无损检测方法，具有可单面检测，精度高，测深大，受结构混凝土材料组分与结构状况差异影响小的优点，因此可广泛用于确定单层混凝土结构厚度。

8.3.3　检测表面要干燥并清除其上的污垢和碎屑。正在养护的混凝土不布置测试点。在混凝土结构表面选择接收传感器及敲击点位置，避开混凝土表面蜂窝、接缝、裂缝等缺陷。

　　通过敲锤敲击混凝土结构的测试面，冲击荷载在结构内产生波动并传播。当结构内部存在声阻抗不同界面时，P 波在界面和检测面之间出现多次反复反射的现象，此时，会稳定出现以多重反射波周期为基础的驻波，分析此驻波的频率可以确定其周期，有效波形的频谱图将有一个占主导地位的峰值，这一主导峰值处在对应混凝土板的频率上。一个无效的冲击回波的波形为非周期振荡，频谱图没有单一的主峰。

测试结果有效时应进行下一点的测试。如果波形无效，应检查测试面的清洁、平整情况及冲击器选择是否准确。

8.3.4 知道了混凝土结构内部纵向 P 波的速度，就可以根据频率与 P 波波速的关系按式（5.3.9）计算混凝土的厚度，求得深度 h_c 即为混凝土结构厚度。

8.4 探地雷达法

8.4.3 受天线分辨率和探测深度关系的影响，探地雷达法检测混凝土厚度时，应选取适当的横向采样点间距和主频天线，并采用合理参数对数据进行处理。

8.4.4 混凝土结构厚度检测时，探地雷达天线中心频率范围宜为 100 ～ 1600MHz，通常情况下雷达天线中心频率为 100MHz 时，可以检测低标号（如 C20）混凝土或厚度约为 1m 的混凝土；天线中心频率为 1600MHz 时，可以检测高标号混凝土或厚度约为 0.5m 的混凝土。当多个频率的天线均能符合探测深度要求时，一般选用频率相对较高的天线，以提高测试精度。

8.4.7 检测数据一般是需经数字滤波、背景去除、反褶积、增益恢复、时差校正和偏移等处理后绘制的雷达灰度图或色谱剖面图。

8.5 钻 孔 法

8.5.1 当难以用超声、雷达等方法精确测量混凝土结构厚度时，或混凝土结构允许钻孔且有其他要求时可采用钻孔法进行混凝土构件厚度检测。

8.5.2 不需要钻取芯样时，钻孔孔径在不破坏原结构安全且能满足测试要求时，越小越好；当有其他检测项目时，可与之结合进行厚度检测。

9 钢筋分布及锈蚀检测

9.2 电磁感应法

9.2.3 GB 50204—2002《混凝土结构工程施工质量验收规范》附录 E "结构实体保护层厚度检测"中,对钢筋保护层厚度的检测误差规定不应大于 1mm,考虑到通常混凝土保护层厚度设计值以及现行验收规范所允许的实际施工误差,因此提出 10～50mm 范围内其检测允许误差为 1mm,多数钢筋探测仪在此量程范围内时可以满足要求的。需要指出的是,本条规定的是校准时的允许误差,在工程检测中的误差有时会更大一点。

校准是为了保证仪器的正常工作状态和检测精度。仪器的主要零配件包括探头、天线等。

9.2.4 钢筋间距、混凝土保护层厚度检测要注意下列事项:

(1) 在对既有建筑进行检测时,构件通常具有饰面层,将饰面层清除后进行检测。

(2) 铁磁性物质会对仪器造成干扰,对于混凝土保护层厚度的检测具有很大的影响。仪器使用中难免受到各种干扰导致读数漂移,为保证钢筋探测仪读数的准确,要时常检查钢筋探测仪是否偏离调零时的零点状态。

(3) 钢筋在混凝土结构中属于隐蔽工程,为取得准确的检测结果,检测前应根据设计图纸或者结构知识,了解所检测结构及构件中可能的钢筋品种、排列方式,比如框架柱一般有纵筋、箍筋,然后用钢筋探测仪探头在构件上预先扫描检测,了解其大概的位置,以便于在进一步的检测中尽可能避开钢筋间的相互干扰。在尽可能避开钢筋相互干扰并大致了解所检钢筋分布状况的前提下,即可根据钢筋探测仪显示的最小保护层厚度检测值来判断钢筋轴线,此步骤便完成了钢筋的定位。

(4) 当混凝土保护层厚度值过小时,有些钢筋探测仪无法进行检测或示值偏差较大,可采用在探头下附加垫块来人为增大保护层厚度的检测值。

9.2.6 对于钢筋探测仪，其基本原理是根据钢筋对仪器探头所发出的电磁场的感应强度来判定钢筋的大小和深度，而钢筋公称直径和深度是相互关联的，对于同样强度的感应信号，当钢筋公称直径较大时，其混凝土保护层厚度较深，因此，为了准确得到钢筋的混凝土保护层厚度值，应该按照钢筋实际公称直径进行设定。当2次检测的误差超过允许值时，要检查零点是否出现漂移并采取相应的处理措施。一般建筑结构常用的钢筋公称直径最小也是以2mm递增的，因此对于钢筋公称直径的检测，如果误差超过2mm则失去了检测意义。由于钢筋探测仪容易受到邻近钢筋的干扰而导致检测误差的增大，因此当误差较大时，以剔凿实测结果为准。

9.2.7 当需要通过实物对钢筋直径检测结果进行验证时，一般需要注意下列事项：

（1）对于结构及构件来说，其钢筋即使仅仅相差一个规格，都会对结构安全带来重大影响，因此必须慎重对待。当前的技术手段还不能完全满足对钢筋公称直径进行非破损检测的要求，采用局部剔凿实测相结合的办法是很有必要的。

（2）在用游标卡尺进行钢筋直径实测时，根据相关的钢筋产品标准如 GB 1499.2《钢筋混凝土用钢 第 2 部分：热轧带肋钢筋》等来确定量测部位，并根据量测结果通过产品标准查出其对应的公称直径。

9.2.8 当混凝土保护层厚度很小时，例如混凝土保护层厚度检测值只有 1～2mm，而混凝土保护层厚度修正值也为 1～2mm 时，式（9.2.8-1）的计算结果有可能会出现负值。但在混凝土保护层厚度很小时，一般是不需要修正的。

9.3 探地雷达法

9.3.1 探地雷达法的特点是一次扫描后能形成被测部位的断面图像，因此可以进行快速、大面积的扫描。因为雷达法需要利用雷达波（电磁波的一种）在混凝土中的传播速度来推算其传播距离，而雷达波在混凝土中的传播速度和其介电常数有关，故为达到检测所需的精度要求，要根据被检结构及构件所采用的素混凝土，对雷达仪进行介电常数的校正。

9.4 半电池电位法

9.4.1 半电池电位法是一种电化学法。考虑到在一般的建筑物中，混凝土结构及构件中钢筋腐蚀通常是由于自然电化学腐蚀引起的，因此采用测量电化学参数来进行判断。在本方法中，规定了一种半电池，即铜-硫酸铜半电池；同时将混凝土与混凝土中的钢筋看作是另一个半电池。测量时，将铜-硫酸铜半电池与钢筋混凝土相连接检测钢筋的电位。混凝土中钢筋半电池电位是测点处钢筋表面微阳极和微阴极的混合电位。当构件中钢筋表面阴极极化性能变化不大时，钢筋半电池电位主要取决于阳极性状：阳极钝化，电位偏正；阳极活化，电位偏负。根据研究积累的经验来判断钢筋的锈蚀性状。所以这种方法适用于已硬化混凝土中钢筋的半电池电位的检测，它不受混凝土构件尺寸和钢筋保护层厚度的限制，但已饱水或接近饱水的构件不适用本方法进行检测。

9.4.3 多孔塞一般为软木塞，一旦干燥收缩，将会产生很大变形，影响其使用寿命。

9.4.8 采用电位等值线图后，可以较直观地反映不同锈蚀性状的钢筋分布情况。

10 水下缺陷与渗漏检测

10.1 一般规定

10.1.1 水下混凝土缺陷检测方法还有近几年发展起来的多波束声纳成像法等。多波束声纳成像法分辨率较高，不受水质和照明影响，可在中短距离实时成像，但限于目前所取得的工程经验较少，没有列入本标准。

10.1.3 水下检测工程难度大，技术问题复杂，工作效率低。规定先普查后详查，既对水下混凝土结构有一个全面的了解，又对所关注的问题不会产生遗漏。

10.2 水 下 摄 录 法

10.2.1 潜水员携带水下摄录机进行水下结构缺陷检测是通常的做法，但对水的清晰程度和光照条件有一定要求。浑水和光照条件较差难以达到检测目的。

10.2.3 鉴于水下检测工作的复杂性和危险性，检测前必须做好充分的准备工作，包括对水情和环境的了解、清理水下障碍物和附着物、制定有关方案，最大限度地降低水下工作难度和杜绝风险。

10.2.4 水下结构的缺陷具体位置对后续分析和处理工作很重要，而工程实践中经常被忽略，造成缺陷位置的盲目性，使得检测人员重复检测工作。进行检测区域分条、分块，做好刻度标记可以有效杜绝此类事件的发生。

10.3 声纳渗流矢量法

10.3.1 声纳流速矢量检测对象为混凝土重力坝、面板堆石坝上游坝面，消力池底板，闸底板和引水建筑物结构破损部位或结构缝等水下部位渗漏。通过检测，可确定渗漏位置、渗漏方向、渗漏流速和流量。检测仪探头长度约为 0.7m，若将探头全部置入水中，水深必须大于这一长度，因此，要求测量水深大于 1m。小于 1m 水深下的渗漏可通过巡视检查发现。

10.3.2 声纳渗流矢量测量探头含有声纳探测器列阵、航空定向器、水压力传感器。

10.3.3、10.3.4 规定了声纳流速矢量测量仪的主要技术指标和校验要求。

（1）GPS 定位误差。水下定位受测绳、水体流动、水面波浪、船体移动等影响误差较大，考虑这些因素，0.5m 的误差即符合工程实际，也满足对测量异常判别的需要。

（2）流速精度。目前的测试仪器和手段均能达到这一精度要求，同时，对探测微小的渗漏提供保障。

（3）流速方向。渗漏异常的关键特征是大流速和流速指向。根据测得的流速方向指向，引导下一个测量点的正确位置，确保快速找到渗漏流场入水口的确切位置。

（4）在已知流速、流量与过水断面面积的同时，标定声纳测量仪器的流速和流向。

10.3.5 仪器对噪声干扰反应灵敏，检测过程中最好避开环境中的声源影响，如发电机组的声源干扰等。否则，可通过影响区内、外的检测数据对比，在后期数据分析处理时消除声源的影响，使检测成果真实可靠。

10.3.6 建筑物结构的纵、横结构缝由于施工和环境等原因，容易产生渗漏。5m 网格的确定是依据测量探头的最小有效测量范围来设定的。

10.3.7 检测人员按照网格编号顺序，将测量探头垂直放到水下建筑物的表面，测量仪器界面上显示和记录 GPS 坐标、测量探头所在的水下测量深度。声纳探测器陈列采集水下渗漏流速的大小与方向。为了准确测量渗漏流速的方向，保持测量探头铅垂状态。

10.3.8 声纳渗流探测技术，是利用声波在水中的优异传播特性，实现对水流速度场的测量。如果水下结构存在渗漏，则必然产生渗漏声场，声纳探测器阵列能够精细地测量出声波在流体中能量传递的大小与分布，依据声纳阵列测量声波的时空分布，即可显示出渗流声源发出的方向和强度。利用复合传感器探测最大渗漏方向，由该渗漏方向上的底部和顶部传感器之间的距离和时差，建立连续的渗流场的水流质点流速方程。

声波在静止水体中的传播速度为一常数 C，逆流从传感器 B（图 10.3.8）传送到传感器 1 的传播速度被流体流速 U 所减慢，其流速方程式：

$$\frac{L}{T_{1B}} = C - U\frac{X}{L} \tag{4}$$

反之，声波顺流从传感器 1 传送到传感器 B 的传播速度则被流体流速加快，为：

$$\frac{L}{T_{1B}} = C + U\frac{X}{L} \tag{5}$$

式（4）减式（5），整理后得：

$$U = -\frac{L^2}{2X}\left(\frac{1}{T_{B1}} - \frac{1}{T_{1B}}\right) \tag{6}$$

10.3.9 利用测量区域的完整数据制作流速测量统计表，依据统计表中的数据自动生成渗漏流速等值线图。

10.3.10 水下渗漏隐患检测目的是快速准确地找到发生渗漏的入水口位置。一般按流速 $U \geqslant 0.5\mathrm{cm/s}$、$1 \times 10^{-3}\,\mathrm{cm/s} < U < 0.5\mathrm{cm/s}$、$U \leqslant 1 \times 10^{-3}\,\mathrm{cm/s}$ 划分 Ⅰ 类、Ⅱ 类、Ⅲ 类流速区，如图 14 所示。渗漏通道多发生在Ⅰ类流速区，即流速大于 0.5cm/s 的

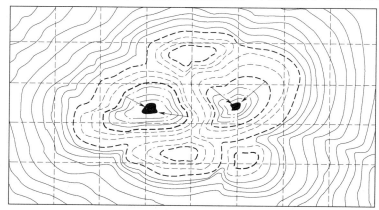

图 14　渗漏入水口方向追踪示意图

渗漏入水口　　　　　Ⅰ类流速区

Ⅱ类流速区　　　　　Ⅲ类流速区

区域。在该区需要进行多次测量，每次依据上次测量的流速大小与方向，指导下次测量的位置，直至找到发生最大渗漏流速的入水口。

10.3.11 利用渗漏流速的测量结果乘以检测单元的有效控制面积，可以累计得出各区域渗漏流量数据。

水文设施工程验收规程

SL 650—2014

2014-01-17 发布　　　　　　　2014-04-17 实施

前　　言

为加强水文设施工程验收管理，规范水文设施工程验收程序，确保水文设施工程验收质量，根据《水利水电建设工程验收规程》（SL 223），以及《水利工程建设项目验收管理规定》（水利部令第 30 号），按《水利技术标准编写规定》（SL 1—2002）的要求，编制本标准。

本标准共 6 章和 15 个附录，主要技术内容有：总则、工程验收监督管理、项目分类、合同工程完工验收、工程完工验收、竣工验收等。

本标准为全文推荐。

本标准批准部门：中华人民共和国水利部

本标准主持机构：水利部水文局

本标准解释单位：水利部水文局

本标准主编单位：辽宁省水文水资源勘测局

本标准出版、发行单位：中国水利水电出版社

本标准主要起草人：蔡建元　张文胜　魏新平　李　松
　　　　　　　　　李　里　蒋　蓉　刘　晋　刘　丹

目　　次

1 总 则

1.0.1 为规范水文设施工程的验收管理，使水文设施工程验收制度化、规范化，保证工程验收质量，结合水文设施工程的特点，制定本标准。

1.0.2 本标准适用于总投资大于等于 500 万元的水文设施工程。总投资小于 500 万元的水文设施工程可参照执行。

1.0.3 水文设施工程验收分为合同工程完工验收、工程完工验收和竣工验收。如果工程只有一个合同，则合同工程完工验收与工程完工验收可合并。

1.0.4 工程验收应以下列文件为主要依据：

1 经批准的工程立项文件、初步设计文件、调整概算文件。

2 经批准的设计文件及相应的工程变更文件。

3 施工图纸及主要设备技术说明书等。

4 工程完工验收应以施工合同为依据。

1.0.5 工程验收应包括以下主要内容：

1 检查工程是否按照批准的设计进行建设。

2 检查已完工程在设计、施工、设备安装等方面的质量及相关资料的收集、整理和归档情况。

3 检查工程是否具备运行或进行下一阶段建设的条件。

4 检查工程投资控制和资金使用情况。

5 对验收遗留问题提出处理意见。

6 及时移交工程情况。

1.0.6 当工程具备验收条件时，应及时组织验收。未经验收或验收不合格的工程不得进行后续工程施工或不应交付使用。

1.0.7 工程验收结论应经 2/3 以上验收委员会（验收组）成员同意。

验收过程中发现的问题，其处理原则应由验收委员会（验收组）协商确定。主任委员（组长）对争议问题有裁决权。若 1/2 以上的委员（组员）不同意裁决意见时，工程完工验收应报请验收监督管理机关决定。

验收委员会（验收组）成员必须在验收成果性文件上签字，若有保留意见应在验收成果性文件中明确记载。

1.0.8 验收资料制备由项目法人负责统一组织，有关单位应按要求及时完成并提交。项目法人应对提交的验收资料的完整性、规范性进行检查，有关单位应保证其提交资料的真实性并承担相应责任。

1.0.9 本标准的引用标准主要有以下标准：

《水利水电工程施工质量评定规定》（SL 176）

1.0.10 水文设施工程验收除应符合本标准规定外，尚应符合国家现行有关标准的规定。

2 工程验收监督管理

2.0.1 国家水行政主管部门负责全国水文设施工程建设项目验收的监督管理工作。

国家水行政主管部门所属流域管理机构（以下简称流域管理机构），负责流域内水文设施工程建设项目验收的监督管理工作。

县级以上地方人民政府水行政主管部门按照规定权限负责本行政区域内水文设施工程建设项目验收的监督管理工作。

2.0.2 工程验收监督管理机关应对工程的工程完工验收工作实施监督管理。

由水行政主管部门或者流域管理机构组建项目法人的，该水行政主管部门或者流域管理机构是本工程的工程完工验收监督管理机关；由地方人民政府组建项目法人的，该地方人民政府水行政主管部门是本工程的工程完工验收监督管理机关。

2.0.3 工程验收监督管理的方式应包括现场检查、参加验收活动、对验收工作计划与验收成果性文件进行备案等。

2.0.4 水行政主管部门、流域管理机构以及工程验收监督管理机关可根据工作需要到工程现场检查工程建设情况、验收工作开展情况以及对接到的举报进行调查处理等。

2.0.5 工程验收监督管理应包括以下主要内容：

1 验收工作是否及时。

2 验收条件是否具备。

3 验收人员组成是否符合规定。

4 验收程序是否规范。

5 验收资料是否齐全。

6 验收结论是否明确。

2.0.6 当发现工程验收不符合有关规定时，验收监督管理机关应及时要求验收主持单位予以纠正，必要时可要求暂停验收或重新验收并同时报告竣工验收主持单位。

2.0.7 工程完工验收监督管理机关应对收到的验收备案文件进行检查，不符合有关规定的备案文件应要求有关单位进行修改、补充和完善。

2.0.8 项目法人应在开工报告批准后 60 个工作日内，制定工程完工验收工作计划，报工程验收监督管理机关备案。当工程建设计划进行调整时，工程完工验收工作计划也应相应地进行调整并重新备案。工程完工验收工作计划内容应按附录 A 执行。

2.0.9 工程完工验收过程中发现的技术性问题原则上应按合同约定进行处理。合同约定不明确的，按国家或行业技术标准规定处理。当国家或行业技术标准暂无规定时，由工程完工验收监督管理机关负责协调解决。

3 项 目 分 类

3.0.1 水文设施工程按项目属性分为水文基础设施、技术装备、业务应用与服务系统三类。

3.0.2 基础设施由测验断面基础设施，水位观测设施，流量与泥沙测验设施，降水、蒸发、地下水、水质测验设施及水文实验站设施，生产、生活及附属工程用房，供电、给排水、取暖、通信设施，其他设施等七项组成。

3.0.3 技术装备由水位观测设备，流量测验设备，泥沙测验设备，水质监测设备，地下水监测设备，降水、蒸发等气象要素观测设备，墒情、冰情、水温监（观）测及测绘仪器设备，通信与数据传输设备，其他设备等九项组成。

3.0.4 业务应用与服务系统由自动测报系统、水文信息传输系统、水文预测预报系统、水文综合业务系统、水文数据库等五项组成。

4 合同工程完工验收

4.0.1 施工合同约定的建设内容完成后，应进行合同工程完工验收。

4.0.2 合同完工并具备验收条件时，施工单位向项目法人提出验收申请报告，其内容应按附录 B 执行。项目法人应在收到验收申请报告之日起 20 个工作日内决定是否同意进行验收。

4.0.3 合同工程完工验收应具备以下条件：

 1 合同范围内的工程项目已按合同约定完成。

 2 观测仪器和设备已测得初始值及施工期各项观测值。

 3 工程质量缺陷已按要求进行处理。

 4 合同结算已完成。

 5 施工现场已进行清理。

 6 需移交项目法人的档案资料已按要求整理完毕。

 7 合同约定的其他条件。

4.0.4 合同工程完工验收由验收委员会（验收组）负责；验收委员会（验收组）由项目法人主持，设计、监理、施工、运行管理单位有关专业技术人员参加。

4.0.5 合同工程完工验收应包括以下主要内容：

 1 检查合同范围内工程项目和工作完成情况。

 2 检查施工现场清理情况。

 3 检查已投入使用工程运行情况。

 4 检查验收资料整理情况。

 5 鉴定工程施工质量。

 6 检查工程完工结算情况。

 7 对验收中发现的问题提出处理意见。

 8 确定合同工程完工日期。

 9 讨论并通过合同工程完工验收鉴定书。

4.0.6 合同工程完工验收的成果是"合同工程完工验收鉴定书",其格式见附录 C。鉴定书原件应不少于 4 份,暂由项目法人保存,待竣工验收后分送有关单位。

4.0.7 合同工程完工验收的图纸、资料和成果是竣工验收资料的组成部分,应按竣工验收标准制备。

5 工程完工验收

5.0.1 工程完工后，应在 2 个月内组织工程完工验收。

5.0.2 工程完工验收应具备以下条件：

1 工程主要建设内容已按批准设计全部完建，并全部通过合同工程完工验收。

2 设备设施运行正常，有关设备已安装，具备正常运行条件。

3 工程完工验收有关工作报告、工程质量评价意见已准备就绪。

5.0.3 工程完工验收由项目法人主持；验收委员会（验收组）由设计、施工、监理、质量监督、运行管理、有关部门代表以及有关专家组成。

5.0.4 工程完工验收应包括以下主要内容：

1 审查有关报告，检查工程是否按批准的设计完成。

2 检查工程建设情况和工程质量，初评工程质量。

3 对工程缺陷提出处理要求。

4 对验收遗留问题提出处理要求。

5.0.5 工程完工验收成果是"工程完工验收鉴定书"，其格式见附录 D。鉴定书原件应不少于 5 份，自鉴定书通过之日起 30 天内，由项目法人行文发送水文主管部门（或业主）、监理、设计、施工、运行管理等有关单位。

5.0.6 工程完工验收有关工作报告可由项目法人组织各有关参建单位联合编写。

6 竣 工 验 收

6.0.1 竣工验收应在工程完工后，运行一个汛期后进行。

6.0.2 竣工验收应具备以下条件：

    1 工程已按批准设计的内容全部建成，工程能运行正常。

    2 管理人员已经落实到位，管理制度已建立。

    3 工程质量已评定，有关验收报告已准备就绪。

    4 有关技术资料已整编、归档。

    5 工程投资已经全部到位。

    6 竣工财务决算已经通过竣工审计，审计意见中提出的问题已整改并提交了整改报告。

6.0.3 虽然 6.0.2 条所述条件尚未完全具备，但属下列情况者仍可进行竣工验收：

    1 个别单项工程尚未建成，但不影响主体工程正常运行和效益发挥，符合财务规定。

    2 由于特殊原因致使少量尾工不能完成，但不影响工程正常安全运用，竣工验收时应对尾工进行审核，责成有关单位限期完成。

6.0.4 国家水行政主管部门或者流域管理机构负责初步设计审批的项目，竣工验收主持单位为水利部、流域管理机构或者由其委托省级人民政府水行政主管部门；地方负责初步设计审批的项目，竣工验收主持单位为省级人民政府水行政主管部门或者其委托的单位。

6.0.5 竣工验收工作由竣工验收委员会（验收组）负责；验收委员会（验收组）由主持单位、质量监督、运行管理等单位代表和有关专家组成，必要时邀请发展和改革委员会、财政、水利等有关单位参加。项目法人、设计、施工、监理、运行管理单位不参加验收委员会（验收组），但应列席验收委员会会议，负责解答验收委员会成员的质疑。

6.0.6 项目法人应提前 30 天将"竣工验收申请报告"送达验收主持单位，验收主持单位在接到项目法人"竣工验收申请报告"后，应会同有关单位，拟定验收时间、地点及验收委员会成员单位等有关事宜，批复验收申请报告。在竣工验收 15 天前，项目法人应将有关验收资料送验收委员会成员单位各 1 套。竣工验收申请报告的内容应按附录 E 执行。

6.0.7 竣工验收应填写"竣工验收鉴定书"，格式见附录 F。"竣工验收鉴定书"是工程移交的依据。自鉴定书通过之日起 30 天内，由竣工验收主持单位发送有关单位。

6.0.8 竣工验收有关工作报告可由项目法人组织各有关参建单位联合编写（具体要求详见附录 G～附录 O）。

6.0.9 对于投资规模小的项目，验收程序可适当简化，但应进行竣工验收。

附录 A 工程完工验收工作计划内容要求

一、工程概况

二、工程项目划分

三、工程建设总进度计划

四、工程完工验收工作计划

附录 B 合同工程完工验收
申请报告内容要求

一、验收范围

二、工程验收条件的检查结果

三、建议验收时间（　　年　月　日）

附录 C 合同工程完工验收鉴定书

编号：

×××工程合同工程完工验收鉴定书

合同名称：

×××验收组

年　月　日

开完工日期：

主要工程量：

工程内容及施工经过：

质量事故及缺陷处理：

主要工程质量指标：

质量评定：

存在问题及处理意见：

保留意见：

保留意见人签字：

参验单位（全称）：

验收结论：

项目法人（监理）：

设计单位：

施工单位：

运行管理单位：

附录 D 工程完工验收鉴定书

××工程完工验收

鉴 定 书

（封面格式）

××工程完工验收组

年　月　日

××工程完工验收鉴定书

前言

一、工程简介

（一）工程名称及位置

（二）工程形象面貌及主要技术经济指标

（三）设计和施工简要情况

二、验收的项目、范围和内容

三、与在建和续建工程的关系

四、工程质量鉴定

五、对工程建设和运行管理的意见

六、存在问题及处理意见

七、结论

八、完工验收委员会成员签字表

九、附件

（一）分发验收委员会成员的资料目录

（二）备查资料目录

（三）工程验收签证目录

（四）保留意见（应有本人签字）

附录 E 竣工验收申请报告的内容要求

一、工程基本情况

二、竣工验收条件的检查结果

三、尾工情况及安排意见

四、验收准备工作情况

五、建议验收时间、地点和参加单位

附录 F 竣工验收鉴定书

×× 工程竣工验收

鉴 定 书

（封面格式）

×× 验收组

年　月　日

××工程竣工验收

鉴 定 书

（扉页格式）

验收主持单位：

项目法人：

监理单位：

设计单位：

施工单位：

运行管理单位：

质量监督单位：

竣工验收日期： 年 月 日 至 年 月 日

竣工验收地点：

××工程竣工验收鉴定书

前言

简述竣工验收主持单位、参加单位、时间、地点等。

一、工程概况

（一）工程名称及位置

（二）工程主要建设内容

包括设计批准机关及文号、工程建设标准、批准建设工期、工程总投资、投资来源等。

（三）工程建设有关单位

包括项目法人、设计、施工、主要设备制造、监理、质量监督、运行管理等单位。

（四）工程施工过程

包括工程开工日期及完工日期、主要项目的施工情况及开工和完工日期、施工中发现的主要问题及处理情况等。

（五）工程完成情况

包括竣工验收时工程形象面貌、实际完成工程量与批准设计工程量对比等。

二、概算执行情况及分析

包括概算及竣工财务决算、竣工审计等情况。

三、工程移交情况

包括验收时间、主持单位、遗留问题处理、工程项目移交单位和时间。

四、工程初期运用及工程效益

　　包括初期运行情况、工程建设期间效益发挥情况。

五、工程质量鉴定

　　包括工程质量评定等情况。

六、存在的主要问题及处理意见

　　包括竣工验收遗留问题处理责任单位、完成时间，工程存在问题的处理建议，对工程运行管理的建议等。

七、验收结论

　　包括对工程规模、工期、质量、投资控制、能否按批准设计投入使用，以及工程档案资料整理等做出明确的结论（对工期使用提前、按期、延期，对质量使用合格、优良，对投资控制使用合理、基本合理、不合理，对工程建设规模使用全部完成、基本完成、部分完成等明确术语）。

八、验收组成员签字表

九、被验单位代表签字表

十、附件

　　（一）分发验收工作组成员的资料目录

　　（二）保留意见（应有本人签字）

附录 G 工程建设管理工作报告

G. 0. 1 工程概况

工程位置、工程布置、主要技术经济指标、主要建设内容、可研及初设等文件的批复过程等。

G. 0. 2 主要项目施工过程及重大问题处理

主要项目以及重要临建设施的开工完工日期、重大技术问题处理、施工期防汛度汛、重大设计变更以及对工程建设有较大影响的事件等。

G. 0. 3 项目管理

1 机构设置及工作情况。包括建设、设计、监理、施工单位、上级主管部门、质量监督部门和地方政府等为工程建设服务的机构设置及工作情况。

2 主要项目招投标过程。

3 工程概算与投资计划。主要反映批准概算与实际执行情况，年度计划安排、投资来源及完成情况，概算调整的主要原因。

4 合同管理。主要反映工程所采用的合同类型、合同执行结果。

5 材料及设备供应。主要反映三材和油料、电力及主要设备的供应方式，材料及设备供应对工程建设的影响，工程完成时是否做到工完料消。

6 价款结算与资金筹措。包括项目法人筹资方式、资金筹措对工程建设的影响、合同价款的结算方法和特殊问题的处理情况、至竣工时有无工程款拖欠情况。

G. 0. 4 工程质量

工程质量管理体系、主要工程质量控制标准、工程质量数据统计、质量事故处理结果等。

G. 0. 5   工程初期运用及效益

施工期间工程运用和效益发挥情况，施工期间按规范要求对工程进行观测及观测资料分析结果等。

G. 0. 6   历次验收情况

历次验收和遗留问题的处理情况等。

G. 0. 7   工程移交及遗留问题处理

已完工程移交情况，到验收时为止尚存在的遗留问题和处理意见。

G. 0. 8   竣工财务决算

列出竣工财务决算结论、批准设计与实际完成的主要工程量和主要材料消耗量对比、增减原因分析，以及竣工审计结论等。

G. 0. 9   经验与建议

G. 0. 10   附件

1   项目法人的机构设置及主要工作人员情况表。

2   立项、可研、初设批准文件及调整批准文件。

3   历次验收鉴定书。

G. 0. 11   主要图纸

如规划图、工程位置图、工程布置图、主要建筑物平面图、立面图、剖面图、电气总图、设备总图等。

附录 H 工程建设大事记

H.0.1 主要记载从项目法人委托设计、报批立项直到竣工验收过程中对工程建设有重大影响的事件，包括有关批文、上级有关批示、设计重大变化、有关合同协议的签订、建设过程中的重要会议、施工期度汛抢险及其他重要事件、主要项目的开工和完工情况、历次验收等情况。

H.0.2 工程建设大事记可单独成册，也可作为"工程建设管理工作报告"的附件。

附录 I 工程施工管理工作报告

I.0.1 工程概况

I.0.2 工程投标

投标过程，投标书编制原则等。

I.0.3 施工总布置、总进度和完成的主要工程量

施工总体布置、施工总进度以及分阶段施工进度安排（附施工场地总布置图和施工总进度表），分析工程提前就推迟完成的原因，主要项目施工情况等。

I.0.4 主要施工方法

施工中采用的主要施工方法及应用于本工程的新技术设备、新方法和施工科研情况等。

I.0.5 施工质量管理

施工质量保证体系及实施情况，工程施工质量事故及处理，质量自检情况等。

I.0.6 文明施工与安全生产

I.0.7 价款结算与财务管理

合同价与实际结算价的分析，盈亏的主要原因等。

I.0.8 经验与建议

I.0.9 附件

1 施工管理机构设置及主要工作人员情况表。

2 投标时计划投入的资金与施工实际投入资金情况表。

3 工程施工管理大事记。

附录 J　工程设计工作报告

J. 0. 1　工程概况

J. 0. 2　工程规划设计要点

J. 0. 3　重大设计变更

J. 0. 4　设计文件质量管理

J. 0. 5　设计为工程建设服务

J. 0. 6　经验与建议

J. 0. 7　附件

    1　设计机构设置和主要工作人员情况表。

    2　重大设计变更与原设计对比。

    3　工程设计大事记。

附录 K 工程建设监理工作报告

K.0.1 工程概况

K.0.2 监理规划

监理规划及监理制度的建立、组织机构的设置、方法和主要设备等。

K.0.3 监理过程

主要叙述"三控制"、"两管理"、"一协调"情况。

K.0.4 监理效果

对工程投资质量进度控制进行综合评价。

K.0.5 经验与建议

K.0.6 附件

   1 监理机构的设置与主要工作人员情况表。

   2 工程建设监理大事记。

附录 L 工程运行管理准备工作报告

L.0.1 工程概况

L.0.2 管理单位筹建及工程建设情况

L.0.3 工程初期运行情况

是否达到设计标准，观测情况，已发挥的效益，及原因分析等。

L.0.4 对工程建设的建议

包括对设计、施工、项目法人的建议（从建设为管理创造条件出发提出意见）。

L.0.5 运行管理

包括人员培训情况，已接管工程运行情况，规章制度建立情况，如何发挥工程效益等。

L.0.6 附件

1 运行管理机构设立的批文。

2 机构设置情况和主要工作人员情况。

3 规章制度目录。

附录 M 工程质量评定报告

M.0.1 质量评定报告

内容及格式参照《水利水电工程施工质量评定规定》（SL 176）执行。

M.0.2 附件

1 有关该工程项目质量监督人员情况表。

2 工程建设过程中质量监督意见（书面材料）汇总。

附录 N 竣工验收应提供的资料清单

表 N 竣工验收应提供的资料清单

序号	资料名称	合同工程完工验收	工程完工验收	竣工验收	提供单位
1	工程建设管理工作报告	√	√	√	项目法人
2	拟验工程清单、未完工程清单、未完工程的建设安排及完成工期、存在问题及解决建议	√	√	√	项目法人
3	工程建设大事记			√	项目法人
4	工程施工管理工作报告	√	√	√	施工单位
5	工程设计工作报告	√	√	√	设计单位
6	工程建设监理工作报告	√	√	√	监理单位
7	工程运行管理准备工作报告			√	运行管理单位
8	工程质量评定报告			√	质量监督部门

附录 O 验收应准备的备查档案资料清单

表 O 验收应准备的备查档案资料清单

序号	资料名称	合同工程完工验收	工程完工验收	竣工验收	提供单位
1	可研报告及有关单位批文	√	√	√	项目法人
2	地质、勘察、水文、气象等设计基础资料	√	√		设计单位
3	初步设计及批复，其他设计文件	√	√	√	设计单位
4	工程招投标文件	√	√	√	项目法人
5	工程承发包合同及协议书（包括设计、施工、监理等）	√	√		项目法人
6	征用土地批文及附件	√	√	√	项目法人
7	合同工程完工验收质量评定资料	√			施工单位
8	工程完工验收质量评定资料		√		项目法人
9	竣工验收质量评定资料			√	项目法人
10	工程建设有关会议记录，记载重大事件的声像资料及文字说明	√	√	√	项目法人
11	工程建设监理资料	√	√	√	监理单位
12	施工图纸，设计变更，施工技术说明	√	√	√	设计单位
13	竣工图纸	√	√	√	施工单位

序号	资料名称	合同工程完工验收	工程完工验收	竣工验收	提供单位
14	重大事故处理记录	√	√	√	施工单位
15	设备产品出厂资料，图纸说明书，测绘验收、安装调试、性能鉴定及试运行等资料	√	√	√	施工单位
16	各种原材料、构件质量鉴定、检查检测试验资料	√	√	√	施工单位
17	征地补偿和移民安置资料	√	√	√	承担工作的地方政府或其指定的单位
18	竣工财务决算报告及有关资料			√	项目法人
19	竣工审计资料		√	√	项目法人
20	其他有关资料	√	√	√	有关单位

条 文 说 明

1 总 则

1.0.1 《水利水电建设工程验收规定》（SL 223）颁布以来，在规范水利水电建设工程验收行为，保证验收工作质量方面发挥了重要作用。随着《中华人民共和国招标投标法》、《建设工程质量管理条例》、《建设工程安全生产管理条例》等一系列法律法规的颁布，水利工程建设管理体制的不断深化，验收工作面临新的形势和要求。2004 年水利部水文局颁发了《水文设施工程竣工验收暂行办法》，该办法要求"水文项目验收应具备的条件、验收程序、验收主要工作以及有关验收资料和成果性文件等具体要求，按照有关验收规定执行"。按上述要求对暂行办法进行修编，形成本标准。

1.0.2 本标准的适用范围虽限定在财政参与投资的水文设施建设工程，但其他水工程可参照执行。

水文设施工程大中小型具体划分标准执行《水文基础设施建设及技术装备标准》（SL 276）的有关规定，或按照国家依据工程投资规模划分大中小型工程的标准执行。

小型工程在参照执行时，验收资料制备可以适当简化，或将有关报告内容合并，在保证验收质量的前提下提高效率。

1.0.4 项目法人作为施工合同主体，其验收工作应以施工合同作为依据。如没成立法人的单位，可按照法人验收。

4 合同工程完工验收

4.0.1 水文工程打捆项目，按照招标时签署合同验收，合同验收工程主体在合同中体现。

6 竣 工 验 收

6.0.1 财务部门的审查，主要检查竣工财务决算是否按照《水利基本建设项目竣工财务决算编制规定》（SL 19）的要求编制，内容是否完整、科目是否合适，对不符合要求的提出调整意见，审查后不用提正式审查意见；审计部门根据有关审计规定进行审计后，要出具书面审计意见或决定。